高等职业教育机电类专业“互联网+”创新教材

电机与电气控制

主　编　李　楠　孙　建
副主编　王　璐　陶　帅　徐　凯
参　编　王秀丽　常　玲

机械工业出版社

本书主要内容包括直流电动机、变压器、交流电动机、常用低压电器、电动机典型控制电路和典型机床控制电路，共六章，内容注重理论联系实际，以期培养学生分析、解决生产实际问题的能力，突出了职业教育的特点和优势。

本书每章都以“素养提升”环节引入课程内容，以落实立德树人的目标，采用双色印刷，突出了重点内容，并有动画、微课视频以二维码形式植入相关知识点处，学生用手机扫码即可观看，有利于开展信息化教学；配套资源丰富，有电子课件、教案、模拟试卷等，配合线上课程，形成了“线上+线下”立体化资源体系。

本书可作为高等职业院校机械制造大类专业教材，也可作为相关行业工程技术人员参考用书。凡使用本书作为教材的教师可登录机械工业出版社教育服务网（www.cmpedu.com）注册后免费下载本书资源，咨询电话：010-88379375。

图书在版编目（CIP）数据

电机与电气控制/李楠，孙建主编. —北京：机械工业出版社，2022.7（2023.8重印）
高等职业教育机电类专业“互联网+”创新教材
ISBN 978-7-111-70555-0

Ⅰ.①电… Ⅱ.①李…②孙… Ⅲ.①电机学-高等职业教育-教材②电气控制-高等职业教育-教材 Ⅳ.①TM3②TM921.5

中国版本图书馆CIP数据核字（2022）第061047号

机械工业出版社（北京市百万庄大街22号 邮政编码100037）
策划编辑：刘良超 责任编辑：刘良超
责任校对：陈 越 王明欣 封面设计：鞠 杨
责任印制：任维东
北京圣夫亚美印刷有限公司印刷
2023年8月第1版第4次印刷
184mm×260mm · 11.75印张 · 289千字
标准书号：ISBN 978-7-111-70555-0
定价：39.80元

电话服务 网络服务
客服电话：010-88361066 机 工 官 网：www.cmpbook.com
010-88379833 机 工 官 博：weibo.com/cmp1952
010-68326294 金 书 网：www.golden-book.com
封底无防伪标均为盗版 机工教育服务网：www.cmpedu.com

前言

本书是以高等职业教育特点和人才培养目标为依据，结合当前的教学改革精神而编写的。在结构上以“素养提升”环节为切入点，落实立德树人的根本目标；在内容上做到通俗易懂、形象直观、图文并茂、内容详实，突出了实用性。

本书在内容选择上，突出基本技能和综合职业能力培养，主要内容包括直流电动机、变压器、交流电动机、常用低压电器、电动机典型控制电路和典型机床控制电路，共六章，每章都配有思考与练习题，内容注重理论联系实际，以期培养学生分析、解决生产实际问题的能力，突出了职业教育的特点和优势。

本书采用双色印刷，突出了重点内容，并有动画、微课视频以二维码形式植入相关知识点处，学生用手机扫码即可观看，有利于开展信息化教学；配套资源丰富，有电子课件、教案、模拟试卷等，配合线上课程，形成了“线上＋线下”立体化资源体系。

本书由李楠、孙建担任主编，王璐、陶帅、徐凯担任副主编，具体编写分工为：辽宁建筑职业学院李楠编写第一章、第二章，辽宁石化职业技术学院孙建编写第六章，辽宁建筑职业学院王璐编写第四章，辽宁建筑职业学院陶帅编写第三章的第一节～第五节，辽宁建筑职业学院徐凯编写第三章的第六节～第九节，辽宁石化职业技术学院王秀丽编写第五章的第一节～第三节，辽宁工程职业学院常玲编写第五章的第四节、第五节。

本书在编写过程中，参阅了许多同行专家编著的教材和资料，受到了很多启发，在此向编著者致以诚挚的谢意！同时，由于编者水平有限，书中不足之处在所难免，恳请广大读者批评指正。

编　者

二维码索引

（续）

（续）

名称	二维码	页码	名称	二维码	页码
5-9 三相异步电能耗制动控制工作原理		128	6-5 铣床电气控制电路故障分析		158
6-1 典型机床控制电路导论		139	6-6 钻床的电气控制电路分析		161
6-2 车床的电气控制电路分析		141	6-7 钻床电气控制电路故障分析		165
6-3 车床电气控制电路故障分析		143	6-8 磨床的电气控制电路分析		167
6-4 铣床的电气控制电路分析		153	6-9 磨床电气控制电路故障分析		169

目 录

第一章

直流电动机

素养提升

从1821年到1831年，法拉第整整耗费了10年时间，从设想到实验，漫长的岁月，失败的痛苦，生活的艰辛，法拉第饱尝了各种辛酸，经过无数次研究实验，终于根据电磁感应现象确定了电磁感应基本定律，取得了利用磁感应产生电流的重大突破，为直流电机的研制提供了基础。依据电磁感应原理，人们制造出了发电机，使电能的大规模生产和输送成为可能。

人类智慧是伟大的，而要达到成功不仅需要有扎实的知识功底，还需要孜孜不倦的探索精神以及永不言败的韧劲儿。新中国成立后，我国一大批杰出科学家克服重重阻力，全身心投入新中国建设，取得了以“两弹一星”为标志的一大批重大科技成果，这都是一代又一代矢志报国的科学家前赴后继、接续奋斗的结果。新时代我们更要继承、发扬科学家精神，胸怀祖国、勇于创新、勇攀高峰，肩负起建设科技强国的时代重任。

第一节　直流电动机的基本原理与结构

一、直流电动机的工作原理

图1-1所示为直流电动机工作原理示意图。

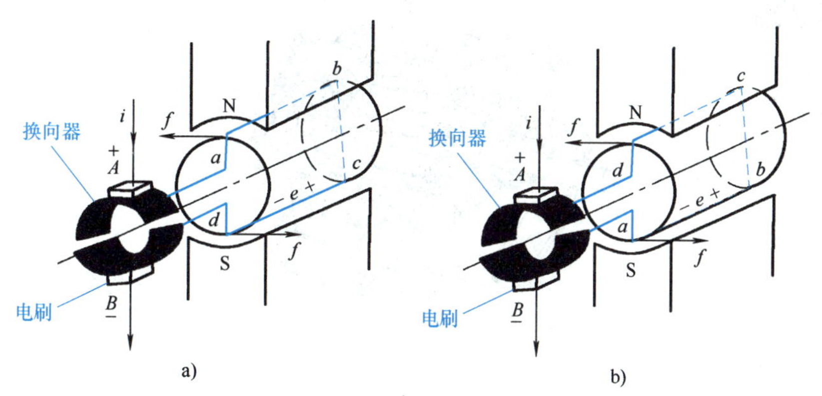

图1-1　直流电动机工作原理示意图

1-1 直流电动机导论

1）N、S——定子磁极，用以产生磁场。容量较小的电动机定子磁极由永久磁铁构成；容量较大的电动机定子磁极由绕在磁极铁心上的绕组（称为励磁绕组）通以直流电流（称为励磁电流）构成。

2）*abcd*——电枢绕组（图中只画出一匝），安放在能绕轴旋转的圆柱形铁心（称为电枢铁心）表面的槽内。

3）换向器——互相绝缘并可随电枢绕组一同旋转的铜片，连接电枢绕组的首端 *a* 和末端 *d*。

4）*A*、*B*——炭质电刷，压在换向片上并与其滑动接触。

1-2 直流电动机的工作原理

在两个电刷间加一直流电源，当导体 *ab* 靠近 N 极、*cd* 靠近 S 极时，电枢电流方向为：电刷 *A*→与电枢绕组首端 *a* 连接的换向片→电枢绕组 *a*→*b*→*c*→*d*→与电枢绕组末端 *d* 连接的换向片→电刷 *B*。根据电磁力定律，用左手定则可确定通电导体 *ab* 和 *cd* 在磁场中所受电磁力的方向为：上（*ab*）左、下（*cd*）右，这两个电磁力形成的电磁转矩方向为逆时针方向，电动机按逆时针方向旋转，如图 1-1a 所示。

当导体 *cd* 转到靠近 N 极、*ab* 靠近 S 极时，电枢电流方向为：电刷 *A*→与电枢绕组末端 *d* 连接的换向片→电枢绕组 *d*→*c*→*b*→*a*→与电枢绕组首端 *a* 连接的换向片→电刷 *B*。用左手定则可确定通电导体 *ab* 和 *cd* 在磁场中所受电磁力的方向为：上（*cd*）左、下（*ab*）右，电磁转矩方向仍为逆时针方向，电动机仍按逆时针方向旋转，如图 1-1b 所示，如此周而复始。

改变电枢电流方向、磁场方向（可通过改变励磁电流方向实现）两者中的任意一个，都能改变直流电动机的旋转方向。

由此可见，直流电动机是基于通电导体在磁场中会受到电磁力作用这一电磁力定律，利用换向器和电刷使电动机沿固定方向旋转的。

二、直流电动机的结构

1-3 直流电动机的结构

直流电动机主要由定子（固定不动）与转子（旋转）两大部分组成，定子与转子之间有一个较小的空气间隙（简称“气隙”），其结构如图 1-2 所示。

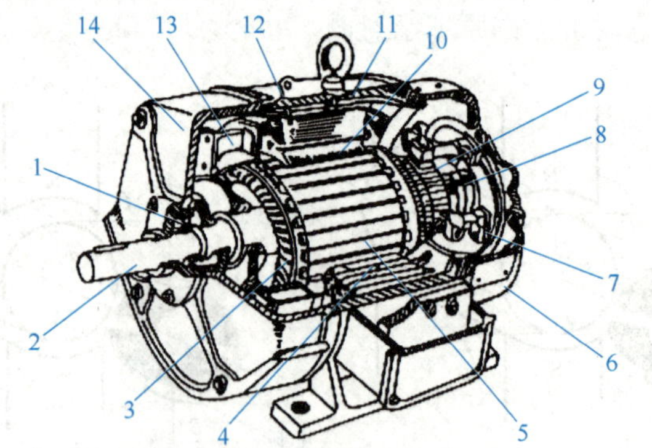

图 1-2 直流电动机的结构图

1—轴承 2—轴 3—电枢绕组 4—换向极 5—电枢铁心 6—后端盖 7—刷杆座 8—换向器 9—电刷 10—主磁极 11—机座 12—励磁绕组 13—风扇 14—前端盖

1. 定子部分

定子部分包括机座、主磁极、换向极、端盖、电刷等装置，主要用来产生磁场，并起机械支承作用。

（1）机座　机座既可以固定主磁极、换向极、端盖等，又是电动机磁路的一部分（称为磁轭）。机座一般用铸钢铸成或用厚钢板焊接而成，具有良好的导磁性能和机械强度。

（2）主磁极　主磁极的作用是产生气隙主磁场，它由主磁极铁心和主磁极绕组（励磁绕组）构成，如图1-3所示。主磁极铁心一般由1～1.5mm厚的低碳钢钢板冲片叠压而成，包括极身和极靴两部分。极靴做成圆弧形，以使磁极下气隙磁通较均匀。极身外边套着励磁绕组，绕组中通入直流电流。整个磁极用螺钉固定在机座上。

（3）换向极　换向极用来改善换向，减少由于直流电动机换向而造成的换向火花。换向极由铁心和套在铁心上的绕组构成，如图1-4所示。铁心一般用整块钢制成，如换向要求较高，则用1～1.5mm厚的钢板叠压而成；因其绕组中流过的是电枢电流，故绕组多用扁平铜线绕制而成。换向极装在相邻两主磁极之间，用螺钉固定在机座上。

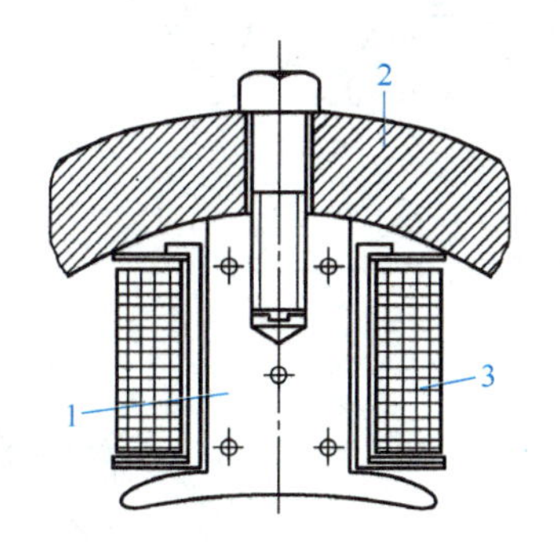

图1-3　直流电动机的主磁极

1—铁心　2—机座　3—励磁绕组

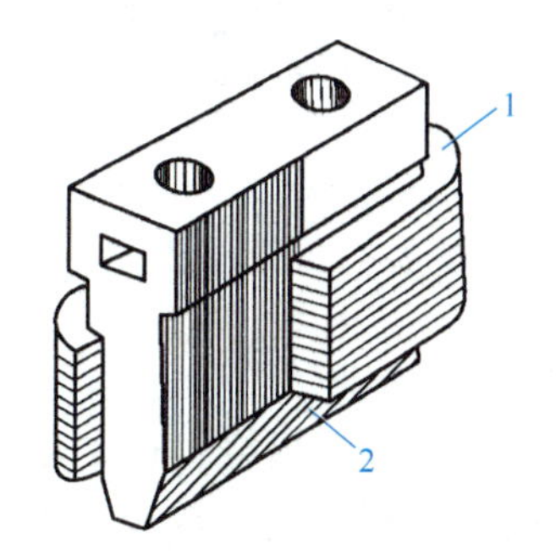

图1-4　直流电动机的换向极

1—绕组　2—铁心

（4）电刷装置　电刷与换向器配合可以把转动的电枢绕组和外电路连接。电刷装置由电刷、刷座、刷杆、刷杆座、弹簧压板、铜辫构成，如图1-5所示。电刷安装在刷座上，用炭、石墨或金属石墨等材料制成，其个数一般等于主磁极的个数。

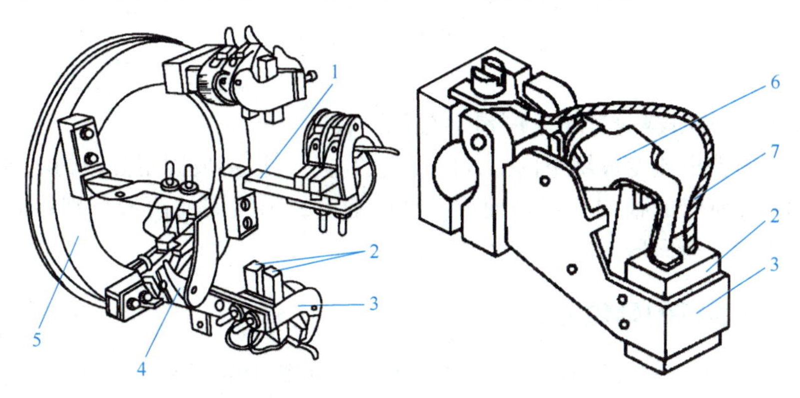

图1-5　直流电动机的电刷装置

1—刷杆　2—电刷　3—刷座　4、6—弹簧压板　5—刷杆座　7—铜辫

2. 转子部分

转子部分包括电枢铁心、电枢绕组、换向器、转轴、风扇等部件，其主要作用是产生感应电动势和电磁转矩。

(1) 电枢铁心　电枢铁心除了用来嵌放电枢绕组外，还是电动机磁路的一部分。为了嵌放电枢绕组，电枢铁心的外圆周开有凹槽；为了减少涡流损耗，电枢铁心一般用厚度为0.5mm、两边涂有绝缘漆的硅钢片叠压而成；为加强冷却，当铁心较长时，可把电枢铁心沿轴向分成数段，段与段之间留有通风孔，如图1-6所示。电枢铁心固定在转轴或电枢支架上。

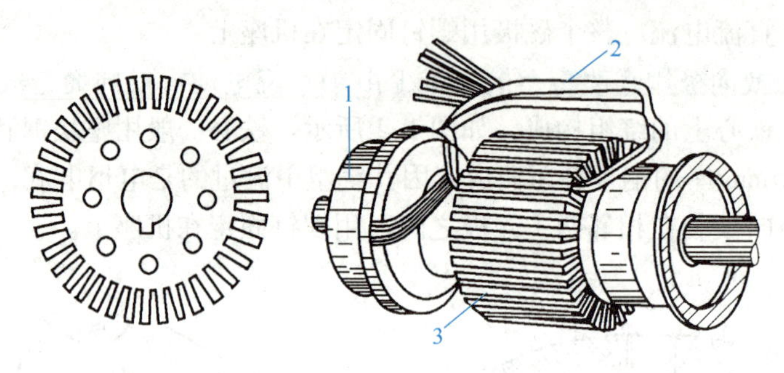

图1-6　电枢铁心
1—换向器　2—电枢绕组　3—电枢铁心

(2) 电枢绕组　电枢绕组是产生感应电动势和电磁转矩的关键部件。电枢绕组通常用绝缘导线绕成多个形状相同的线圈，按一定规律连接而成。它的一条有效边（因切割磁力线而感应电动势的有效部分）嵌入某个铁心槽的上层，另一条有效边则嵌入另一铁心槽的下层，两个引出端分别按一定的规律焊接到换向片上，如图1-7所示。

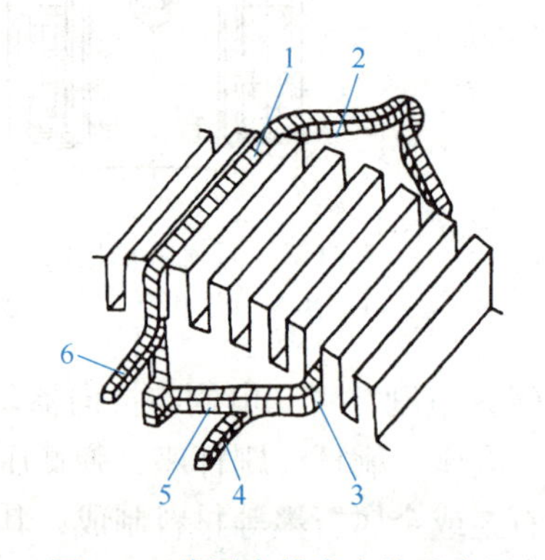

图1-7　线圈在槽内安放示意图
1—上层有效边　2、5—端接部分
3—下层有效边　4—线圈尾端　6—线圈首端

电枢绕组线圈间的连接方法根据连接规律的不同，分为叠绕组、波绕组和混合绕组等。其中单叠绕组、单波绕组的连接示意图分别如图1-8a、b所示。

(3) 换向器　换向器通过与电刷滑动接触，将加于电刷之间的直流电流变成绕组内部方向可变的电流，以形成固定方向的电磁转矩。换向器由多个片间相互绝缘的换向片组合而成，电枢绕组每个线圈的两端分别接至两个换向片上，如图1-9所示。换向器固定在转轴的一端。

三、直流电动机的励磁方式

磁场是直流电动机产生感应电动势和电磁转矩不可缺少的因素，绝大多数直流电动机的磁场都是由主磁极励磁绕组中通入的直流电流产生的。直流电动机的励磁方式是指供给励磁绕组电流的方式，直流电动机的励磁方式有并励、串励、他励、复励四种。

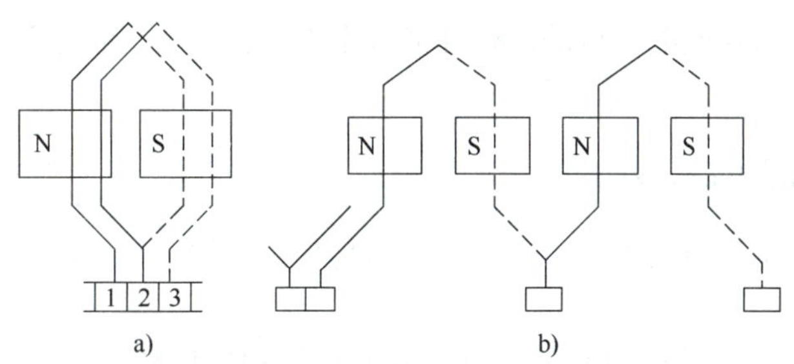

图 1-8　单叠绕组、单波绕组的连接示意图

a）单叠绕组　b）单波绕组

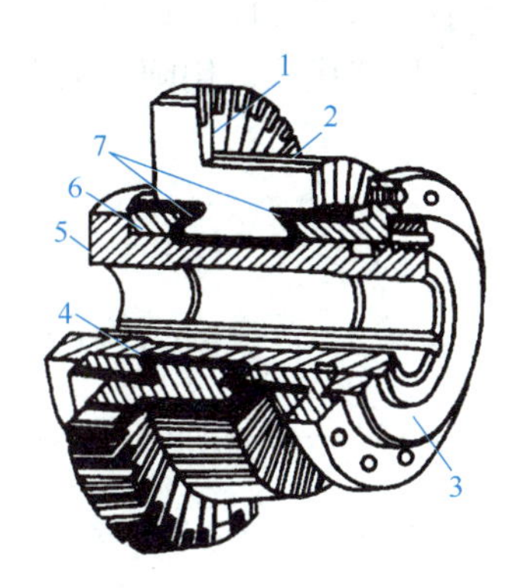

图 1-9　换向器

1—云母片　2—换向片　3—螺旋压圈　4—绝缘套筒　5—钢套筒　6—V 形钢环　7—V 形云母环

（1）并励　如图 1-10a 所示。电枢绕组和励磁绕组并联，由同一电源供电。电源电流 I、电枢电流 I_a、励磁电流 I_f 之间的关系是：$I=I_a+I_f$。

（2）串励　如图 1-10b 所示。电枢绕组和励磁绕组串联，由同一电源供电。电源电流 I、电枢电流 I_a、励磁电流 I_f 之间的关系是：$I=I_a=I_f$。

（3）他励　如图 1-10c 所示。励磁绕组由与电枢绕组供电电源无关的其他电源供电。电源电流 I、电枢电流 I_a、励磁电流 I_f 之间的关系是：$I=I_a$；I_f 与 I、I_a 无关。

（4）复励　如图 1-10d 所示。励磁绕组有两个：一个匝数少而线径粗，与电枢绕组串联；另一个匝数多而线径细，与电枢绕组并联，由同一电源供电。复励是串励和并励两种励磁方式的结合。

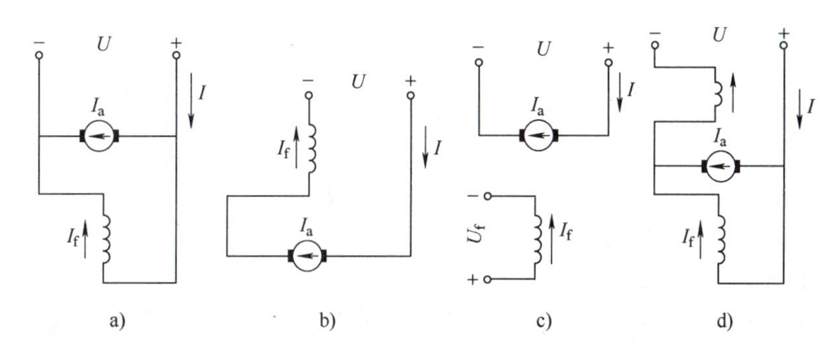

图 1-10　直流电动机的励磁方式

不同的励磁方式对直流电动机的运行性能有很大的影响，直流电动机的励磁方式主要采用他励、并励和复励，很少采用串励方式。

四、直流电动机的铭牌数据

电动机铭牌数据主要包括电动机型号、额定功率、额定电压、额定电流、额定转速、额定励磁电流和额定励磁电压等。

（1）电动机型号　电动机型号表示电动机的结构和使用特点，国产电动机的型号一般用大写汉语拼音字母和阿拉伯数字表示，其格式为：第一部分字符用大写的汉语拼音表示产品代号；第二部分字符用阿拉伯数字表示设计序号；第三部分字符是机座代号，用阿拉伯数字表示；第四部分字符表示电枢铁心长度代号，用阿拉伯数字表示。

现以型号 Z3-42 为例说明如下：

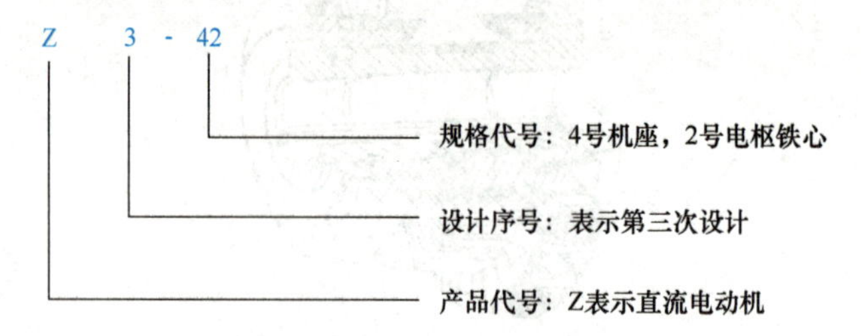

（2）额定功率 P_N　电动机在额定工作条件下轴上输出的机械功率，单位为 W 或 kW。

（3）额定电压 U_N　在额定工作条件下，电刷两端输入的电压，单位为 V 或 kV。

（4）额定电流 I_N　在额定电压下，电源输入到电动机的电流，单位为 A 或 kA。

（5）额定转速 n_N　在额定工作条件下，电动机的转速，单位为 r/min。

（6）额定励磁电压 U_{fN}　电源输入到励磁绕组的允许电压，单位为 V 或 kV。

（7）额定励磁电流 I_{fN}　电源输入到励磁绕组的允许电流，单位为 A 或 kA。

此外，铭牌上还标有额定效率 η_N、额定转矩 T_N、励磁方式、绝缘等级、电动机质量等。

第二节　直流电动机的电磁转矩和电枢电动势

一、电磁转矩

1）直流电动机的转矩 T 的大小可表示为

$$T = C_T \Phi I_a \tag{1-1}$$

式中　C_T——与电动机结构有关的常数，称为转矩系数；

Φ——每极磁通（Wb）；

I_a——电枢电流（A）。

2）直流电动机的转矩 T(N · m）与转速 n 及轴上输出功率 P 的关系式为

$$T = 9550 \frac{P}{n} \tag{1-2}$$

式中　P——电动机轴上输出功率（kW）；

　　　n——电动机转速（r/min）。

二、电枢电动势

直流电动机电枢电动势 E_a 的大小为

$$E_a = C_e \Phi n \tag{1-3}$$

式中　C_e——与电动机结构有关的另一常数，称为电动势系数；

　　　Φ——每极磁通（Wb）；

　　　n——电动机转速（r/min）。

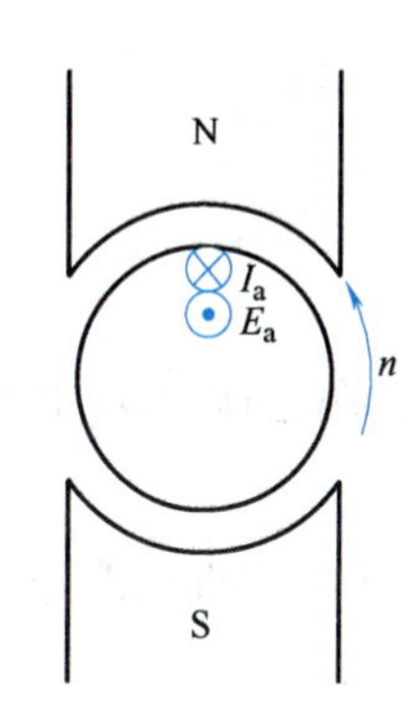

图 1-11　电枢电动势和电流

如图 1-11 所示，直流电动机在旋转时，电枢电动势 E_a 的大小与每极磁通 Φ 和电动机转速 n 的乘积成正比，它的方向与电枢电流方向相反，在电路中起着限制电流的作用。

第三节　他励直流电动机的运行原理与机械特性

图 1-12 所示为一台他励直流电动机结构示意图和电路图。各物理量正方向的规定如图所示：电枢电动势 E_a 为反电动势，与电枢电流 I_a 方向相反；电磁转矩 T 为拖动转矩，方向与电动机转速 n 的方向一致；T_L 为负载转矩；T_0 为空载转矩，方向与 n 方向相反。

一、直流电动机的基本方程式

$$U = E_a + I_a R_a \tag{1-4}$$

式中　U——电枢电压（V）；

　　　I_a——电枢电流（A）；

　　　R_a——电枢电阻（Ω）。

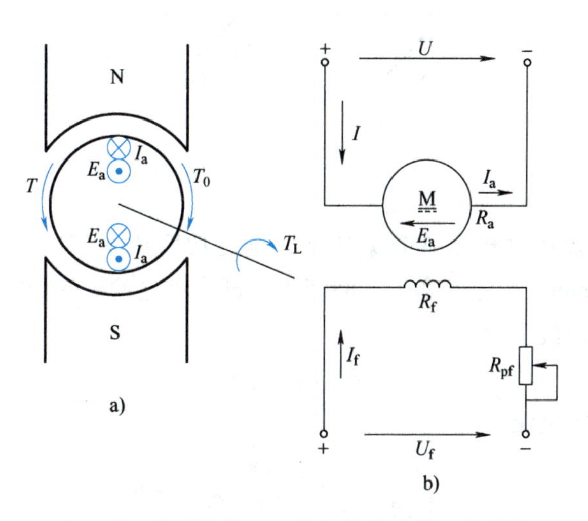

图 1-12　他励直流电动机结构示意图和电路图

二、功率平衡方程式

1）直流电动机损耗按其性质可分机械损耗 P_m、铁心损耗 P_{Fe}、电枢铜耗 P_{Cu}、附加损耗 P_s。

直流电动机空载损耗 P_0 为

$$P_0 = P_m + P_{Fe} \tag{1-5}$$

直流电动机总损耗 $\sum P$ 为

$$\sum P = P_m + P_{Fe} + P_{Cu} + P_s$$

2）直流电动机输入的电功率为

$$P_1 = UI = UI_a = (E_a + I_aR_a)I_a = E_aI_a + I_a^2R_a = P_{em} + P_{Cu}$$

上式说明，输入的电功率很小部分被电枢绕组消耗（电枢铜耗），大部分作为电磁功率 P_{em} 转换成机械功率。

3）直流电动机输出的机械功率为

$$P_2 = P_{em} - P_{Fe} - P_m - P_s = P_{em} - P_0 - P_s = P_1 - \sum P \tag{1-6}$$

4）直流电动机的效率为

$$\eta = \frac{P_2}{P_1} \times 100\% = \frac{P_2}{P_2 + \sum P} \times 100\% \tag{1-7}$$

一般中小型直流电动机的效率在 75%～85%，大型直流电动机的效率在 85%～94%。

5）他励直流电动机的功率平衡关系可用功率流程图来表示，如图 1-13 所示。

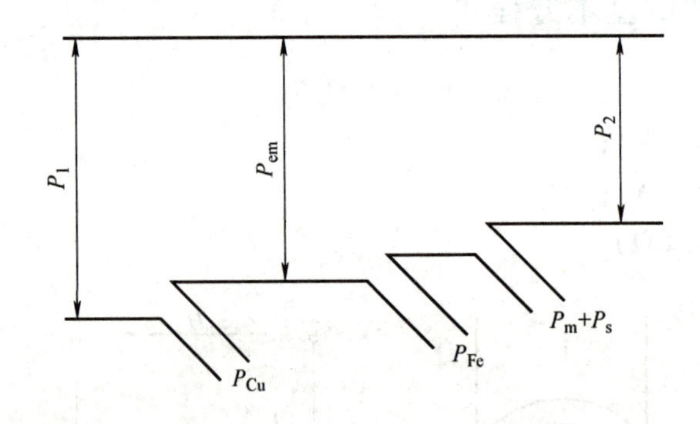

图 1-13　他励直流电动机功率流程图

【例】 已知某直流电动机铭牌数据如下，额定功率 $P_N = 75\text{kW}$，额定电压 $U_N = 220\text{V}$，额定转速 $n_N = 1500\text{r/min}$，额定效率 $\eta_N = 88.5\%$，试求该电动机的额定电流。

解：对于直流电动机

$$P_N = U_NI_N\eta_N$$

故该电动机的额定电流

$$I_N = \frac{P_N}{U_N\eta_N} = \frac{75000}{220 \times 88.5\%}\text{A} = 385\text{A}$$

三、转矩平衡方程式

将式（1-6）中的 P_s 忽略，等号两边同除以电动机的机械角速度，可得转矩平衡方程式

$$\frac{P_2}{\Omega}=\frac{P_{em}}{\Omega}-\frac{P_0}{\Omega}$$

$$T_2=T-T_0$$

$$T=T_2+T_0$$

式中　T——电动机电磁转矩（N·m）；

T_2——电动机轴上输出的机械转矩（负载转矩）（N·m）；

T_0——空载转矩（N·m）；

Ω——机械角速度。

四、他励直流电动机的机械特性

1-4　直流电动机的机械特性

直流电动机的机械特性是在稳定运行情况下，电动机的转速与电磁转矩之间的关系，即 $n=f(T)$。

1）机械特性方程式为

$$n=\frac{U}{C_e\Phi}-\frac{R}{C_eC_T\Phi^2}T \tag{1-8}$$

还可以写成

$$n=n_0-\beta T=n_0-\Delta n \tag{1-9}$$

式中　n_0——理想空载转速，即电磁转矩 $T=0$ 时的转速，$n_0=\frac{U}{C_e\Phi}$；

β——机械特性斜率；

Δn——转速降，$\Delta n=\frac{R}{C_eC_T\Phi^2}T$。

2）他励直流电动机的固有机械特性。当他励直流电动机的电源电压、磁通为额定值，电枢回路未接附加电阻 R_{pa} 时的机械特性称为固有机械特性，如图 1-14 所示，其特性方程为

$$n=\frac{U}{C_e\Phi}-\frac{R_a}{C_eC_T\Phi^2}T \tag{1-10}$$

五、他励直流电动机的人为机械特性

人为机械特性是人为地改变电动机电路参数或电枢电压而得到的机械特性，一般只改变电压、磁通、附加电阻中的一个，他励直流电动机有下列三种人为机械特性。

1）电枢串电阻时的人为机械特性。此时 $U=U_N$，$\Phi=\Phi_N$，$R=R_a+R_{pa}$，人为机械特性的方程式为

$$n=\frac{U_N}{C_e\Phi_N}-\frac{R_a+R_{pa}}{C_eC_T\Phi_N^2}T \tag{1-11}$$

与固有特性相比，其理想空载转速 n_0 不变，但是转速降 Δn 增大。R_{pa} 越大，Δn 也越

大，特性“变软”，如图 1-15 所示。

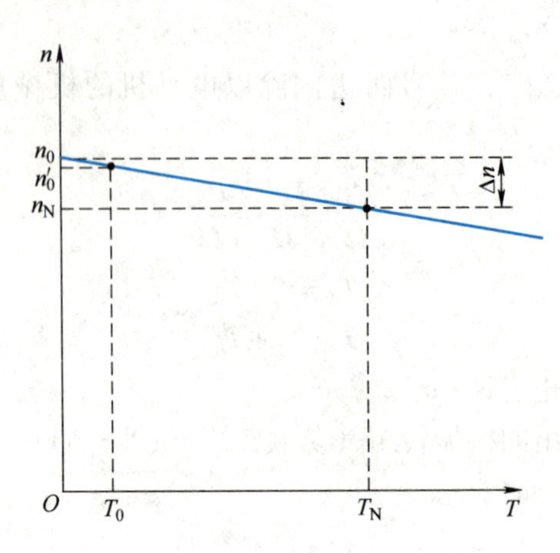

图 1-14　他励直流电动机机械特性

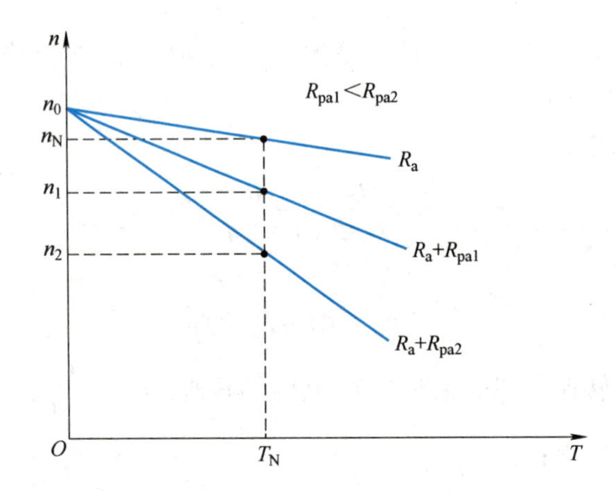

图1-15　他励直流电动机电枢串电阻时的人为机械特性

这类人为机械特性是一组通过 n_0，但具有不同斜率的直线。

2）改变电枢电压时的人为机械特性。此时 $R_{pa}=0$，$\varPhi=\varPhi_N$，机械特性方程式为

$$n=\frac{U}{C_e\varPhi_N}-\frac{R_a}{C_eC_T\varPhi_N^2}T \tag{1-12}$$

由于电动机的额定电压是工作电压的上限，因此改变电压时，只能在低于额定电压的范围内变化。与固有特性相比较，其特性曲线的斜率不变，理想空载转速 n_0 随电压减小成正比减小，故改变电压时的人为机械特性是一组低于固有机械特性而与之平行的直线，如图 1-16 所示。

3）减弱磁通时的人为机械特性。可以在励磁回路内串接电阻 R_{fL} 或降低励磁电压 U_f 来减弱磁通，此时 $U=U_N$，$R_{pa}=0$，机械特性方程式为

$$n=\frac{U_N}{C_e\varPhi}-\frac{R_a}{C_eC_T\varPhi^2}T \tag{1-13}$$

其特性曲线如图 1-17 所示，磁通 $\varPhi$ 减少，使理想空载转速 n_0 和曲线斜率 β 都增大。

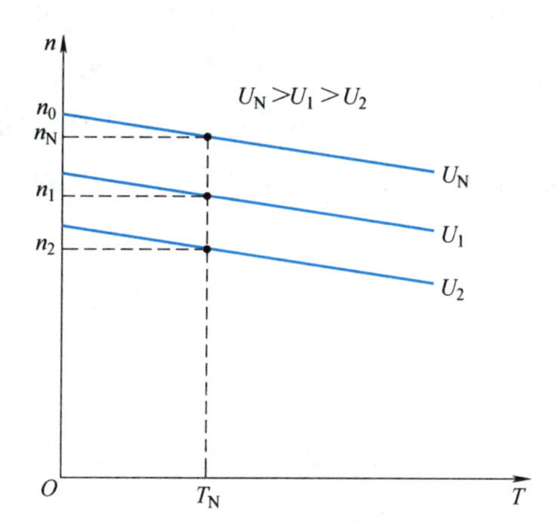

图 1-16　他励直流电动机改变电枢电压时的人为机械特性

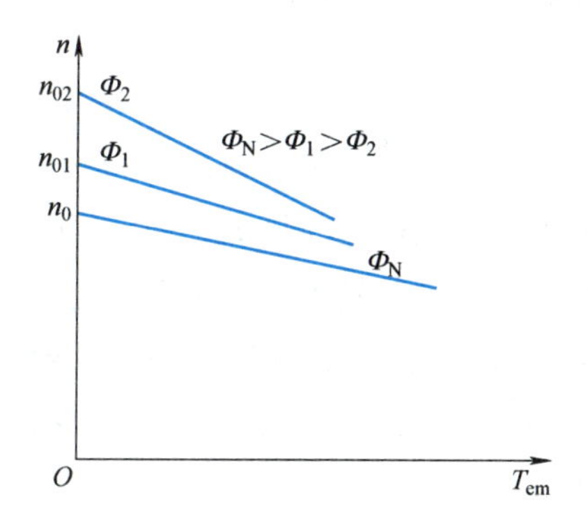

图 1-17　他励直流电动机减弱磁通时的人为机械特性

第四节　他励直流电动机的起动

一、起动方法

1. 全压起动

全压起动是在电动机磁场磁通为 Φ_N 情况下，在电动机电枢上直接加以额定电压的起动方式。

1-5　直流电动机的起动

起动电流 I_{st} 为

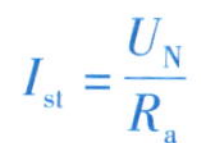

$$I_{st}=\frac{U_N}{R_a}$$

起动转矩 T_{st} 为

$$T_{st}=C_T\Phi_N I_{st}$$

他励直流电动机不允许直接起动，因为他励直流电动机电枢电阻 R_a 阻值很小，额定电压下直接起动的起动电流很大，通常可达额定电流的 10～20 倍，起动转矩也很大。过大的起动电流会引起电网电压下降，影响其他用电设备的正常工作，同时电动机自身的换向器产生剧烈的火花。而过大的起动转矩可能会使轴受到不允许的机械冲击。所以全压起动只限于容量很小的直流电动机。

2. 减压起动

减压起动是起动前将施加在电动机电枢两端的电源电压降低，以减小起动电流 I_{st} 的起动方式。

起动电流通常限制在（1.5～2）I_N 内，则起动电压应为

$$U_{st}=I_{st}R_a=(1.5\sim2)I_NR_a$$

3. 电枢回路串电阻起动

电枢回路串电阻起动是电动机电源电压为额定值且恒定不变时，在电枢回路中串接一个起动电阻 R_{st} 的起动方式，此时 I_{st} 为

$$I_{st}=\frac{U_N}{R_a+R_{st}}$$

起动过程中，由于转速 n 上升，电枢电动势 E_a 上升，起动电流 I_{st} 下降，起动转矩 T_{st} 下降，电动机的加速度作用逐渐减小，致使转速上升缓慢，起动过程延长。要想在起动过程中保持加速度不变，必须要求电动机的电枢电流和电磁转矩在起动过程中保持不变，即随着转速上升，起动电阻 R_{st} 应平滑地减小。为此往往把起动电阻分成若干段，来逐级切除。图 1-18 为他励直流电动机自动起动电路图。图中 R_{st4}、R_{st3}、R_{st2}、R_{st1} 为各级串入的起动电阻，KM 为电枢线路接触器，KM1～KM4 为起动接触器，用它们的常开主触点来短接各段电阻。起动过程机械特性如图 1-19 所示。

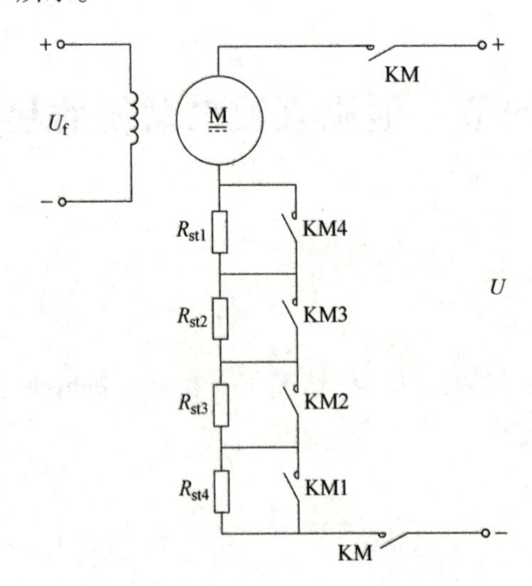

图 1-18　他励直流电动机电枢回路串电阻起动控制主电路图

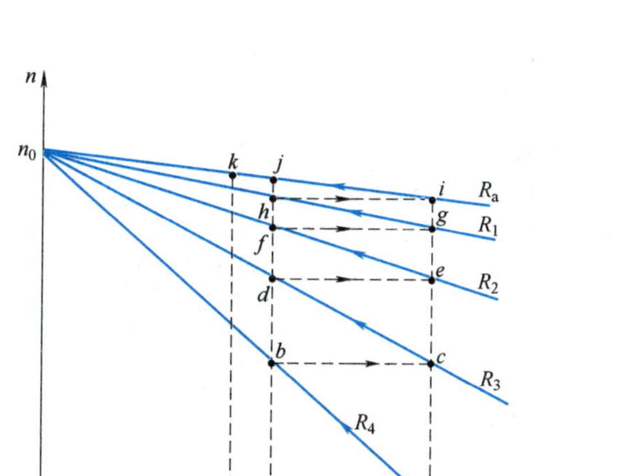

图 1-19　他励直流电动机 4 级起动机械特性

二、他励直流电动机反转

直流电动机反转的方法有以下两种：

1）改变励磁电流方向。保持电枢两端电压极性不变，将电动机励磁绕组反接，使励磁电流反向，从而使磁通 Φ 方向改变。

2）改变电枢电压极性。保持励磁绕组电压极性不变，将电动机电枢绕组反接，电枢电流 I_a 即改变方向。

第五节　他励直流电动机的调速

他励直流电动机的调速方法有电枢回路串联电阻调速、降低电枢电压调速和减弱磁通调速三种。

一、电枢回路串联电阻调速

1-6　直流电动机的调速

电枢回路串联电阻 R_{pa}时的人为机械特性曲线如图 1-20 所示。

电枢回路串联电阻调速的特点是：

1）基速以下调速，且串入电阻越大，机械特性越软。

2）有级调速，调速的平滑性差。

3）调速电阻消耗的能量大，不经济。

4）电枢串电阻调速方法简单，设备投资少。

5）适用于小容量电动机调速，但调速电阻不能用起动变阻器代替。

二、降低电枢电压调速

降低电枢电压后的人为机械特性曲线如图 1-21 所示。降压调速的特点是：

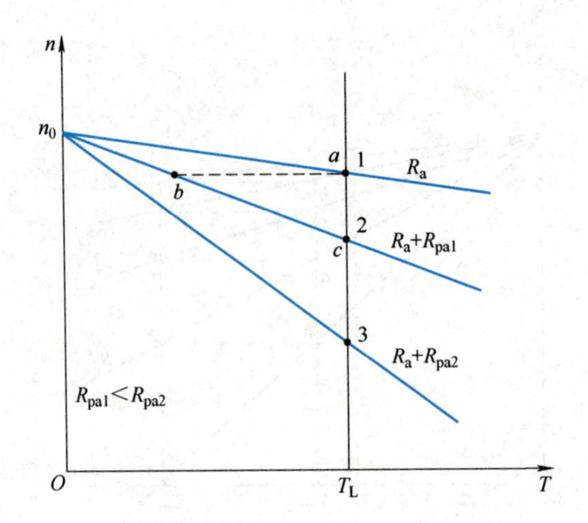

图 1-20　他励直流电动机电枢串联电阻调速的机械特性

1）调速性能稳定，调速范围广。

2）调速平滑性好，可实现无级调速。

3）损耗小，调速经济性好。

4）调压电源设备较复杂。

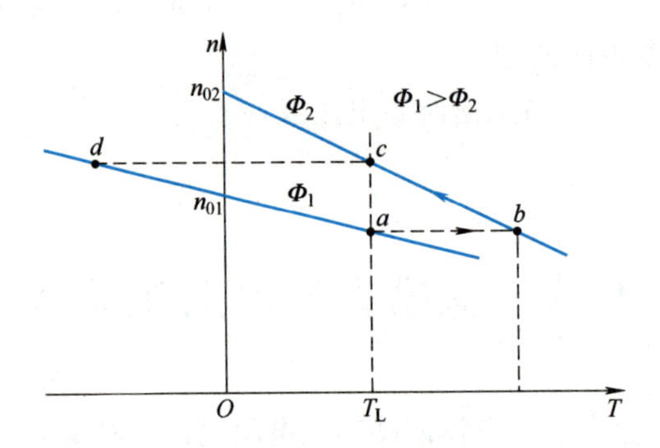

图 1-21　他励直流电动机降压调速的机械特性

三、减弱磁通调速

减弱磁通后的人为机械特性曲线如图 1-22 所示。减弱磁通调速的特点是：

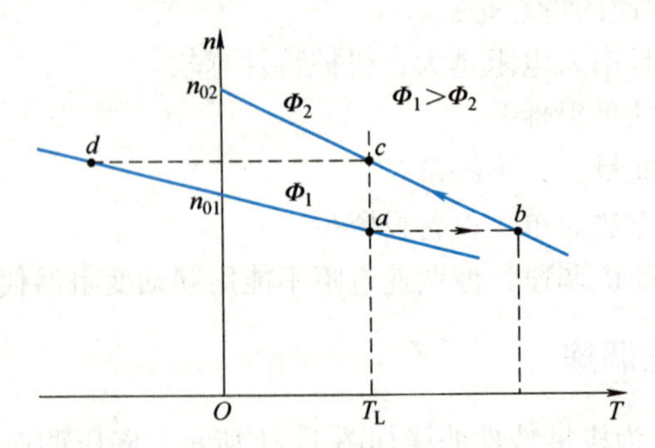

图1-22　他励直流电动机减弱磁通调速的机械特性

1）调速范围不大。

2）调速平滑，可实现无级调速。

3）能量损耗小。

4）控制方便，控制设备投资少。

第六节 他励直流电动机的制动

他励直流电动机的电气制动是使电动机产生一个与旋转方向相反的电磁转矩，阻碍电动机转动。常用的电气制动方法有能耗制动、反接制动和发电回馈制动。

一、能耗制动

1-7 直流电动机的制动

1）制动原理。能耗制动是把正处于电动机运行状态的他励直流电动机的电枢从电网上切除，并接到一个外加的制动电阻 R_{bk} 上构成闭合回路，如图 1-23a 所示。

能耗制动开始瞬间，电枢电压 $U=0V$，电动机电枢电流为

$$I_a=\frac{U-E_a}{R_a+R_{bk}}=-\frac{E_a}{R_a+R_{bk}} \tag{1-14}$$

在制动过程中，电动机把拖动系统的动能转变为电能并消耗在电枢回路的电阻上，故称为能耗制动。

2）机械特性。能耗制动的机械特性方程为

$$n=\frac{U}{C_e\Phi}-\frac{R_a+R_{bk}}{C_eC_T\Phi^2}T=-\frac{R_a+R_{bk}}{C_eC_T\Phi^2}T \tag{1-15}$$

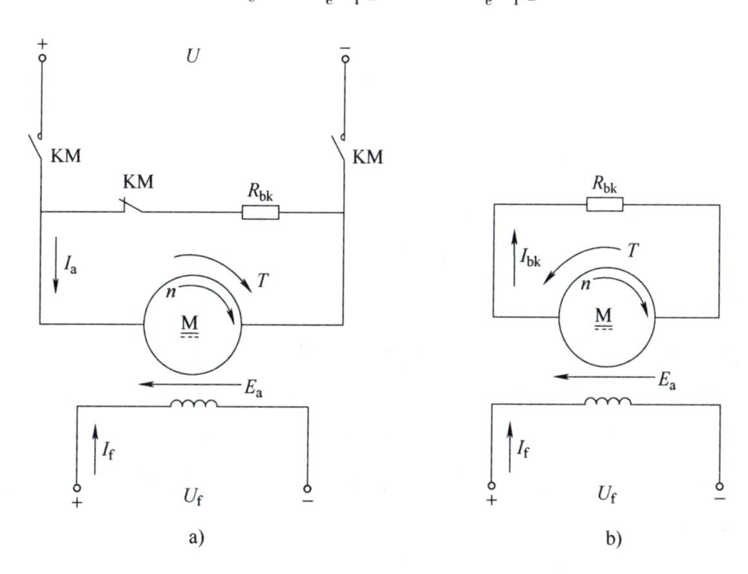

图 1-23 能耗制动

a）控制电路图 b）制动电路图

二、反接制动

反接制动有电枢反接制动和倒拉反接制动两种方式。

1. 电枢反接制动

1）制动原理。电枢反接制动是将电枢反接在电源上，同时电枢回路要串接制动电阻 R_{bk}。控制电路图如图 1-24a 所示。反接制动开始瞬间，电动机电枢电流 I_a 为

$$I_a = \frac{-U_N - E_a}{R_a + R_{bk}} = -\frac{U_N + E_a}{R_a + R_{bk}} \tag{1-16}$$

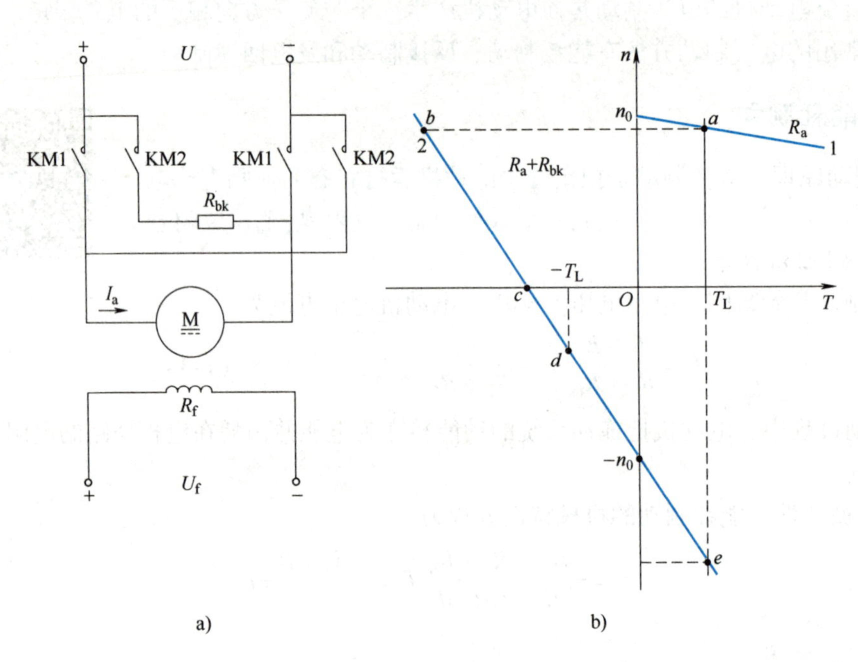

图 1-24　电枢反接制动

a）控制电路图　b）机械特性

2）机械特性如图 1-24b 所示，机械特性方程为

$$n = \frac{-U_N}{C_e\Phi} - \frac{R_a + R_{bk}}{C_e C_T \Phi^2}T = -n_0 - \frac{R_a + R_{bk}}{C_e C_T \Phi^2}T \tag{1-17}$$

2. 倒拉反接制动

1）制动原理。如图 1-25 所示，电动机运行在固有机械特性的 a 点下放重物时，电枢电路串入较大电阻 R_{bk}，电动机转速因惯性不能突变，工作点过渡到对应的人为机械特性的 b 点上，此时电磁转矩 $T < T_L$，电动机减速，沿特性曲线下降至 c 点。在负载转矩的作用下转速 n 反向，E_a 为负值，电枢电流为正值，电磁转矩为正值，与转速方向相反，电动机处于制动状态，称为倒拉反接制动。

2）机械特性。倒拉反接制动的机械特性方程式为

$$n = \frac{U_N}{C_e\Phi} - \frac{R_a + R_{bk}}{C_e C_T \Phi^2}T = n_0 - \frac{R_a + R_{bk}}{C_e C_T \Phi^2}T \tag{1-18}$$

机械特性曲线如图 1-25b 所示，倒拉反接制动下放重物的速度随串入电阻 R_{bk} 的大小而异，制动电阻越大，特性越软，下放速度越快。

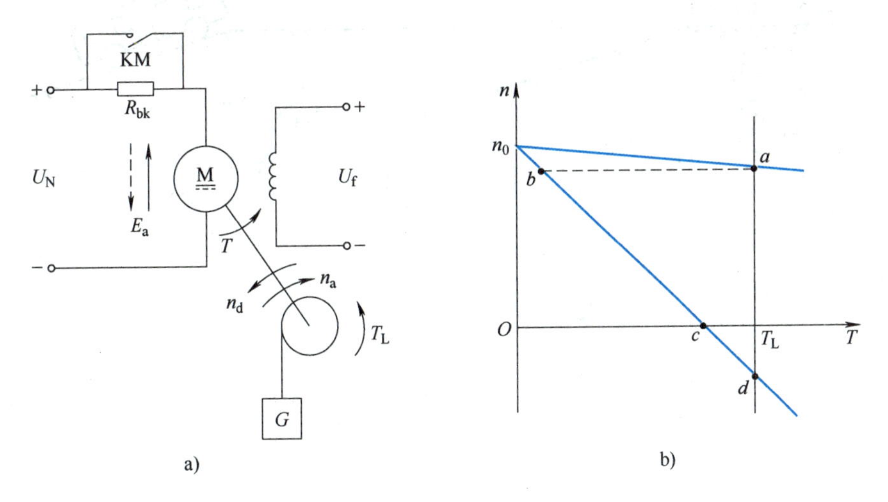

图 1-25　倒拉反接制动

a）控制电路图　b）机械特性

综上所述，电动机进入倒拉反接制动状态，必须有位能负载反拖电动机，同时电枢回路必须串入较大的电阻。此时位能负载转矩为拖动转矩，而电动机的电磁转矩为制动转矩，它抑制重物下放的速度，使其安全下放。

三、发电回馈制动

当电动机转速高于理想空载转速，即 $n>n_0$ 时，电枢电动势 E_a 大于电枢电压 U，电枢电流 I_a 反向，电磁转矩 T 为制动性质转矩，电动机向电源回馈电能，此时电动机运行状态称为发电回馈制动。

发电回馈制动可用于位能负载高速下放和降低电枢电压调速等场合。

1. 位能负载高速拖动电动机时的发电回馈制动

1）制动原理。如图 1-26 所示，由直流电动机拖动的电车在平路行驶，当电车下坡时，电磁转矩 T 与负载转矩 T_L（包括摩擦转矩 T_f）共同作用，使电动机转速上升，当 $n>n_0$ 时，$E_a>U$，I_a 反向，T 反向，成为制动转矩，电动机运行在发电回馈制动状态。

2）特点。$E_a>U$，I_a 反向，电磁转矩 T 为制动转矩，负载转矩 T_L 为拖动转矩，电动机变为发电机运行，将轴上输入的机械功率变为电磁功率，其中大部分回馈电网，小部分消耗在电枢绕组的铜耗上，如图 1-26c 所示。

3）机械特性方程式

$$n=n_0-\frac{R_a}{C_eC_T\Phi^2}(-T)=n_0+\frac{R_a}{C_eC_T\Phi^2}T \tag{1-19}$$

2. 降低电枢电压调速时的发电回馈制动

当处于电动运行状态的电动机电枢电压突然降低时，人为机械特性向下平移，理想空载转速由 n_0 降到 n_{01}，但因惯性，电动机转速不能突变，使 $n_a>n_{01}$，$E_a>U_1$，导致电动机电

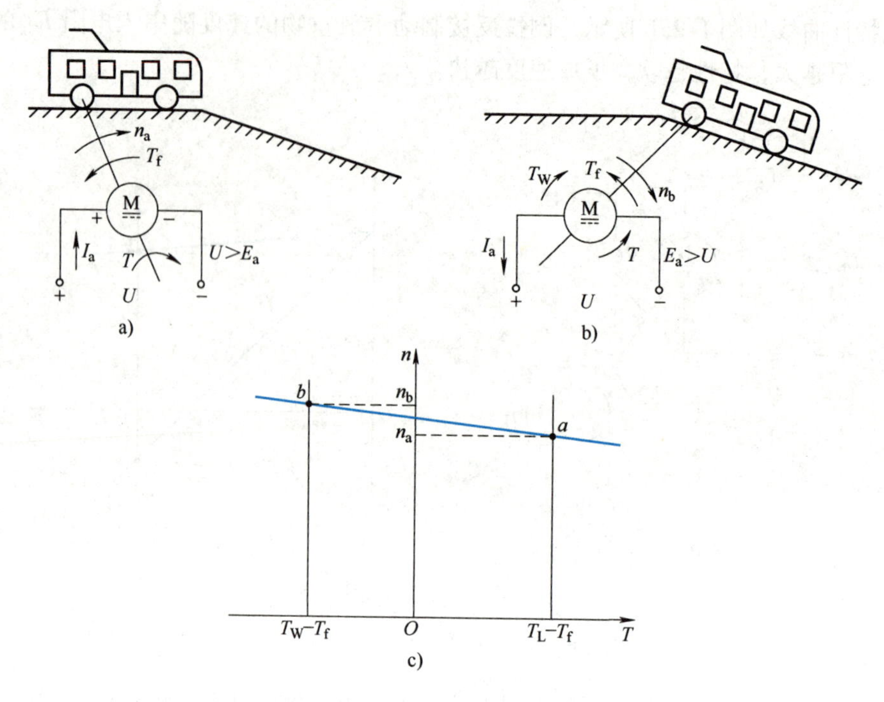

图 1-26 位能负载拖动电动机的发电回馈制动

枢电流 I_a 和电磁转矩 T 变为负值，电动机转速迅速下降。在特性 b 点至 n_{01} 点之间，电动机处于发电回馈制动状态，如图 1-27 所示。

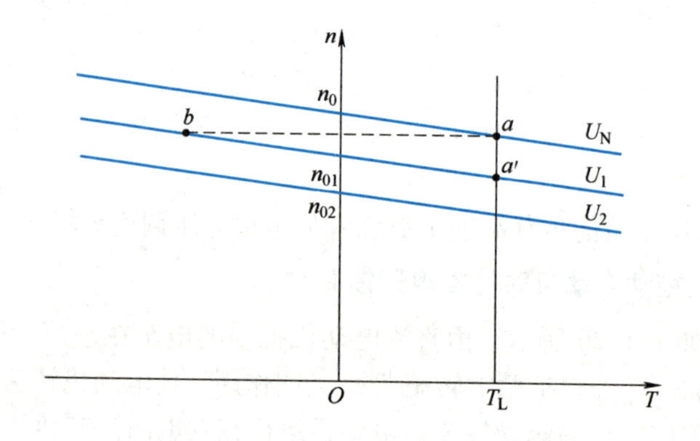

图 1-27 降压调速时的发电回馈制动机械特性

第七节 直流电动机的维护与检修方法

一、直流电动机使用前的检查

1）用压缩空气或手动吹风机吹净电动机内部灰尘、电刷粉末等，清除污垢杂物。

2）拆除与电动机连接的一切接线，用绝缘电阻表测量绕组对机座的绝缘电阻，若小于

0.5MΩ，应进行烘干处理，测量合格后再将拆除的接线恢复。

3）检查换向器的表面是否光洁，如发现有机械损伤或火花灼痕，应进行必要的处理。

4）检查电刷是否严重损坏，刷架的压力是否适当，刷架的位置是否位于标记的位置。

5）根据电动机铭牌检查直流电动机各绕组之间的接线方式是否正确，电动机额定电压与电源电压是否相符，电动机的起动设备是否符合要求，是否完好无损。

二、直流电动机的使用

1）直流电动机在直接起动时起动电流很大，这将对电源及电动机本身带来不良的影响。因此，除功率很小的直流电动机可以直接起动外，一般的直流电动机都要采取减压措施来限制起动电流。

2）当直流电动机采用减压起动时，要掌握好起动过程所需的时间，不能起动过快，也不能过慢，并确保起动电流不能过大（一般为额定电流的1~2倍）。

3）在电动机起动时就应做好相应的停车准备，一旦出现意外情况，应立即切除电源，并查找故障原因。

4）在直流电动机运行时，应观察电动机转速是否正常，有无噪声、振动等，有无冒烟或发出焦臭味等现象，如有应立即停机查找原因。

5）注意观察直流电动机运行时电刷与换向器表面的火花情况。在额定负载工况下，一般直流电动机只允许有不超过1½级的火花。

6）串励电动机在使用时，应注意不允许空载起动，不允许用带轮或链条传动；并励或他励电动机在使用时，应注意励磁回路绝对不允许开路，否则可能因电动机转速过高而导致严重后果。

三、直流电动机的维护

应保持直流电动机的清洁，尽量防止灰尘、雨水、油污、杂物等进入电动机内部。

直流电动机结构及运行过程中存在的薄弱环节是电刷与换向器部分，因此必须特别注意对它们的维护和保养。

1）换向器的维护和保养。换向器表面应保持光洁，不得有机械损伤和火花灼痕。如有轻微灼痕，可用0号砂纸在低速旋转的换向器表面仔细研磨。如换向器表面出现严重的灼痕或粗糙不平、表面不圆或有局部凸凹等现象，则应拆下重新进行车削加工。车削完毕，应将片间云母槽中的云母片下刻1mm左右，并清除换向器表面的金属屑及毛刺等，最后用压缩空气将整个电枢表面吹扫干净，再进行装配。

换向器在负载作用下长期运行后，表面会产生一层坚硬的深褐色薄膜，这层薄膜能够保护换向器表面不受磨损，因此要保护好这层薄膜。

2）电刷的使用。电刷与换向器表面应有良好的接触，正常的电刷压力为15~25kPa。电刷与刷盒的配合不宜过紧，应留有少量的间隙。

电刷磨损或碎裂时，应更换牌号、尺寸规格都相同的电刷，新电刷装配好后应研磨光滑，保证与换向器表面有80%左右的接触面。

四、直流电动机的常见故障及检修

直流电动机的常见故障及检修方法见表1-1。

表1-1 直流电动机的常见故障及检修方法

故障现象	可能原因	处理方法
直流电动机转速过高	并励回路电阻过大或断路 并励或串励绕组匝间短路 并励绕组极性接错 复励电动机的串励绕组极性接错（积复励接成反复励） 串励电动机负载过低 主极气隙过大	测量励磁回路的电阻，恢复正常电阻值 检查并励或串励绕组，找出故障点进行修复 用指南针测量极性顺序，并重新接线 检查并纠正串励绕组极性 增加负载 规定用铁垫片调整气隙
磁场绕组过热	电动机励磁电流超过规定（常因低转速引起） 电动机端电压长期超过额定值 发电机气隙太大 发电机转速太低 并励绕组匝间短路 复励发电机负载时电压不足，调整电压后励磁电流过大	恢复正常励磁电流 恢复额定电压 调整气隙 提高转速 检查并排除故障 串励绕组极性接反，应重新接线
电动机不能起动	直流电动机电刷与换向器接触不良、电枢绕组断路或短路；起动电流小	检查电刷与换向器的接触情况并予以改善。检查电枢绕组是否正常。检查起动器是否合上
电动机带负载运行时转速过低	电枢绕组短路 换向器片间短路 电刷位置不正确 换向器极性接错（同时出现长的黄色火花）	检查电枢绕组的短路故障，如看见端部有放电穿孔或烧焦痕迹，可确定电枢已烧坏，需重新嵌线 检查换向片，清理片间残留的焊锡铜屑、毛刺等 调整刷杆座位置 检查并纠正换向极极性
电刷下换向火花超出规定	全部换向绕组或补偿绕组极性接错（电刷下有耀眼黄色“响声状”火花） 部分换向绕组或补偿绕组极性接错（电刷下有黄色舌状火花） 换向极气隙过大（电刷下滑出边有火花），或过小（电刷下滑入边有火花） 换向极第二气隙不符合规定（重载及负载变化时才有火花）	检查并纠正换向绕组或补偿绕组极性 检查纠正换向绕组或补偿绕组极性 按规定值调整气隙，有时需要通过实际试运行选择最合理的气隙 规定值及规定材质（黄铜、铅）调整第二气隙

（续）

故障现象	可能原因	处理方法
电刷下换向火花超出规定	换向绕组、补偿绕组匝间短路	检查换向绕组、补偿绕组匝间短路故障、更换绕组
	电枢绕组断线（换向器一圈绿色环状火花，片间云母有放电烧伤痕迹）	修理断线处
	电枢绕组与换向片有局部脱焊	用毫伏表检查换向片间电压，重新焊好
	换向片松动凸出（可看出凸片发亮，凹片发黑，严重时听到“啪啪”撞击电刷声及看到电刷边撞崩）	于冷、热两状态下紧固换向器的螺母或拉紧螺栓、重新车削换向器工作面，挑沟、倒棱、研磨光洁
	换向器表面粗糙，或表面有油污	研磨换向器工作面，必要时重新精车
	换向器云母片凸出或云母片沟积有炭粉等	挑沟、倒棱、研磨光洁
	换向极绕组匝数不符合要求	匝数相差太多需补偿，相差不多可调整换向极气隙
	换向极绕组短路	用电桥测量，如有短路应衬垫绝缘或重新绕制
	电刷磨损过度	更换新电刷
	电刷牌号不符合要求	按技术要求更换电刷
	电刷在刷握内过紧或过松	磨制合适电刷或修理刷握，使电刷在刷握中能自由滑动
	电刷与换向器表面接触不良	用砂纸研磨电刷与换向器表面吻合，清除污物并运行0.5～1h
	电刷压力不当（通常偏小）	调整弹簧压力
	电刷在换向器圆周上分布不匀或位置不符	校正电刷位置
	刷杆偏斜	以换向片或云母槽为标准，调整刷杆与换向器的平行度
	机身振动，因此有时在换向器表面出现规律性黑痕	校正电枢平衡，紧固底座，消除振动
	过载或负载剧烈波动	恢复正常负载
	转速过高	恢复正常转速
发电机电压不能建立	剩磁消失	用外加直流电源使励磁绕组通电，重新建立磁场
	旋转方向不符合规定	改变旋转方向
	励磁绕组接反把剩磁抵消	建立并纠正励磁绕组的接线方向及极性，重新充磁
	励磁回路的电阻太大	检查励磁回路各处接触情况，要保证良好（因为剩磁电压很低，电路中的电阻变化将对励磁电流有明显影响）；或者将调节电阻全部短路，待电压建立后才恢复正常
	励磁绕组断路或有匝间短路	检查励磁绕组的断路及匝间短路故障，更换绕组
	转速太低	提高转速到额定值，对带传动的发电机，注意张紧传动带，减少滑差
	电刷压力太低或接触不良	调整弹簧压力，研磨电刷接触面
	换向器表面或电枢绕组有短路	用毫伏表找出短路故障点，及时修理

（续）

故障现象	可能原因	处理方法
发电机电压达不到额定值	转速太低 电刷位置不正确 并励绕组部分短路 换向片之间有导体造成短路 换向极绕组接反 串励磁场绕组接反 过载	提高转速达到额定值 调整电刷位置 分别测量每个绕组的电阻，修理或调换电阻特别低的绕组 清除导电体 用指南针检查换向极极性，更正接线 更正接线 减少负载
发电机电压过高	转速过高 励磁回路电阻过小 差复励的串励绕组极性接反	恢复正常转速 增加励磁电阻 调换串励绕组极性

直流电机换向火花等级见表1-2。

表1-2　直流电机换向火花等级

火花等级	特征	换向器及电刷状态
1级	无火花	
1¼级	电刷下面仅有小部分有微弱的点状火花	换向器上没有黑痕，电刷上面没有灼痕
1½级	电刷下面大部分有轻微火花	换向器上有发黑痕迹出现，用汽油擦其表面易除去，同时电刷上有灼痕
2级	电刷的整个边缘下面都有火花	换向器上有发黑痕迹出现，用汽油擦其表面不能除去，同时电刷上有灼痕
3级	电刷的整个边缘下面都有强大的火花，同时有火花飞出	换向器上发黑相当严重，用汽油擦其表面不能除去，同时电刷烧焦及损坏

第八节　直流电动机拆卸检修实训

一、准备

1）工具：活扳手、锤子、电烙铁、顶拔器、常用电工工具等。

2）仪表：电流表、电压表、兆欧表、耐压测试仪、电桥、滑线电阻等。

3）器材：Z3-42型直流电动机。

二、实施步骤

（一）拆卸

1. 拆卸前的准备

1）查阅并记录被拆电动机的型号、主要技术参数。

2）在刷架处、端盖与机座配合处等做好标记，以便于装配。

2. 拆卸步骤

1）拆除电动机的所有外部接线，并做好标记。

2）拆卸带轮或联轴器。

3）拆除换向器端的端盖螺栓和轴承盖螺栓，并取下轴承外盖。

4）打开端盖的通风窗，从刷握中取出电刷，再拆下接到刷杆上的连接线。

5）拆卸换向器端的端盖，取出刷架。

6）用厚纸或布包好换向器，以保持换向器清洁及不被碰伤。

7）拆除轴伸端的端盖螺栓，把电枢和端盖从定子内小心地取出或吊出，并放在木架上，以免擦伤电枢绕组。

8）拆除轴伸端的轴承盖螺栓，取下轴承外盖及端盖。如轴承已损坏或需清洗，还应拆卸轴承，如轴承无损坏则不必拆卸。

3. 主要零部件的拆卸方法和工艺要求

（1）轴承的拆卸　直流电动机使用的轴承有滚动轴承和滑动轴承两种，小型电动机中广泛使用滚动轴承，下面主要介绍滚动轴承的拆卸。

1）用顶拔器拆卸。顶拔器是机械维修中经常使用的工具，主要由旋柄、螺旋杆和拉爪构成。使用时，将螺杆顶尖定位于轴端顶尖孔，调整拉爪位置，使拉爪钩住轴承内圈，旋转旋柄，使拉爪带动轴承沿轴向外移动拆除，如图 1-28 所示。

操作时应注意，拉爪应钩住轴承的内圈，用力应均匀。

2）用铜棒拆卸。用端部呈楔形的铜棒以倾斜方向顶住轴承内圈，然后用锤子敲打铜棒，把轴承敲出，如图 1-29 所示。

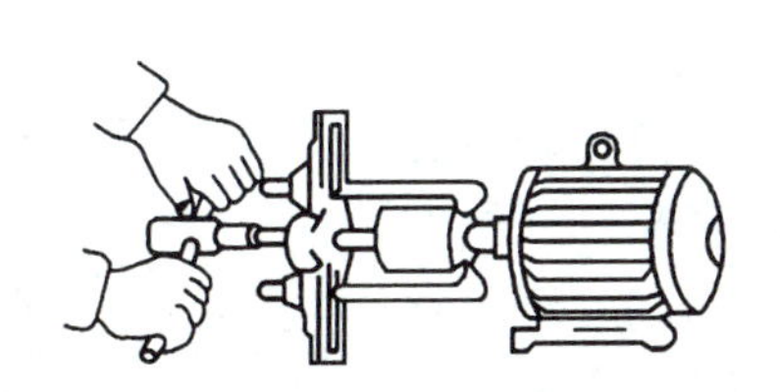

图 1-28　顶拔器拆卸法

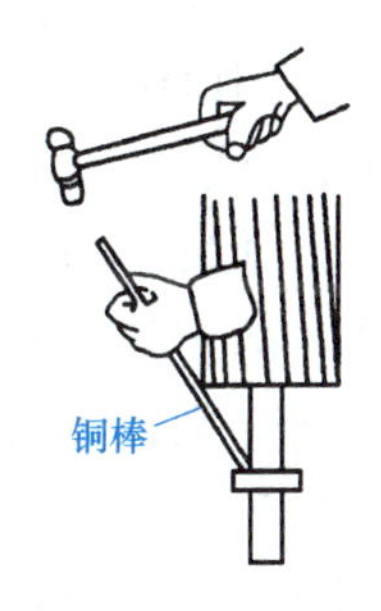

图1-29　铜棒敲击法

敲击时应注意，应沿着轴承内圈四周相对两侧轮流均匀敲击，不可只敲一边，不可用力过猛。

3）在圆筒上拆卸。在轴承的内圈下面用两块厚铁板夹住转轴，并用能容纳转子的圆筒支住，在转轴上端垫上厚木板，通过敲打取下轴承，如图 1-30 所示。

4）加热拆卸。如装配过紧或轴承氧化而不易拆卸时，可将轴承内圈加热，使其膨胀而松脱。加热前，用湿布包好转轴，防止热量扩散，用 100℃左右的全损耗系统用油浇在轴承内圈上，趁热用上述方法拆卸。

（2）端盖的拆卸　先拆下换向器端的轴承盖螺栓，取下轴承外盖；接着拆下换向器端的端盖螺栓，拆卸换向器端的端盖。拆卸时要在端盖边缘处垫以木楔，用锤子沿端盖的边缘均匀地敲击，逐渐使端盖止口脱离机座及轴承外圈，并取出刷架；拆除轴伸端的轴承盖螺栓，取下轴承外盖及端盖。拆卸时在端盖与机座的接缝处要做好标记。

图 1-30　圆筒拆卸法

（3）转子的取出　在取出转子前，用厚纸或布包好换向器，以保持换向器清洁及不被碰伤。

（二）维修

直流电动机的绕组分为定子绕组（包括励磁绕组、换向极绕组、补偿绕组）和电枢绕组。定子绕组发生的故障主要有绕组过热、匝间短路、接地及绝缘电阻下降等；电枢绕组故障主要有短路、断路和接地。换向器故障主要有片间短路、接地、换向片凹凸不平及云母片凸出等。

1. 定子绕组的故障及修理

（1）励磁绕组过热

1）故障现象。绕组变色、有焦化气味、冒烟。

2）可能原因。励磁绕组通风散热条件严重恶化、电动机长时间过励磁。

3）检查处理方法。肉眼观察或用兆欧表测量，改善通风条件、降低励磁电流。

（2）励磁绕组匝间短路

1）故障现象。当直流电动机的励磁绕组匝间出现短路故障时，虽然励磁电压不变，但励磁电流增加；或保持励磁电流不变时，电动机出现转矩降低、空载转速升高等现象；或励磁绕组局部发热；或出现部分刷架换向火花加大或单边磁拉力，严重时使电动机产生振动。

2）可能原因。制造时存在缺陷（如“S”弯处过渡绝缘处理不好，层间绝缘被铜线毛刺挤破，经过一段时间的运行，问题逐步显现）、电动机在运行维护和修理过程中受到碰撞，使导线绝缘受到损伤而形成匝间短路。

3）检查处理方法。励磁绕组匝间短路常用交流压降法检查。

把工频交流电通过调压器加到励磁绕组两端，然后用交流电压表分别测量每个磁极励磁绕组上的交流压降，若各磁极上交流压降相等，则表示绕组无短路现象；若某一磁极的交流压降比其余磁极都小，则说明这个磁极上的励磁绕组存在匝间短路，通电时间稍长时，这个绕组将明显发热，如图 1-31所示。

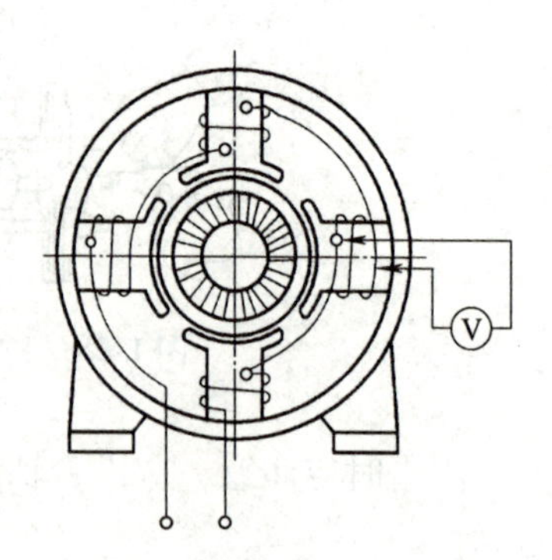

图 1-31　交流压降法检查励磁绕组匝间短路

（3）定子绕组接地

1）故障现象。当定子绕组出现接地故障时，会引起接地保护动作和报警，如果两点接地，还会使绕组局部烧毁。

2）可能原因。线圈、铁心或补偿绕组槽口存在毛刺，或绕组固定不好，在电动机负载运行时绕组发生移位使得绝缘磨损而接地。

3）检查处理方法。先用兆欧表测量，后用万用表核对，以区别绕组是绝缘受潮还是绕组确实接地，可分为以下几种情况：

① 绝缘电阻为零，但用万用表测量还有示数，说明绕组绝缘没有击穿，采用清扫吹风办法，有可能使绝缘电阻上升。

② 绝缘电阻为零，改用万用表测量也为零，说明绕组已接地，可将绕组连接拆开，分别测量每个磁极绕组的绝缘电阻，以确定存在接地故障的绕组并进行烘干处理。

③ 所有磁极绕组的绝缘电阻均为零，虽然拆开连接线，测量结果绝缘电阻均较低，如果绕组经清扫后，绝缘材质没有老化，可采用中性洗涤剂清洗后进行烘干处理。

2. 电枢绕组的故障及修理

（1）电枢绕组短路

1）故障现象。电枢绕组烧毁。

2）可能原因。绝缘损坏。

3）检查处理方法。当电枢绕组由于短路故障而烧毁时，可通过观察找到故障点，也可将6～12V的直流电源接到换向器两侧，用直流毫伏表逐片测量各相邻的两个换向片的电压值。如果读数很小或接近零，就表明接在这两个换向片上的线圈一定有短路故障存在；若读数为零，则多为换向器片间短路，如图1-32所示。

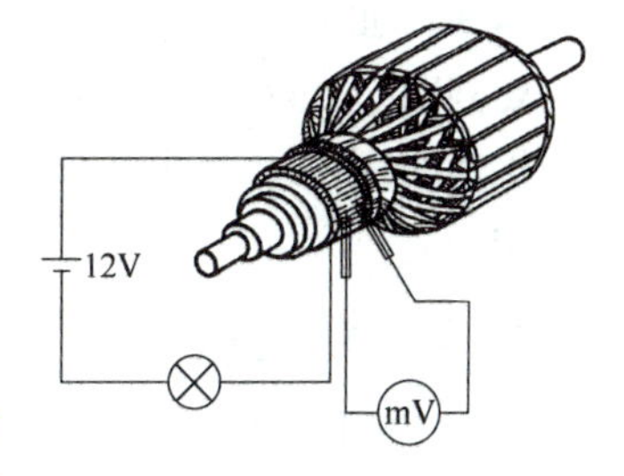

图1-32　电枢绕组短路的检查

若电动机使用不久，绝缘并未老化，当一个或两个线圈有短路时，则可以切断短路线圈，在两个换向片上接以跨接线，继续使用；若短路线圈过多，则应重绕。

（2）电枢绕组断路

1）故障现象。运行中电刷下发生不正常的火花。

2）可能原因。多数是由于换向片与导线接头片焊接不良，或个别线圈内部导线断线。

3）检查处理方法。将毫伏表跨接在换向片上（直流电源的接法同前），有断路的绕组所接换向片被毫伏表跨接时，将有读数指示，且指针剧烈跳动（要防止损坏表头），但毫伏表跨接在完好的绕组所接的换向片上时，将无读数指示，如图1-33所示。

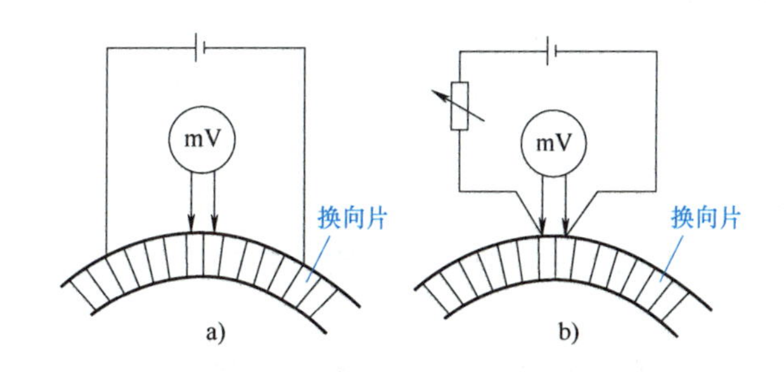

图1-33　电枢绕组断路的检查

a）电源跨接在数片换向片两端　b）电源直接接在相邻两个换向片上

在叠绕组中，将有断路的绕组所接的两相邻换向片用跨接线连起来；在波绕组中，也可以用跨接线将有断路的绕组所接的两换向片接起来，但这两个换向片相隔一个极距，而不是相邻的两片。

（3）电枢绕组接地

1）故障现象。接地保护动作和报警，如果两点接地，还会使得绕组局部烧毁。

2）可能原因。多数是由于槽绝缘及绕组元件绝缘损坏，导体与铁心片碰接所致，也有换向器接地的情况，但并不多见。

3）检查处理方法。将电枢取出搁在支架上，将电源线的一根串接一个灯泡接在换向片上，另一根接在轴上，若灯泡发亮，则说明此线圈接地。具体到哪一槽的线圈接地，可使用毫伏表测量，即将毫伏表一端接轴，另一端与换向片依次接触，若线圈完好，则指针摆动，若线圈接地，则指针不动，如图1-34所示。

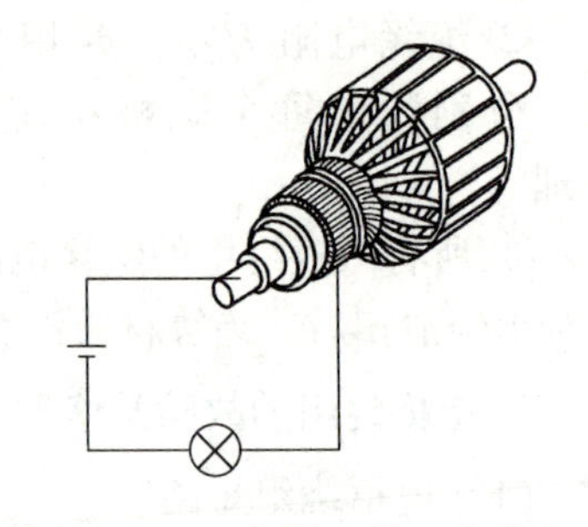

图1-34　电枢绕组接地的检查

要判明是线圈接地还是换向器接地，则需进一步检查，可将接地线圈的接线头从换向片上脱焊下来，分别测量就能确定。

3. 换向器的修理

（1）片间短路

1）故障现象。换向片间表面有火花灼烧伤痕。

2）可能原因。金属屑、电刷粉末、腐蚀性物质及尘污等所致。

3）检查处理方法。当用毫伏表找出电枢绕组短路处后，为了确定短路故障是发生在绕组内还是在换向片之间，需先将与换向片相连的绕组线头脱焊开，然后用万用表检查换向器片间是否短路。修理时，刮掉片间的金属屑、电刷粉末、腐蚀性物质及尘污等，再用云母粉末或者小块云母加上胶水填补孔洞使其干燥，若上述方法不能消除片间短路，则应拆开换向器，检查其内表面。

（2）接地

1）故障现象。云母片烧毁。

2）可能原因。换向器接地经常发生在前面的云母环上，这个环有一部分露在外面，由于灰尘、油污和其他碎屑堆积在上面，很容易造成漏电接地故障。

3）检查处理方法。先观察，再用万用表进一步确定故障点，修理时，把换向器上的紧固螺母松开，取下前面的端环，把因接地而烧毁的云母片刮去，换上同样尺寸和厚薄的新云母片，装好即可。

（3）换向片凹凸不平

1）故障现象。换向片凹凸不平，换向器松弛，电刷下产生火花，并发出“夹夹”的声音。

2）可能原因。该故障主要是由于装配不良或过分受热所致。

3）检查处理方法。松开端环，将凹凸的换向片校平，或加工车圆。

（4）云母片凸出

1）故障现象。云母片凸出。

2）可能原因。换向片的磨损通常比云母快，就形成云母片凸出。

3）检查处理方法。修理时，把凸出的云母片刮削到比换向片约低1mm，刮削要平整。

（三）安装

安装过程与拆卸过程相反，在此不再赘述。

思考与练习题

一、选择题

1. 直流电动机主要由定子与（　　）两大部分组成。

A. 转子　　B. 气隙　　C. 铁心

2. 下面（　　）不属于直流电动机定子中的结构。

A. 机座　　B. 主磁极　　C. 转轴

3. 直流电动机转子的作用是（　　）。

A. 产生磁场

B. 产生感应电动势和电磁转矩

C. 机械支承作用

4. 直流发电机的工作原理是建立在（　　）定律的基础上。

A. 能量守恒　　B. 牛顿力学　　C. 电磁感应

5. 直流电动机换向磁极的主要作用是（　　）。

A. 改善换向　　B. 产生主磁场　　C. 实现能量转换

6. 直流发电机中，电刷之间的感应电动势是（　　）的。

A. 直流　　B. 交流　　C. 周期变化

7. 他励直流电动机的机械特性是在稳定运行情况下，电动机的转速与（　　）之间的关系。

A. 电磁转矩　　B. 电枢电流　　C. 电源电压

8. 直流电动机固有机械特性是在（　　）条件下。

A. 电源电压为额定值

B. 磁通为额定值

C. 电源电压、磁通为额定值，电枢回路未接附加电阻

9. （　　）不是直流电动机的人为机械特性。

A. 电枢串电阻　　B. 改变电枢电压　　C. 改变电枢电流

10. 直流电动机在一般情况下，不允许（　　）。

A. 全压起动　　B. 降压起动　　C. 串电阻起动

11. 下面（　　）不是直流电动机反转的方法。

A. 改变励磁电流方向，保持电枢两端电压极性不变，将电动机励磁绕组反接

B. 改变电枢电压极性，保持励磁绕组电压极性不变，将电动机电枢绕组反接

C. 改变电枢电压极性，励磁绕组电压极性变为反向

12. 直流电动机起动时，电枢回路串入电阻是为了（　　）。

A. 增加起动转矩　　B. 限制起动电流　　C. 减少起动时间

13. 串电阻起动后，电阻需要（　　）切除。

A. 一起　　B. 不需要　　C. 分级

14. 使直流电动机转速上升的方法有（　　）。

A. 增大电压　　B. 减弱磁通　　C. 电枢串电阻

15. 若直流他励电动机在电动运行状态中，由于某种因素，使电动机的转速高于理想空载转速，这时电动机便处于（　　）。

A. 回馈制动状态　　B. 能耗制动状态　　C. 电枢反接制动状态

二、简答题

1. 简述直流电动机的工作原理。
2. 什么是直流电动机的固有机械特性与人为机械特性？
3. 如何改变直流电动机的旋转方向？
4. 直流电动机一般为什么不允许采用全压起动？
5. 说明直流电动机的拆装步骤及拆装中的注意事项。

第二章

变 压 器

素养提升

2013 年，我国的发电装机容量就超越美国，跃居世界第一；2016 年，我国超越美国成为世界最大可再生资源生产国。2017 年，特变电工新疆新能源股份有限公司成功研制出世界首个特高压柔性直流输电换流阀，这标志着国际上首次将直流输电电压提高到 ±800kV 特高压等级。

截至 2018 年，我国建成投运 8 项 1000kV 特高压交流工程和 11 项 ±800kV 特高压交流工程，标志着我国全面掌握了特高压核心技术，成为世界首个也是唯一成功掌握并实际应用特高压技术的国家。中国电力技术每一次腾飞背后，都展示着中国人拼搏奋发的精神力量，自主创新，攻克核心技术，实现了“中国创造”和“中国引领”！

第一节 变压器的工作原理、分类及结构

变压器是一种静止的电气设备。它是根据电磁感应的原理，将某一等级的交流电压和电流转换成同频率的另一等级电压和电流的设备，作用是变换交流电压、变换交流电流和变换阻抗。

一、变压器的基本工作原理

变压器是在一个闭合的铁心磁路中，套上两个相互独立的、绝缘的绕组，这两个绕组之间只有磁的耦合，没有电的联系，如图 2-1 所示。

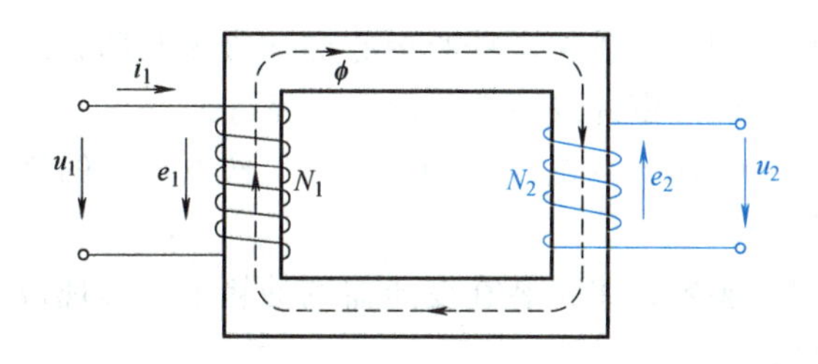

图 2-1 变压器基本工作原理

2-1 变压器导论

2-2 变压器的工作原理

一次绕组接交流电源，其匝数为 N_1；二次绕组接负载，其匝数为 N_2。

当在一次绕组中加上交流电压 u_1 时，在一、二次绕组中其感应电动势瞬时值分别为

$$e_1 = -N_1 \frac{\mathrm{d}\phi}{\mathrm{d}t} \qquad e_2 = -N_2 \frac{\mathrm{d}\phi}{\mathrm{d}t} \qquad \frac{e_1}{e_2} = \frac{E_1}{E_2} = \frac{N_1}{N_2} \tag{2-1}$$

二、变压器的应用与分类

变压器主要用于变换交变电压、变换交变电流和变换阻抗。变压器按用途不同主要分为：

2-3　变压器的分类与结构

1）电力变压器，供输配电系统中升压或降压用。

2）特殊变压器，如电炉变压器、电焊变压器和整流变压器等。

3）仪用互感器，如电压互感器与电流互感器。

4）试验变压器，高压试验用。

5）控制用变压器，控制线路中使用。

6）调压器，用来调节电压。

三、电力变压器的基本结构

电力变压器主要由铁心、绕组、绝缘套管、油箱及附件等部分组成。以油浸式电力变压器为例，其基本结构如图 2-2 所示。

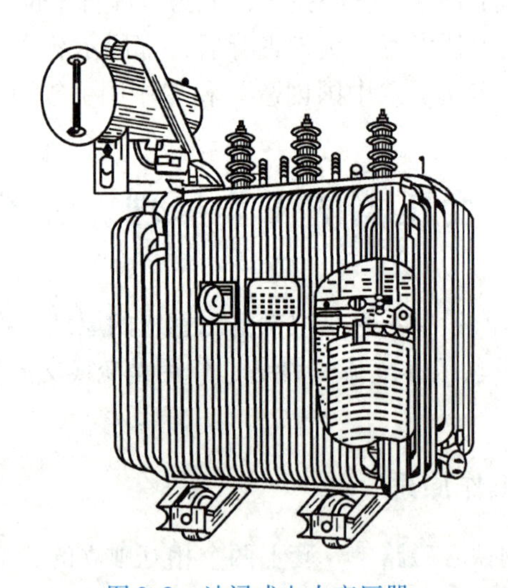

图 2-2　油浸式电力变压器

1）铁心。铁心是变压器的磁路部分，是绕组的支承骨架。铁心由心柱和磁轭两部分组成，铁心用厚度为 0.35mm、表面涂有绝缘漆的热轧硅钢片或冷轧硅钢片迭装而成。

2）绕组。绕组是变压器的电路部分，常用绝缘铜线或铝线绕制而成。工作电压高的绕组称为高压绕组，工作电压低的绕组称为低压绕组。

3）绝缘套管。绝缘套管是变压器绕组的引出装置，将其装在变压器的油箱上，实现带电的变压器绕组引出线与接地的油箱之间的绝缘。

4）油箱及附件。油箱安装变压器的铁心与绕组，变压器油起绝缘和冷却作用。电力变

压器附件还有安全气道、测温装置、分接开关、吸湿器与油表等。

四、电力变压器的额定值

1）额定容量 S_N 指的是变压器的视在功率，单位为 V · A 或 kV · A。

单相变压器的额定容量为

$$S_N = U_{N1}I_{N1} = U_{N2}I_{N2} \tag{2-2}$$

三相变压器的容量为

$$S_N = \sqrt{3}U_{N1}I_{N1} = \sqrt{3}U_{N2}I_{N2} \tag{2-3}$$

2）额定电压 U_{N1} 和 U_{N2}。

U_{N1} 为一次绕组额定电压，它是根据变压器的绝缘强度和允许发热条件而规定的一次绕组正常工作电压值。

U_{N2} 为二次绕组额定电压，它是当一次绕组加上额定电压，而变压器的开关置于额定分接头处时，二次绕组的空载电压值。

对于三相变压器，额定电压值指的是线电压，单位为 V 或 kV。

3）额定电流 I_N 是根据允许发热条件所规定的绕组长期允许通过的最大电流值，单位是 A 或 kA。I_{N1} 表示一次绕组的额定电流；I_{N2} 表示二次绕组的额定电流。对于三相变压器，额定电流是指线电流。

4）额定频率 f。我国规定的标准工业用电频率为 50Hz。

第二节　单相变压器的空载运行

变压器的空载运行是指变压器的一次绕组接在额定电压的交流电源上，而二次绕组开路时的工作情况，如图 2-3 所示。

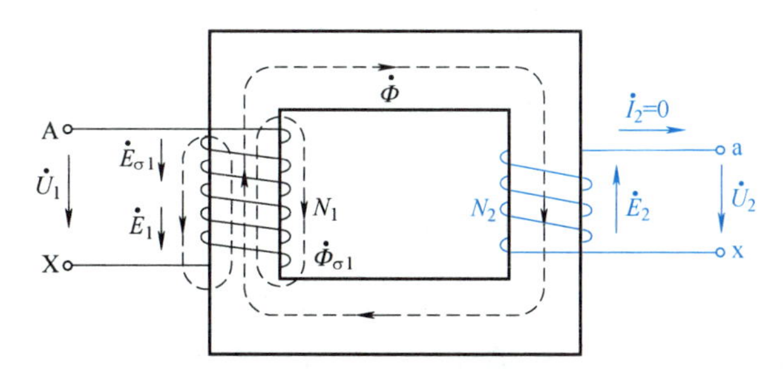

图 2-3　单相变压器空载运行原理图

一、空载运行时各物理量正方向的规定

正弦量的正方向通常规定如下：

1）电源电压 $\dot{U}$ 正方向与其电流 $\dot{I}$ 正方向采用关联方向，即两者正方向一致。

2）绕组电流 $\dot{I}$ 产生的磁通势所建立的磁通 $\dot{\Phi}$，这二者的正方向符合右手螺旋定则。

3）由交变磁通 ϕ 产生的感应电动势 $\dot{E}$，二者的正方向符合右手螺旋定则，即 $\dot{E}$ 的正方向与产生该磁通的电流正方向一致。

二、感应电动势与漏磁电动势

1）感应电动势。

若主磁通 $\phi=\Phi_m\sin\omega t$，则一、二次绕组感应电动势瞬时值为

$$\begin{cases} e_1=-N_1\dfrac{d\phi}{dt}=E_{1m}\sin(\omega t-90°) \\ e_2=-N_2\dfrac{d\phi}{dt}=E_{2m}\sin(\omega t-90°) \end{cases} \tag{2-4}$$

其有效值为

$$E_1=4.44fN_1\Phi_m \tag{2-5}$$

$$E_2=4.44fN_2\Phi_m \tag{2-6}$$

相量表示为

$$\dot{E}_1=-j4.44fN_1\dot{\Phi}_m \tag{2-7}$$

$$\dot{E}_2=-j4.44fN_2\dot{\Phi}_m \tag{2-8}$$

2）漏磁电动势。变压器一次绕组漏磁感应电动势为

$$\dot{E}_{\sigma1}=-j\dot{I}_{10}\omega L_1=-j\dot{I}_{10}X_1$$

式中 L_1——一次绕组的漏电感系数；

X_1——一次绕组的漏电抗。

三、变压器空载运行时的电动势平衡方程式和电压比

一次绕组电动势平衡方程式为

$$\dot{U}_1=-\dot{E}_1-\dot{E}_{\sigma1}+\dot{I}_{10}R_1=-\dot{E}_1+\dot{I}_{10}R_1+j\dot{I}_{10}X_1 \tag{2-9}$$

由于空载电流 $\dot{I}_{10}$很小，电阻 R_1 和漏电抗 X_1 均很小，可忽略不计，则

$$\dot{U}_1\approx-\dot{E}_1=j4.44fN_1\dot{\Phi}_m \tag{2-10}$$

二次绕组的端电压等于其感应电动势，即

$$\dot{U}_{20}=\dot{E}_2 \tag{2-11}$$

变压器一次绕组的匝数 N_1 与二次绕组匝数 N_2 之比称为变压器的电压比 k，即

$$k=N_1/N_2=E_1/E_2\approx U_1/U_2 \tag{2-12}$$

当 $N_2>N_1$ 时，$k<1$，则 $U_2>U_1$，为升压变压器；若 $N_2<N_1$，$k>1$，则 $U_2<U_1$，为降压变压器。若改变电压比 k，即改变一次或二次绕组匝数，则可达到改变二次绕组输出电压的目的。

四、空载电流和空载损耗

变压器空载运行时，空载电流 $\dot{I}_{10}$分解成两部分。

1）无功分量 $\dot{I}_{10Q}$，用来建立磁场，起励磁作用，其与主磁通同相位。

2）有功分量 $\dot{I}_{10P}$，用来供给变压器铁心损耗，其相位超前主磁通 90°。即

$$\dot{I}_{10} = \dot{I}_{10P} + \dot{I}_{10Q} \tag{2-13}$$

第三节 单相变压器的负载运行

变压器的负载运行是指变压器在一次绕组加上额定正弦交流电压，二次绕组接负载 Z_L 的情况下的运行状态，如图 2-4 所示。

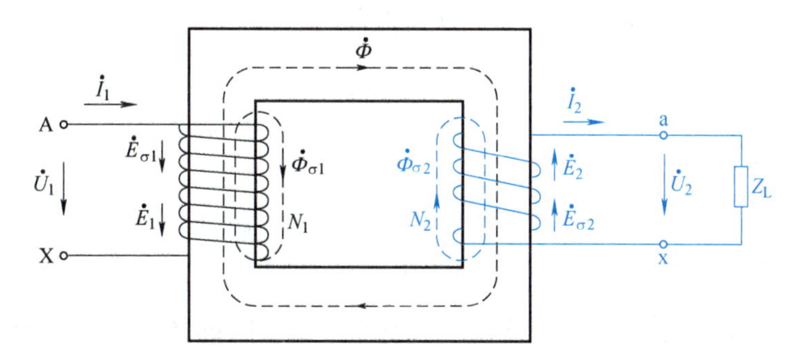

图 2-4 单相变压器负载运行示意图

一、负载运行时的各物理量

负载运行时一、二次电流关系为

$$\Delta \dot{I}_1 = -\frac{N_2}{N_1}\dot{I}_2 \tag{2-14}$$

上式表明变压器负载运行时，二次电流的变化同时引起一次电流的变化。

二、变压器负载运行时的基本方程式

1. 磁通势平衡方程式

1）变压器负载运行时磁通势平衡方程式为

$$\dot{F}_1 + \dot{F}_2 = \dot{F}_{10}$$

$$\dot{I}_1 N_1 + \dot{I}_2 N_2 = \dot{I}_{10} N_1 \tag{2-15}$$

2）电流平衡方程式为

$$\dot{I}_1 = \dot{I}_{10} + \left(-\frac{N_2}{N_1}\dot{I}_2\right) = \dot{I}_{10} + \left(-\frac{\dot{I}_2}{k}\right) = \dot{I}_{10} + \dot{I}_{1L} \tag{2-16}$$

忽略 I_{10}时，一、二次绕组电流关系为 $\dot{I}_1 = -\dot{I}_2/k$，有效值关系为

$$I_1 = I_2/k \tag{2-17}$$

2. 电动势平衡方程式

二次绕组中漏磁电动势 $\dot{E}_{\sigma 2}$ 为

$$\dot{E}_{\sigma 2} = -\mathrm{j}\dot{I}_2 \omega L_2 = -\mathrm{j}\dot{I}_2 X_2 \tag{2-18}$$

负载运行时的一、二次绕组的电动势平衡方程式为

$$\dot{U}_1 = -\dot{E}_1 + \dot{I}R_1 + \mathrm{j}\dot{I}_1 X_1 = -\dot{E}_1 + \dot{I}_1 Z_1 \tag{2-19}$$

$$\dot{U}_2 = -\dot{E}_2 - \dot{I}_2 R_2 - \mathrm{j}\dot{I}_2 X_2 = -\dot{E}_2 - \dot{I}_2 Z_2 \tag{2-20}$$

综上所述，变压器负载运行时的基本方程式为

$$\dot{U}_2 = \dot{I}_2 Z_L \tag{2-21}$$

三、变压器的匹配运行

变压器不但具有电压变换和电流变换的作用，还具有阻抗变换的作用，如图 2-5 所示。变压器的阻抗变换是通过改变变压器的电压比 k 来实现的。当变压器二次绕组接上阻抗为 Z_L 的负载后，阻抗 $Z_1 = \dfrac{U_1}{I_1}$；从变压器的二次绕组来看，阻抗 $Z_2 = \dfrac{U_2}{I_2}$。由此可得变压器一次、二次绕组的阻抗比为

$$\frac{Z_1}{Z_2} = \frac{U_1 I_2}{U_2 I_1} = \left(\frac{N_1}{N_2}\right)^2 = k^2 \tag{2-22}$$

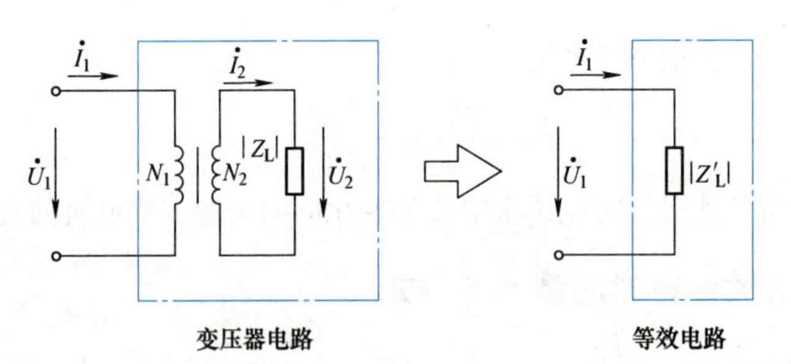

图 2-5 变压器的阻抗变换原理

由式（2-22）可知：

1）只要改变变压器一次、二次绕组的匝数比，就可以改变变压器一次、二次阻抗比，从而获得所需的阻抗匹配。

2）变压器二次负载阻抗 Z_2 对变压器一次侧的影响，可以用变压器一次等效阻抗来代替，代替后变压器一次电流 I_1 不变。

3）在电子电路中，为了获得较大的功率输出，往往对输出电路的输出阻抗与所接的负载阻抗有一定的要求。例如，音响设备为了能在扬声器中获得良好的音响效果（获得最大的功率输出），要求音响设备的阻抗与扬声器的阻抗尽量相等。但实际扬声器的阻抗往往小

于100Ω，而音响设备的阻抗往往很大，可达到几百 Ω，甚至几千 Ω，因此通常在两者之间加一个变压器（称为输出变压器、线间变压器）来达到阻抗匹配的目的。

四、变压器的作用

通过对变压器负载运行的分析，可以清楚地看出变压器具有变换电压、变换电流、变换阻抗的作用。

1）变换电压为

$$U_1/U_2 \approx E_1/E_2 = k = N_1/N_2$$

2）变换电流为

$$I_1/I_2 \approx N_2/N_1 = 1/k$$

3）变换阻抗为

$$|Z'_{\mathrm{L}}| = \frac{U_1}{I_1} = \frac{(N_1/N_2)U_2}{(N_2/N_1)I_2} = \left(\frac{N_1}{N_2}\right)^2 |Z_{\mathrm{L}}| = k^2 |Z_{\mathrm{L}}|$$

五、变压器的运行特性

1. 变压器的外特性和电压变化率

1）变压器的外特性是指在一次绕组加额定电压，负载功率因数 $\cos\varphi_2$ 为额定值时，二次绕组端电压 U_2 随负载电流 I_2 的变化关系，即 $U_2=f(I_2)$ 曲线，如图2-6所示。

在纯电阻负载时，电压变化较小；为感性负载时，电压变化较大；而在容性负载时，端电压可能出现随负载电流的增加反而上升的情况，如图2-6中曲线3所示。

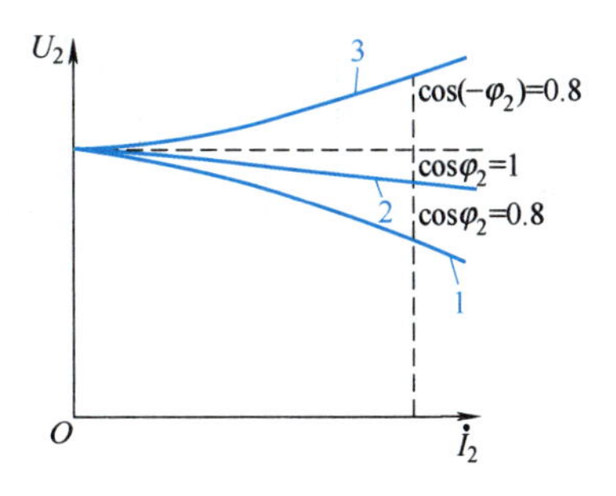

图2-6 变压器的外特性

2）电压变化率为

$$\Delta U\% = \frac{U_{2\mathrm{N}} - U_2}{U_{2\mathrm{N}}} \times 100\%$$

2. 变压器的效率特性

变压器的效率特性是指负载功率因数 $\cos\varphi_2$ 不变的情况下，变压器效率随负载电流变化的关系，即曲线 $\eta=f(I_2)$，如图2-7所示。

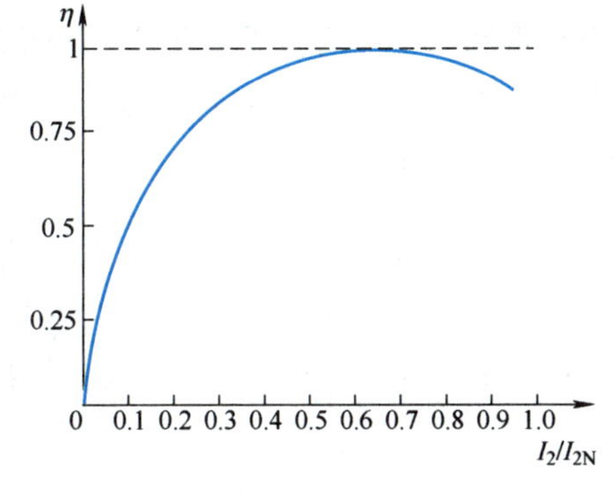

图2-7 变压器的效率特性

对于电力变压器，最大效率出现在 $I_2=(0.5\sim0.75)I_{2N}$ 时，其额定效率 $\eta_N=0.95\sim0.99$。

第四节　三相变压器

三相变压器组是由三个单相变压器按一定方式连接在一起组成的。三相变压器组各相之间只有电的联系，没有磁的联系。

2-4　三相变压器

三相心式变压器是将三个铁心柱用铁轭连在一起构成的三相变压器。

一、三相变压器的磁路系统

三相变压器的磁路系统如图 2-8 所示。

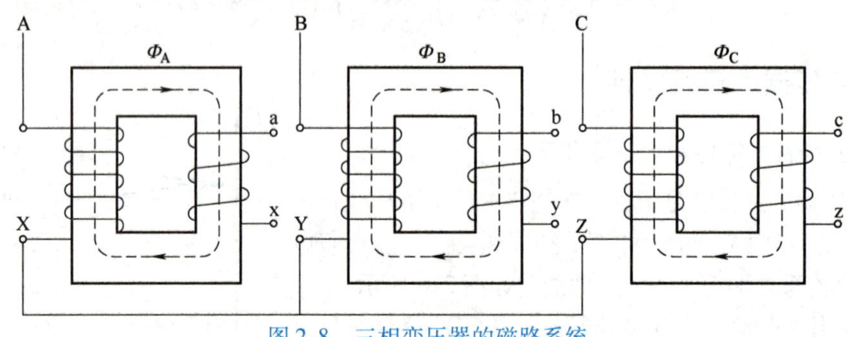

图 2-8　三相变压器的磁路系统

二、三相变压器的电路系统

三相变压器的电路系统是指三相变压器各相的一次绕组、二次绕组的连接情况。三相变压器绕组的首端和尾端的标志规定见表 2-1。

表 2-1　三相变压器绕组首端和末端的标志

绕组名称	首端	末端	中性点
一次绕组	A、B、C	X、Y、Z	N
二次绕组	a、b、c	x、y、z	n

三相变压器绕组的联结有星形和三角形两种联结方式，如图 2-9 所示。

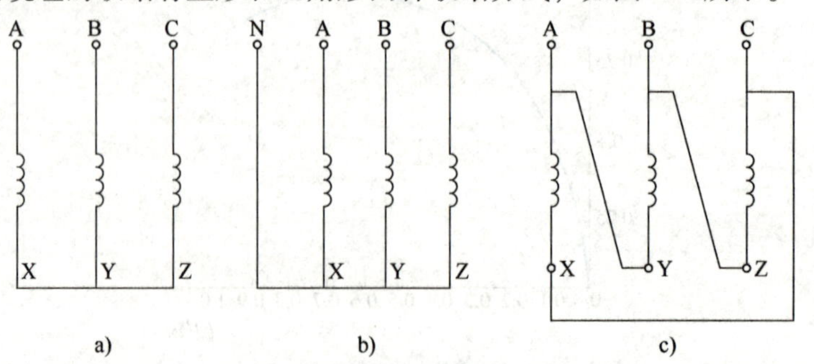

图 2-9　三相变压器绕组的联结方式

a）星形联结　b）星形联结中点引出　c）三角形联结

用字母 Y 或 y 分别表示一次绕组或二次绕组的星形联结。若同时也把中点引出，则用 YN 或 yn 表示。

用字母 D 或 d 分别表示一次绕组或二次绕组的三角形联结。我国生产的电力变压器常用 Yyn、Yd、YNd、Dyn 四种联结方式，其中大写字母表示一次绕组的联结方式，小写字母表示二次绕组的联结方式。

第五节 其他用途变压器

一、自耦变压器

1）自耦变压器的结构特点是一、二次绕组共用一个绕组，如图 2-10 所示。对于降压自耦变压器，一次绕组的一部分充当二次绕组；对于升压自耦变压器，二次绕组的一部分充当一次绕组。因此自耦变压器一、二次绕组之间既有磁的联系，又有电的直接联系。将一、二次绕组共用部分的绕组称为公共绕组。

2）自耦变压器的电压比为

$$k = U_1/U_2 \approx E_1/E_2 = N_1/N_2 \tag{2-23}$$

3）自耦变压器的变流公式为

$$\dot{I}_1 = -(N_2/N_1)\dot{I}_2 = -\dot{I}_2/k \tag{2-24}$$

4）自耦变压器的输出视在功率（即容量）为

$$S = U_2 I_2 = U_2(I + I_1) = U_2 I + U_2 I_1 = U_2 I_2(1 - 1/k) + U_2 I_1 \tag{2-25}$$

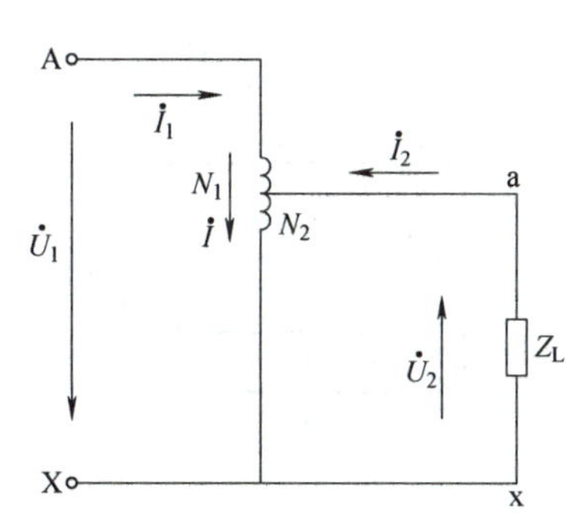

图 2-10 降压自耦变压器原理图

5）使用注意事项。

① 在低压侧使用的电气设备应有高压保护设备，以防过电压。

② 有短路保护措施。

6）自耦变压器有单相和三相两种。一般三相自耦变压器采用星形联结，如图 2-11 所示。如果将自耦变压器的抽头做成滑动触点，就成为自耦调压器，常用于调节试验电压的大小。图 2-12 所示为常用的环形铁心单相自耦变压器原理图。

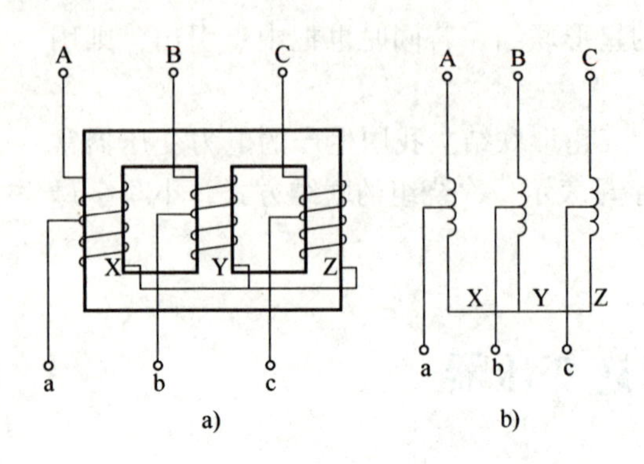

图 2-11　三相自耦变压器原理图

a）结构示意图　b）电路原理图

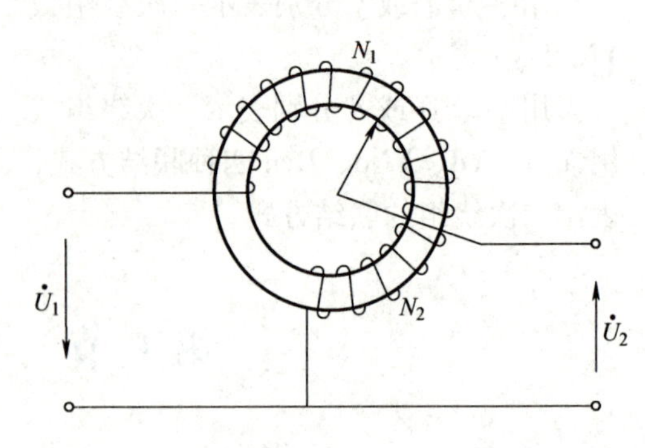

图 2-12　单相自耦变压器原理图

二、仪用互感器

仪用互感器是供测量用的变压器，可分为电压互感器和电流互感器。

1. 电压互感器

1）电压互感器实质上是一个降压变压器。图 2-13 所示为电压互感器原理图。

$$\frac{U_1}{U_2}=\frac{N_1}{N_2}=k$$

$$U_2=\frac{U_1}{k} \tag{2-26}$$

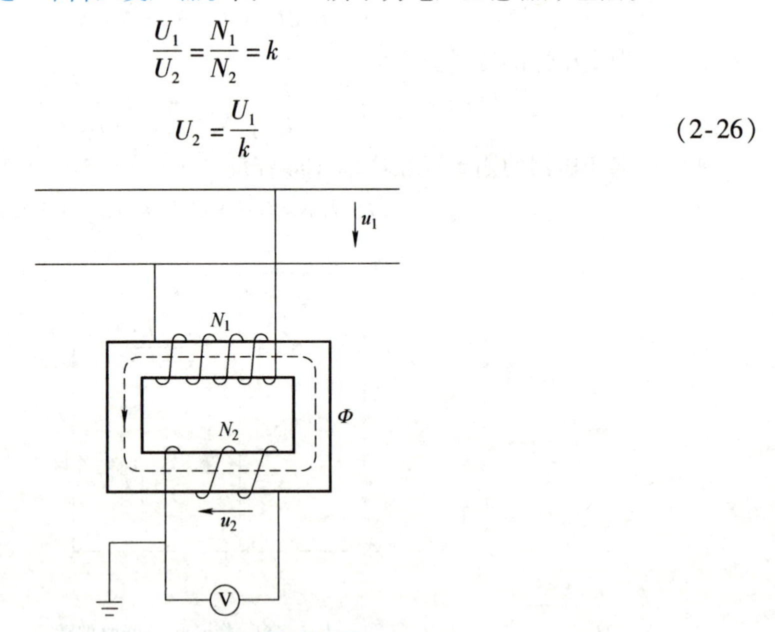

图 2-13　电压互感器原理图

它的一次绕组 N_1 匝数很多，直接并接在被测的高压线路上，二次绕组 N_2 匝数较少，接电压表或其他仪表的电压线圈。

2）使用电压互感器时，应注意以下几点：

① 电压互感器在运行时，二次绕组绝不允许短路，否则短路电流很大，会将互感器烧坏。为此在电压互感器二次侧电路中应串联熔断器作短路保护。

② 电压互感器的铁心和二次绕组的一端必须可靠接地，以防一次高压绕组绝缘损坏时，铁心和二次绕组带上高电压而触电。

③ 电压互感器有一定的额定容量，使用时不宜接过多的仪表，否则将影响互感器的准确度。

2. 电流互感器

电流互感器的一次绕组匝数 N_1 很少，一般只有一匝到几匝，二次绕组匝数很多。使用时，一次绕组串接在被测电路中，流过被测电流，而二次绕组与电流表或仪表的电流线圈构成闭合回路，如图 2-14 所示。

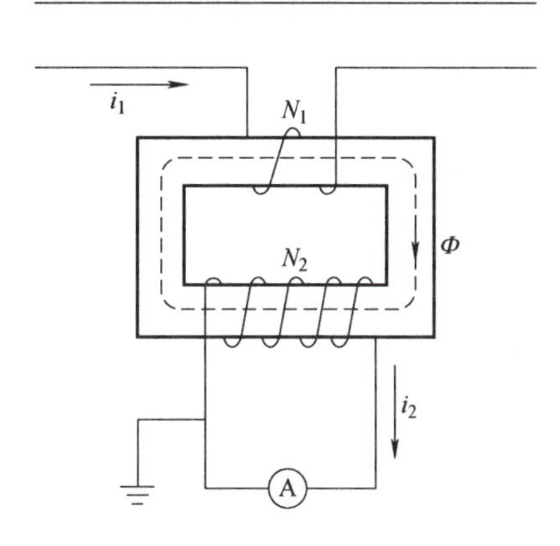

图 2-14　电流互感器原理图

由于电流互感器二次绕组所接仪表阻抗很小，二次绕组相当于短路，因此电流互感器的运行情况相当于变压器短路运行状态。

$$\frac{I_1}{I_2}=\frac{N_2}{N_1}=k_i$$

$$I_2=\frac{I_1}{k_i} \tag{2-27}$$

式中　k_i——电流互感器的电流比。

使用电流互感器时，应注意以下几点：

1）电流互感器运行时，二次绕组绝不许开路。电流互感器的二次绕组电路中绝不允许装熔断器。在运行中若要拆下电流表，应先将二次绕组短路后再进行。

2）电流互感器的铁心和二次绕组的一端必须可靠接地，以免绝缘损坏时，高压侧电压传到低压则，危及仪表及人身安全。

3）电流表内阻抗应很小，否则将影响测量精度。

三、弧焊变压器

弧焊变压器实质上是一台特殊的降压变压器，通常有以下要求：

1）为保证容易起弧，空载电压应在 60～75V。

2）负载运行时具有电压迅速下降的外特征，一般在额定负载时输出电压为 30V 左右。

3）焊接电流可在一定范围内调节。

4）短路电流不应过大，且焊接电流应稳定。

弧焊变压器具有较大的电抗，且可以调节。因此弧焊变压器的一、二次绕组分装在两个铁心柱上。为获得电压迅速下降的外特性，以及弧焊电流可调，可采用串联可变电抗器法和磁分路法，由此衍生出带电抗器的弧焊变压器和带磁分路的弧焊变压器。

变压器如果长期使用而不进行检查和维护的话，很容易出现绝缘老化、匝间短路、相间短路或对地短路及变压器油变质的情况，所以对变压器进行日常检查和维修是非常有必要的。

第六节　变压器的维护与检修

一、变压器日常维修检查项目

1）检查变压器外接的高、低压熔丝是否完好。

① 变压器高压熔断器熔断。原因有变压器本身绝缘击穿，发生短路；高压熔断器熔丝截面选择不当或安装不当；低压电路有短路，但低压熔丝未熔断。

② 变压器低压熔丝熔断。这是由低压过电流造成的。过电流的原因可能是低压电路发生短路故障；变压器过负荷；用电设备绝缘损坏，发生短路故障；熔丝选择的截面过小或熔丝安装不当。

2）检查高低压套管是否清洁，有无裂纹、碰伤和放电痕迹。

表面清洁是套管保持绝缘强度的先决条件，当套管表面积有尘埃时，遇到阴雨天或雾天，尘埃便会沾上水分，形成泄漏电流的通路。因此，对套管上的尘埃，应定期予以清除。套管由于碰撞或放电等原因产生裂纹伤痕，也会使它的绝缘强度下降，造成放电。故发现套管有裂纹或碰伤应及时更换。

3）检查运行中的变压器声响是否正常。

变压器运行中声响是均匀而轻微的“嗡嗡”声，这是在交变磁通作用下，铁心和线圈振动造成的，若变压器内有各种缺陷或故障，会引起异常声响，其声响如下：

① 声音中杂有尖锐声，声调变高，这是电源电压过高、铁心过饱和的情况。

② 声音增大并比正常时沉重，这是变压器负荷电流大，过负荷的情况。

③ 声音增大并有明显杂音，这是铁心未夹紧，片间有振动的情况。

4）检查变压器运行温度是否超过规定。

变压器运行中温度升高主要是由本身发热造成的，一般来说，变压器负载越重，线圈中流过的工作电流越大，发热量越大，运行温度越高，使绝缘老化加剧，寿命减少。根据规定，变压器正常运行时，油箱内上层油温不得超过85℃，若油温过高，可能是变压器内发热加剧，也可能是变压器散热不良，需迅速退出运行，查明原因，进行修理。

5）检查变压器的油位及油的颜色是否正常，是否有渗漏油现象。

油位应在油表刻度的1/4～3/4。油面过低，应检查是否漏油，若漏油应停电修理。若不漏油，则应加油至规定油面。加油时，应注意油表刻度上标出的温度值，根据当时的气温，把油加至适当油位。对油质的检查，可通过观察油的颜色来进行。新油为浅黄色，运行一段时间后变为浅红色。发生老化、氧化较严重的油为暗红色。经短路、绝缘击穿的油中含有碳质，油色发黑。

二、大型变压器的一般性维护检查项目

1）变压器是否存在设计、安装缺陷。

2）检查变压器的负荷电流、运行电压是否正常。

3）检查变压器有无渗漏油的现象，油位、油色、温度否超过允许值，油浸自冷变压器上层油温一般在85℃以下，强油风冷和强油水冷变压器油温应在75℃以下。

4）检查变压器的高、低压瓷套管是否清洁，有无裂纹、破损及闪络放电痕迹。

5）检查变压器的接线端子有无接触不良、过热现象。

6）检查变压器的运行声音是否正常；正常运行时有均匀的“嗡嗡”声，如内部有“噼啪”的放电声则可能是绕组绝缘发生击穿现象，如出现不均匀的电磁声，可能是铁心的螺栓或螺母有松动。

7）检查变压器的吸湿剂是否达到饱和状态。

8）检查变压器的油截门是否正常，通向气体继电器的截门和散热器的截门是否处于打开状态。

9）检查变压器的防爆管隔膜是否完整，隔膜玻璃是否刻有“十”字。

10）检查变压器的冷却装置是否运行正常，散热管温度是否均匀，有无油管堵塞现象。

11）检查变压器的外壳接地是否良好。

12）检查气体继电器内是否充满油，有无气体存在。

13）对室外变压器，重点检查基础是否良好，有无基础下沉现象；对变台杆，检查电杆是否牢固，木杆、杆根有无腐朽现象。

14）对室内变压器，重点检查门窗是否完好，检查百叶窗铁丝纱是否完整。

15）其他应该检查的项目。

三、变压器的检修方法

变压器的故障有开路和短路两种。开路用万用表很容易测出，短路的故障用万用表不能测出。

（1）变压器的短路

1）切断变压器的一切负载，接通电源，看变压器的空载温升，如果温升较高（烫手）说明是内部局部短路。如果接通电源15～30min，温升正常，说明变压器正常。

2）在变压器电源回路内串接一支1kW灯泡，接通电源时，灯泡只发微红，表明变压器正常，如果灯泡很亮或较亮，表明变压器内部有局部短路现象。

（2）变压器的开路　变压器的开路有内部绕组断线和引出线断线，应该细心检查，把断线处重新焊接好。如果是内部断线或外部都能看出有烧毁的痕迹，则需要换新件或重绕。

（3）变压器的重绕　取下固定夹（小变压器只能靠铁夹子紧固，大变压器是用螺钉紧固），用一字螺钉旋具插入第一片硅钢片的缝隙中，将第一片硅钢片撬出一缝隙，然后用钳子夹住这块硅钢片左右摆动，直到第一片取出为止。第一片取出后，再把其他硅钢片都取出，就得到一个绕在绝缘骨架上的绕组。细心地剪开包在绕组外的绝缘纸，如果发现引出端的焊接处断开，可以重焊好。拆几十圈后发现断头，也可以接好后再按原样重新绕好。如果是烘干或断线严重，那就只能重绕了。在拆变压器时要记住它的绕向和圈数，以免重绕时出

现错误。

重绕的方法：选择同型号的漆包线，用手工或绕线机在原骨架上绕线，绕向应与原变压器一致，圈数与原变压器的圈数相差不能太多。在绕完一次绕组后，应该用绝缘纸隔开，但不能太厚，以免绕好后绕组变粗，装不进铁心。全部绕完还要用绝缘纸包好，接好引线；再把拆下的硅钢片插好。注意：装硅钢片时不要损坏绕组，并要夹紧铁心，以免重绕后变压器有“嗡嗡”声。

（4）中周的检修　用万用表欧姆档测中周，如果是通的，一般没有问题。

1）开路。如果用万用表欧姆档测其直流电阻为无穷大，可以打开中周外壳查断线处，细心焊接好即可。

2）短路。一般为一次绕组短路，可以把中周绕组的线拆开重绕一遍，一般故障可以排除。

3）碰壳。碰壳即绕组与外壳短路，此时打开外壳，把边线处拨开即可。

4）磁帽松动或滑扣。将中周外壳从线路板上拆下，将磁帽从尼龙支架内旋出，在磁帽和尼龙支架之间加入一根细的橡皮筋，再重新旋入磁帽。借助橡皮筋的弹力，可使磁帽较紧地卡在尼龙支架内，最后套上金属罩重新焊上线路。

5）磁帽破碎。调整中周时，经常遇到磁帽破碎的情况，这时不必换整个中周，可以把中周外壳从线路板上拆下，更换中周磁帽，再把中周外壳焊入线路即可。

变压器的寿命管理是一种用科学的方法，采用防止绝缘老化的措施，对变压器进行监测、诊断和检修的复杂过程。而故障判断涉及诸多因素，必要时要进行变压器特性试验及综合分析，才能准确可靠地找出故障原因，判明事故性质，提出合理的处理方法，只有掌握了必要的专业知识和一定的维护经验，才能有效地预防各类事故的发生，保证变压器的运行寿命和不间断供电。

一、选择题

1. 变压器是一种（　　）的电气设备，它利用电磁感应原理将一种电压等级的交流电转变成同频率的另一种电压等级的交流电。

A. 滚动　　B. 运动　　C. 旋转　　D. 静止

2. 电力变压器按冷却介质可分为（　　）和干式两种。

A. 油浸式　　B. 风冷式　　C. 自冷式　　D. 水冷式

3. 变压器的铁心是（　　）部分。

A. 磁路　　B. 电路　　C. 开路　　D. 短路

4. 变压器铭牌上，相数用（　　）表示三相。

A. S　　B. D　　C. G　　D. H

5. （　　）是三相变压器绕组中有一个同名端相互连在一个公共点（中性点）上，其他三个线端接电源或负载。

A. 三角形联结　　B. 球形联结　　C. 星形联结　　D. 方形联结

6. （　　）是三个变压器绕组相邻相的异名端串接成一个三角形的闭合回路，在每两相连接点上即三角形顶点上分别引出三根线端，接电源或负载。

A. 三角形联结　　B. 球形联结　　C. 星形联结　　D. 方形联结

7. 从运行原理来看，三相变压器在对称负载下运行时，各相电压，电流大小相等，相位上彼此相差（　　）。

A. 120°　　B. 240°　　C. 180°　　D. 60°

8. 互感器是一种特殊的（　　）。

A. 变压器　　B. 断路器　　C. 隔离开关　　D. 避雷器

9. 电流互感器不但能把线路中一次侧的大电流变换成二次侧的（　　），而且可大大减少测量过程中产生的损耗，扩大仪表量程和便于仪表的标准化。

A. 小电流　　B. 低电压　　C. 大电流　　D. 高电压

10. 自耦变压器与普通变压器相似，也是由铁心和一次、二次绕组两部分组成，所不同的是，一次、二次绕组共用（　　）线圈。

A. 一个　　B. 两个　　C. 三个　　D. 四个

11. 检查变压器的油位及油的颜色是否正常，是否有渗漏油现象，油位应在油表刻度的（　　）。

A. 1/2 ~ 3/4　　B. 1/4 ~ 3/4　　C. 1/5 ~ 1/4　　D. 1/3 ~ 1/2

12. 变压器电源接通后无电压输出，产生故障的原因有（　　）。

A. 一次绕组断路或引出线脱焊　　B. 绕组匝间或层间绝缘老化

C. 负载过重　　D. 二次绕组匝数不足

13. 温升过高或冒烟，产生故障的原因有（　　）。

A. 一次绕组断路或引出线脱焊　　B. 铁心质量太差

C. 铁心叠厚不足　　D. 一次、二次绕组匝数不足

14. 空载电流偏大，产生故障的原因有（　　）。

A. 一次绕组断路或引出线脱焊　　B. 绕组匝间或层间绝缘老化

C. 负载过重　　D. 二次绕组匝数不足

二、简答题

1. 变压器有哪些主要部件？它们的主要作用是什么？

2. 变压器并联运行的条件是什么？

3. 什么是变压器的空载运行？

4. 单相变压器的一次电压 $U_1 = 380\text{V}$，二次电流 $I_2 = 21\text{A}$，电压比 $k = 10.5$，试求一次电流和二次电压。

5. 变压器的检修方法有哪些？

第三章 交流电动机

素养提升

钟兆琳先生是我国著名电机工程专家、教育家，中国电机工程学会创始人之一，中国电机工程学会终身荣誉会员，中国电工技术学会荣誉会员，陕西省科学技术协会荣誉证书和陕西省电工技术学会荣誉证书获得者。

钟兆琳先生是最早讲授当时世界上最先进、概念性最强并最难理解的“电机学”课程的中国教授，又是中国第一台交流发电机与电动机的研制者。他为中国的电机事业服务60余年，无论是在上海交通大学，还是在西安交通大学，钟兆琳先生始终将教书育人视为自己的天职，培养了一代又一代杰出的电机学、电机工程和信息工程方面的人才，桃李遍天下。因此，钟兆琳先生也被誉为“中国电机之父”。

我们要继承和发扬老一辈科研工作者胸怀祖国、服务人民的优秀品质，要拿出十年磨一剑的劲头，勇于挑战，追求卓越。

第一节　三相异步电动机的结构与工作原理

三相异步电动机之所以能转动，是因为在三相对称绕组中通入三相对称交流电将产生一个旋转磁场，旋转磁场作用在转子绕组内产生感生电流，由旋转磁场与转子感生电流相互作用产生电磁转矩而使电动机旋转。

一、三相异步电动机的结构

三相笼型异步电动机主要由静止的定子和转动的转子两大部分组成，定子与转子之间有气隙，其结构如图3-1所示。

1. 定子部分

定子部分主要包括定子铁心、定子绕组和机座三大部分。

（1）定子铁心　定子铁心装在机座内，由片间相互绝缘、内圆上冲有均匀分布槽口的硅钢片迭压而成，用于嵌放三相绕组，如图3-2所示。

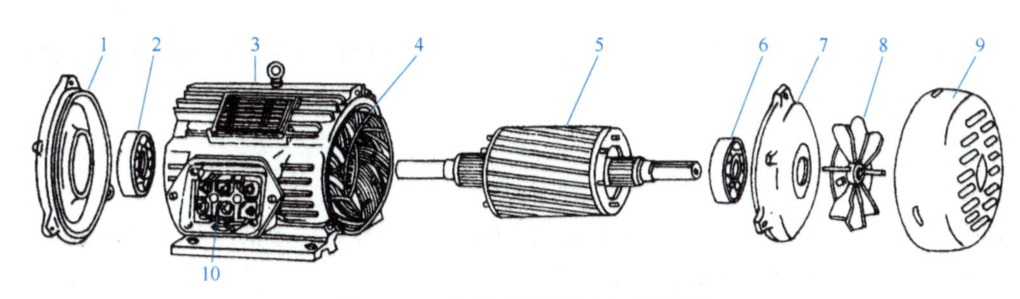

图 3-1　三相笼型异步电动机的结构

1—前端盖　2—前轴承　3—机座　4—定子绕组　5—转子　6—后轴承　7—后端盖　8—风扇　9—风扇罩　10—接线盒

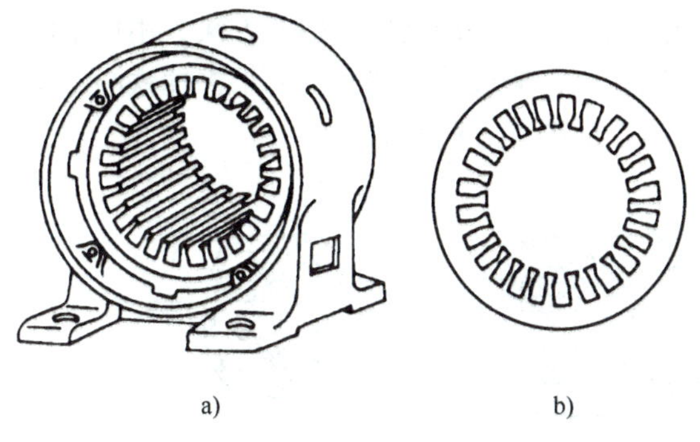

图 3-2　三相异步电动机定子铁心及冲片

a）电动机定子铁心　b）定子铁心冲片

3-1　交流电动机导论

3-2　三相异步电动机的结构

（2）定子绕组　三相对称定子绕组在空间互成 120°电角度，依次嵌放在定子铁心内圆槽中，每相绕组由多匝绝缘导线绕制的线圈按一定规律连接而成，用于建立旋转磁场。

三相定子绕组共有六个接线端子，首端分别用 U1、V1、W1 表示，尾端对应用 U2、V2、W2 表示。绕组可以联结成星形（Y），也可联结成三角形（△），如图 3-3 所示。

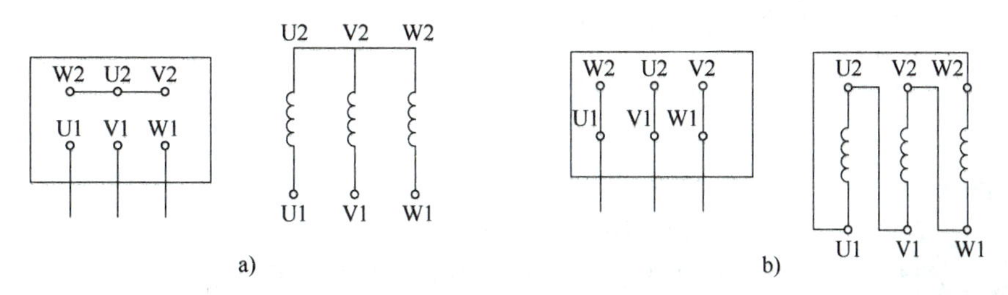

图 3-3　三相定子绕组的联结方式

a）星形联结　b）三角形联结

星形联结是将相绕组的末端（U2、V2、W2）短接，每相绕组的首端（U1、V1、W1）分别接三相交流电源，若三相交流电源线电压是 380V，则每相绕组承受的电压是 220V，如图 3-3a 所示。

三角形联结是将一相绕组的末端与另一相绕组的首端相连接（如 U2-V1、V2-W1、W2-U1），三相绕组的首端（U1、V1、W1）分别接三相交流电源，若三相交流电源线电压是 380V，则每相绕组承受的电压也是 380V，如图 3-3b 所示。

具体采用哪种接线方式取决于每相绕组能承受的电压设计值。例如，一台铭牌上标有额定电压为 380V/220V，联结方式为Y/△的三相异步电动机，表明若电源电压为 380V，应采用Y联结；若电源电压为220V，应采用△联结。两种情况下，每相绕组承受的电压都是220V。

2. 转子部分

转子部分主要包括转子铁心、转子绕组两大部分。

（1）转子铁心　转子铁心一般直接固定在转轴上，由冲有转子槽型的硅钢片叠压而成，用来安放转子绕组。转子铁心硅钢片如图3-4所示。

（2）转子绕组　转子绕组的作用是产生感应电动势、流过电流并产生电磁转矩。笼型转子绕组有两种：一种是在转子铁心的每一个槽内插入一根铜条，在铜条两端各用一个铜环把所有的铜条连接起来，形成一个自行闭合的短路绕组；另一种是用铸铝的方法，用熔铝浇注而成短路绕组，即将导条、端环和风扇叶片一次铸成，形成铸铝转子。如果去掉铁心，剩下来的绕组形状就像一个鼠笼子，故称为笼型绕组，如图3-5所示。

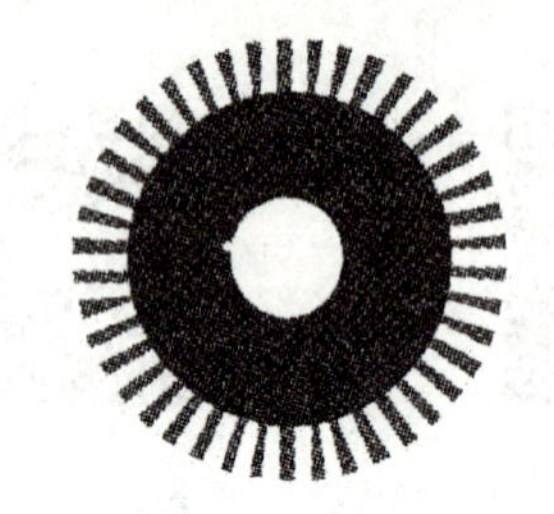

图3-4　转子铁心硅钢片

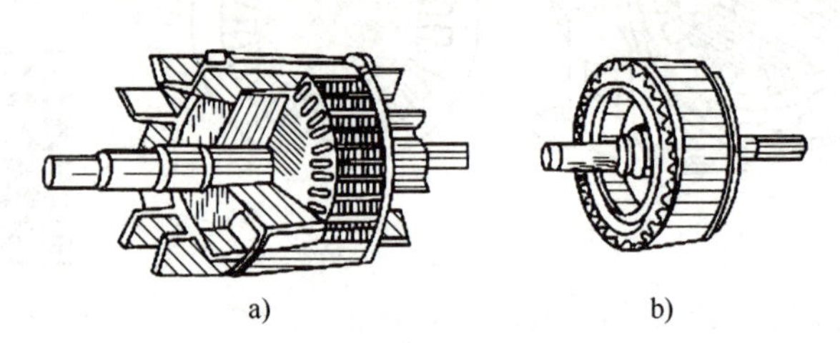

图3-5　三相笼型异步电动机的转子绕组
a）铝铸转子　b）铜条转子

（3）气隙　气隙的大小对异步电动机的性能、运行可靠性影响较大。气隙过大，电动机的功率因数 $\cos\varphi$ 变低，使电动机的性能变差；气隙过小，容易使运行中的转子与定子碰擦而发生"扫膛"故障，给起动带来困难，从而降低了运行的可靠性，同时也给装配带来困难。中小型异步电动机的气隙一般为0.2～1.5mm。

二、三相异步电动机的工作原理

3-3　三相异步电动机的工作原理

1. 旋转磁场

1）旋转磁场的产生过程如图3-6所示。

图中U1-U2、V1-V2、W1-W2为定子三相绕组，这三个完全相同的绕组在空间彼此互差120°，分布在定子铁心的内圆周上，构成了三相对称绕组。当定子三相对称绕组中通入三相对称电流时，在气隙中会产生一个旋转磁场。现以几个典型瞬间为例，分析旋转磁场的产生过程。

假定电流为正值时是从绕组首端（U1、V1、W1）流入、从尾端（U2、V2、W2）流出，为负值时是从绕组尾端流入、从首端流出。若用符号"⊗"表示电流流入、用符号"⊙"表示电流流出，则：

$\omega t=0$ 时，$i_1=0$，U相绕组内没有电流；i_2 为负值，V相绕组的电流由V2端流入，V1端流出；i_3 为正值，W相绕组的电流由W1端流入，W2端流出。应用安培定则（即右手螺旋定则），可确定合成磁场的方向如图3-6a所示。

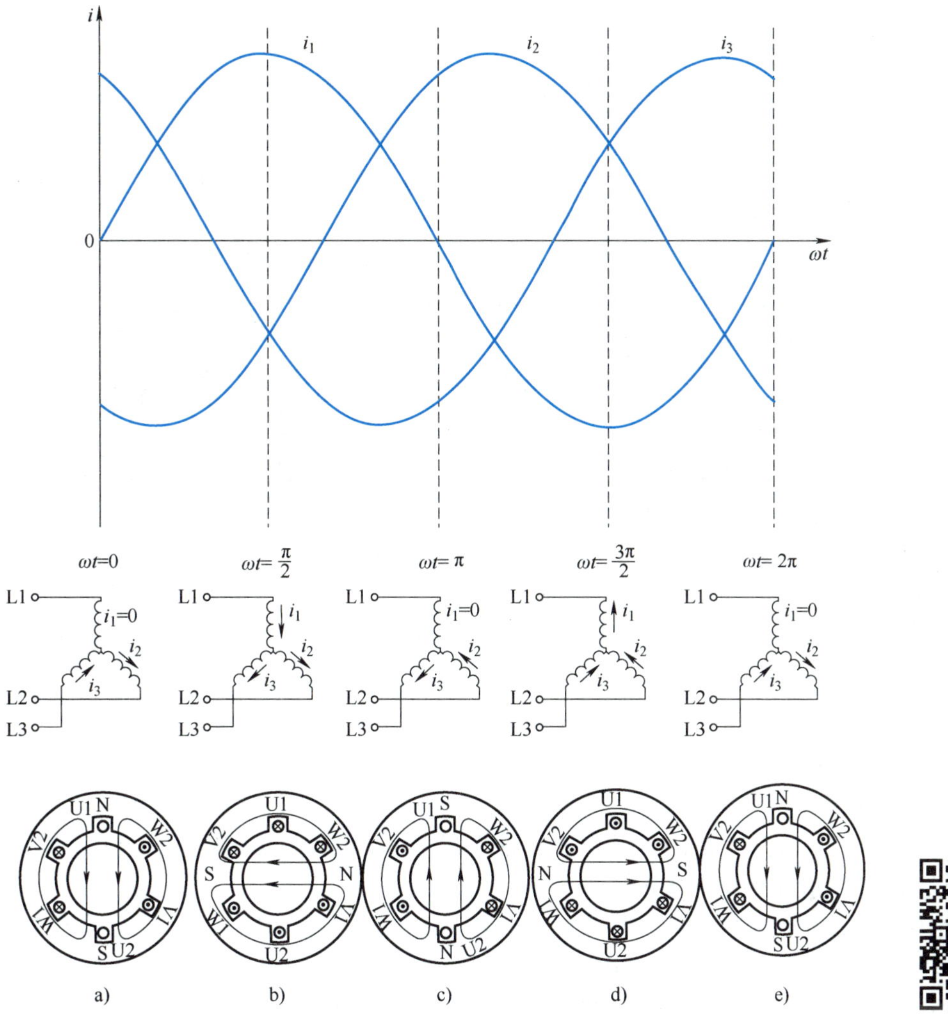

图 3-6　三相异步电动机旋转磁场的产生过程

3-4　旋转磁场的产生

同理可确定 $\omega t=\pi/2$、$\omega t=\pi$、$\omega t=3\pi/2$、$\omega t=2\pi$ 时，合成磁场的方向分别如图 3-6b ~ e 所示。从图中可看出，合成磁场的方向顺时针方向旋转了 360°，形成一个旋转的磁场。

2）旋转磁场的转速。

$$n_1=60f/p \tag{3-1}$$

式中　n_1——旋转磁场的转速（称为同步转速）(r/min)；

f——交流电源频率（Hz）；

p——电动机的磁极对数，可由生产厂家提供的铭牌或技术手册获得。

我国三相电源的频率规定为 50Hz，因此，2 极（$p=1$）、4 极（$p=2$）、6 极（$p=3$）电动机的同步转速分别为 3000r/min、1500r/min、1000r/min。

3）旋转磁场的旋转方向。由旋转磁场的产生过程不难发现：旋转磁场的旋转方向取决于定子三相电流的相序，若要改变旋转磁场的旋转方向，只需将三相电源进线中的任意两相对调即可。

2. 三相异步电动机的旋转原理

1）三相异步电动机的旋转原理如图3-7所示。转子上的六个小圆圈表示自成闭合回路的转子导体。若旋转磁场以n_1的转速顺时针方向旋转切割转子导体，则用右手定则可判定在闭合的转子导体中产生的感应电动势和电流方向（电流的瞬时方向与电动势的方向相同）、用左手定则可判定载流转子导体在旋转磁场中受到的电磁力f方向，电磁力f在转轴上形成一个顺时针方向的电磁转矩T，使转子以n的转速沿旋转磁场的旋转方向转动。

由于异步电动机的转子电流是通过电磁感应作用产生的，所以异步电动机又称为“感应电动机”。

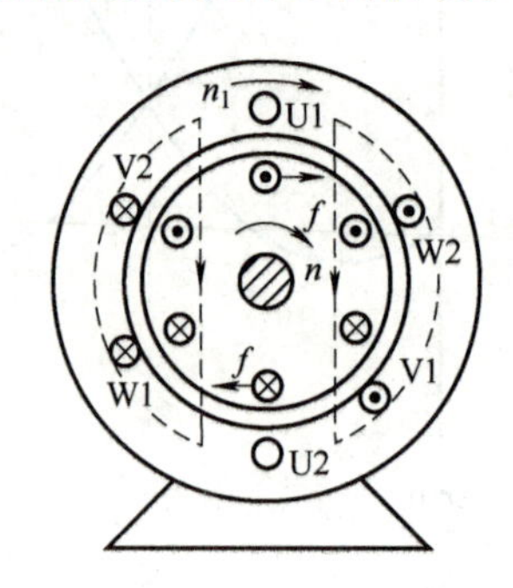

图3-7　三相异步电动机旋转原理图

2）三相异步电动机的旋转速度。三相异步电动机的旋转速度n始终低于同步转速n_1，即$n<n_1$。这是因为二者如果相等，则转子与旋转磁场就不存在相对运动，转子导体就不会感应出电动势和电流，更不会产生电磁转矩，三相异步电动机也不能转动。由于n与n_1不同步，故称为异步电动机。

n_1与n之差$\Delta n=n_1-n$称为转差，转差与n_1的比值称为转差率，用s表示，即

$$s=(n_1-n)/n_1 \tag{3-2}$$

当$n=0$（转子静止）时，$s=1$。

当$n=n_1$时，$s=0$。

当$0<n<n_1$（正常运行）时，$0<s<1$。正常运行时由于电动机额定转速n_N与n_1接近，所以额定转差率S_N一般在0.01～0.06。

3）三相异步电动机的旋转方向。异步电动机转子的旋转方向与旋转磁场的旋转方向一致，改变旋转磁场的旋转方向即可改变电动机的旋转方向。

【例】　在额定工作情况下的三相异步电动机，已知其转速为960r/min，试问电动机的同步转速是多少？有几对磁极对数？转差率是多大？

解：由$n_N=960\text{r/min}$得

同步转速　$$n_1=1000\text{r/min}$$

磁极对数　$$p=3$$

转差率　$$s=\frac{n_1-n_N}{n_1}=\frac{1000-960}{1000}=0.04$$

三、三相异步电动机的铭牌数据

三相异步电动机的铭牌数据是选择使用电动机的重要依据。

主要包括以下几个方面：

（1）型号　异步电动机的型号由汉语拼音大写字母、国际通用符号和阿拉伯数字三部分组成：

（2）额定功率P_N　电动机额定运行时，转轴上输出的机械功率，单位为W或kW。

（3）额定电压U_N　电动机额定运行时，电网加在定子绕组上的线电压，单位为V或kV。

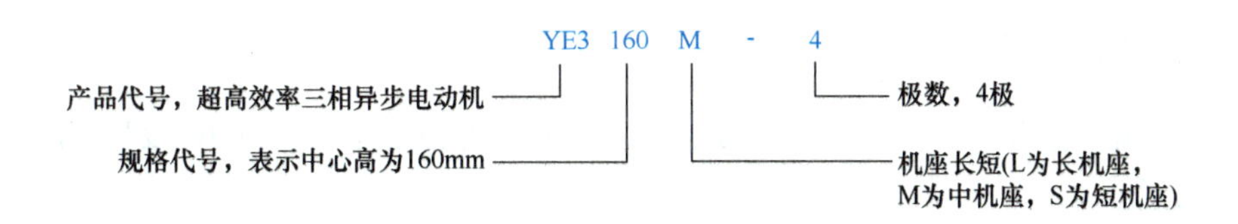

(4) 额定电流 I_N　电动机在额定电压下，输出额定功率时，定子绕组中的线电流，单位为 A 或 kA。

(5) 额定转速 n_N　在额定工作条件下，电动机的转速，单位为 r/min。

(6) 额定频率 f_N　我国规定标准工业用电频率为 50Hz。

(7) 额定功率因数 $\cos\varphi_N$　指额定运行时，定子电路的功率因数。一般中小型异步电动机 $\cos\phi_N$ 为 0.85 左右。

(8) 接法　用Y或△表示。表示在额定运行时，定子绕组应采用的连接方式。

此外，铭牌上还标有定子绕组的相数 m_1、绝缘等级、温升以及电动机的额定效率 η_N、工作方式等。

额定值之间的关系为

$$P_N = \sqrt{3}U_N I_N \cos\varphi_N \eta_N \tag{3-3}$$

对于额定电压为 380V 的电动机，其 $\eta_N \cos\varphi_N \approx 0.8$，代入式 (3-3)，得到

$$I_N \approx 2P_N \tag{3-4}$$

其中，P_N 的单位为 kW，I_N 的单位为 A。由此可以根据额定功率估算出额定电流，即俗称的“一个千瓦两个电流”。

第二节　三相异步电动机的机械特性

机械特性是指在一定条件下，电动机的转速与转矩之间的关系，即 $n=f(T)$，如图 3-8 所示。

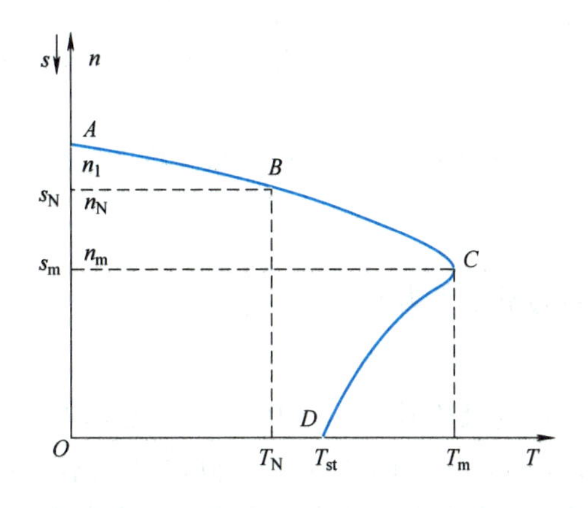

图 3-8　三相异步电动机的机械特性

为了正确使用异步电动机，应注意 $n=f(T)$ 曲线上的两个区域和三个重要转矩。

一、稳定区和不稳定区

以最大转矩 T_m 为界，机械特性分为两个区，上边为稳定运行区（AC 段），下边为不稳定区（CD 段）。

当电动机工作在稳定区某一点（如 B 点）时，电磁转矩 T 与轴上的负载转矩 T_L（B 点 $T_L = T_N$）相平衡而保持匀速转动。如果负载转矩变化，电磁转矩将自动适应随之变化达到新的平衡而稳定运行。

由于某种原因引起负载转矩突然增加，则在该瞬间 $T < T_L$，于是转速 n 下降，工作点将沿机械特性曲线下移，电磁转矩自动增大，直到增大到 $T = T_L$ 时，n 不再降低，电动机便在较低的转速下达到新的平衡。

可见，无论负载怎样变化，在 T_L 不超过 T_m 的情况下，电动机轴上输出转矩必定随负载而变化，最后达到转矩平衡，并稳定运行，这说明电动机具有适应负载变化的能力。如果电动机工作在不稳定区，则电磁转矩不能自动适应负载转矩的变化，因而不能稳定运行。

二、三个重要转矩

1. 额定转矩 T_N

额定转矩是电动机在额定电压下，以额定转速运行，输出额定功率时，其轴上输出的转矩，即

$$T_N = 9550 \frac{P_N}{n_N} \tag{3-5}$$

2. 最大转矩 T_m

最大转矩 T_m 是电动机能够提供的极限转矩。由于它是机械特性上稳定区和不稳定区的分界点，故电动机运行中的机械负载不可超过最大转矩，否则电动机的转速将越来越低，迅速导致堵转。异步电动机堵转时电流最大，一般达到额定电流的 4 ~7 倍，这样大的电流如果长时间通过定子绕组，会使电动机过热，甚至烧毁。因此，异步电动机在运行中应注意避免出现堵转，一旦出现堵转应立即切断电源，并卸掉过重的负载。

通常用最大转矩与额定转矩的比值来表示电动机允许的过载能力 λ_m，即

$$\lambda_m = \frac{T_m}{T_N} \tag{3-6}$$

一般三相异步电动机的过载能力为 1.8 ~2.2。

3. 起动转矩 T_{st}

电动机在接通电源被起动的最初瞬间，$n = 0$，$s = 1$，这时的转矩称为起动转矩 T_{st}。

1）如果起动转矩小于负载转矩，即 $T_{st} < T_L$，则电动机不能起动，这时与堵转情况一样，电动机的电流达到最大，容易过热。因此当发现电动机不能起动时，应立即断开电源停止起动，在减轻负载或排除故障以后再重新起动。

2）如果起动起动转矩大于负载转矩，即 $T_{st} > T_L$，则电动机的工作点会沿着 $n = f(T)$

曲线从底部上升，电磁转矩 T 逐渐增大，转速 n 越来越高，很快越过最大转矩 T_m，然后随着 n 的升高，T 又逐渐减小，直到 $T=T_L$ 时，电动机就以某一转速稳定运行。

由此可见，只要异步电动机的起动转矩大于负载转矩，一经起动，便迅速进入机械特性的稳定区运行。

通常用起动转矩与额定转矩的比值来表示异步电动机的起动能力 λ_{st}，即

$$\lambda_{st}=\frac{T_{st}}{T_N} \tag{3-7}$$

【例】 有一台三相异步电动机，其铭牌数据如下，如当负载转矩为250N·m时，试问在 $U=U_N$ 和 $U'=0.8U_N$ 两种情况下，电动机能否起动？

P_N/kW	n_N/r·min^{-1}	U_N/V	$\eta_N\times100$	$\cos\varphi_N$	I_{st}/I_N	T_{st}/T_N	T_{max}/T_N	接法
40	1470	380	90	0.9	6.5	1.2	2.0	△

解：

$$T_N=9.55P_N/n_N=9.55\text{N}\cdot\text{m}\times40000/1470=260\text{N}\cdot\text{m}$$

$$T_{st}/T_N=1.2$$

$$T_{st}=260\text{N}\cdot\text{m}\times1.2=312\text{N}\cdot\text{m}$$

因为312N·m>250N·m，所以 $U=U_N$ 时，电动机能起动。

当 $U=0.8U$ 时，$T'_{st}=(0.8^2)T_{st}=0.64\times312\text{N}\cdot\text{m}=199\text{N}\cdot\text{m}$，$T'_{st}<\text{T}_L$，所以电动机不能起动。

第三节 三相异步电动机的起动

三相异步电动机起动时，应保证：

1）有足够的起动转矩，$T_M\geqslant T_L$ 时能够正常起动。

2）起动电流不会对电网造成大的冲击，使电压下降过多（影响其他电动机工作）。一般在能保证起动的情况下，希望起动电流越小越好。

3-5 三相异步电动机的起动

另外，还应尽量保证起动过程平滑、安全、简单、节能等。实际上，电动机在起动工作初期，由于 $n=0$，转子绕组切割磁力线的速度 $n_0-n=n_0$。转子感应电动势 E 大，起动电流也大，可达额定电流的5~7倍。这时 $\cos\varphi$ 不大，所以 T_{st}不大。

一、直接起动（全压起动）

直接起动（全压起动）就是起动时，电动机直接加电网电压，这时起动电流比较大，所以不是所有的电动机都适合直接起动。

当有独立的变压器提供动力电源，且电动机功率小于30%变压器功率时（频繁）、电动机功率小于20%变压器功率时（不频繁），可以直接起动。

二、减压起动

1. 定子串接电阻起动

定子串接电阻起动接线原理图如图 3-9 所示。起动时，先合上电源隔离开关 Q1，将 Q2 扳向“起动”位置，电动机即串入电阻 R_Q 起动。待转速接近稳定值时，将 Q2 扳向“运行”位置，R_Q 被切除，使电动机恢复正常工作情况。由于起动时，起动电流在 R_Q 上产生一定电压降，使得加在定子绕组端的电压降低了，因此限制了起动电流。调节电阻 R_Q 的大小可以将起动电流限制在允许的范围内。采用定子串电阻减压起动时，虽然降低了起动电流，但也使起动转矩大大减小。所以这种起动方法只适用于空载或轻载起动，同时由于采用电阻减压起动时损耗较大，它一般用于低压电动机起动中。

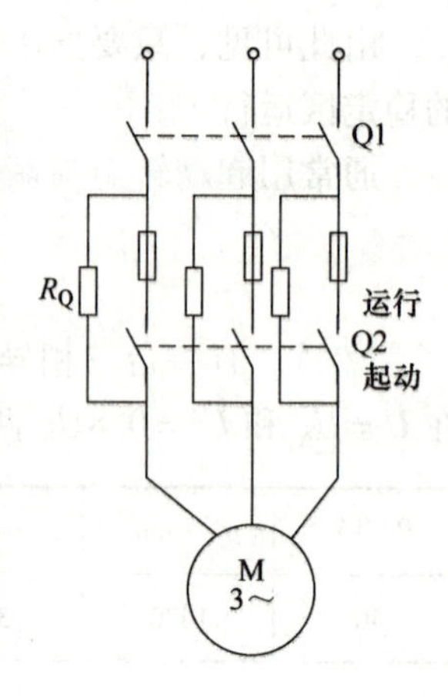

图 3-9　定子串接电阻起动接线原理图

由人为特性可知，当串电阻起动时，起动力矩下降很快。特点是适用于空载起动（轻载），电阻耗能大。

2. 星形—三角形减压起动

若电动机在正常工作时其定子绕组是联结成三角形的，那么在起动时可以将定子绕组联结成星形，通电后电动机运转，当转速升高到接近额定转速时再换接成三角形联结。根据三相交流电路的理论，用星形—三角形减压起动可以使电动机的起动电流降低到全压起动时的 1/3。但要引起注意的是，由于电动机的起动转矩与电压的平方成正比，所以，用星形—三角形减压起动时电动机的起动转矩也是直接起动时的 1/3。这种起动方法适用于电动机正常运行时定子绕组为三角形联结的空载或轻载起动。其接线原理线路如图 3-10 所示。

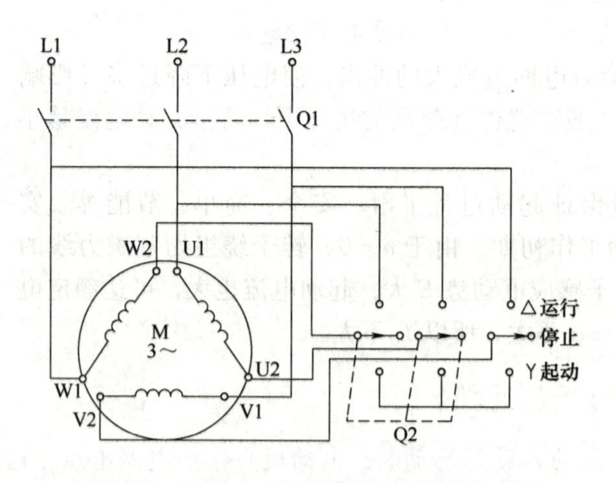

图 3-10　星形—三角形减压起动接线原理图

星形—三角形减压起动的特点是起动电流小，所需设备简单；力矩小，适于空载起动（轻载）；电动机额定工况时必须是 380V 三角形接法。

3. 自耦变压器减压起动

在定子回路中串阻抗虽然能满足电网减小起动电流的要求，但是往往因为起动转矩过小而满足不了生产工艺的要求。为了解决这个矛盾，人们采用自耦减压起动。三相笼型异步电动机采用自耦变压器减压起动称为自耦减压起动，其接线图如图 3-11 所示。起动时，开关 K 投向起动边，电动机的定子绕组通过自耦变压器接到三相电源上，当转速升高到一定程度后，开关 K 投向运行边，自耦变压器被切除，电动机定子直接接到电源上，电动机进入正常运行。

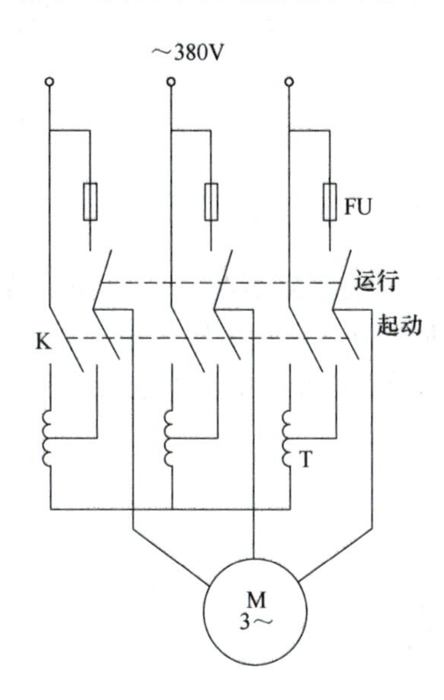

图 3-11 自耦变压器减压起动接线原理图

三、线绕式异步电动机的起动方法

线绕式异步电动机由于转子绕组可在起动时串联电阻改善特性，所以有比较大的起动转矩和比较小的起动电流。对于重载和频繁起动的生产机械，三相笼型异步电动机难以满足要求时，才选用三相绕线式异步电动机。因为，绕线式异步电动机与笼型异步电动机相比，结构较复杂，控制维护较困难，制造成本较高，价格较贵。

1. 转子串电阻或电抗分级起动

转子串电阻或电抗分级起动方法接线原理图如图 3-12 所示。

由人为特性可知，R_2 改变时，$T_m = C$，s_m 改变。由于（$\cos\varphi_2$ 改变）T_{st}改变，所以 R_2 增大，T_{st}增大。

特点：

1）与直流电动机起动类似；用接触器切换。

2）由于起动时，R_2 比较大，所以转子功率因数 $\cos\varphi_2$ 增大，有较大的起动转矩。

3）适于带载起动。

2. 转子串频敏变阻器起动

频敏变阻器是一个三相铁心线圈，它的铁心由铁板或钢板叠成，板的厚度为 30 ~ 50mm 时，称为板式铁心结构；它的铁心由厚壁钢板制成的铁心发和上下层厚钢板制成的铁轭组成

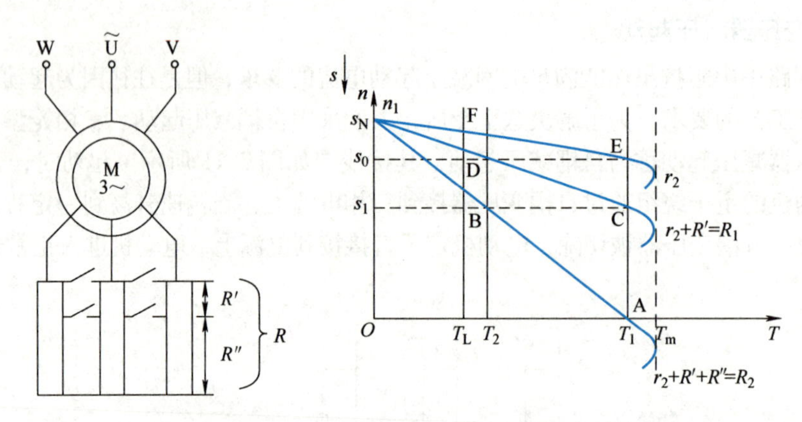

图 3-12 转子串电阻或电抗分级起动方法接线原理图

时，称为发式铁心结构。转子串频敏变阻器起动的三相绕线式异步电动机接线原理图如图 3-13所示，起动开始，开关 K 断开，电动机转子串入频敏变阻器起动。电动机转速达到稳定值后，开关 K 接通，切除频敏变阻器，电动机进入正常运行。

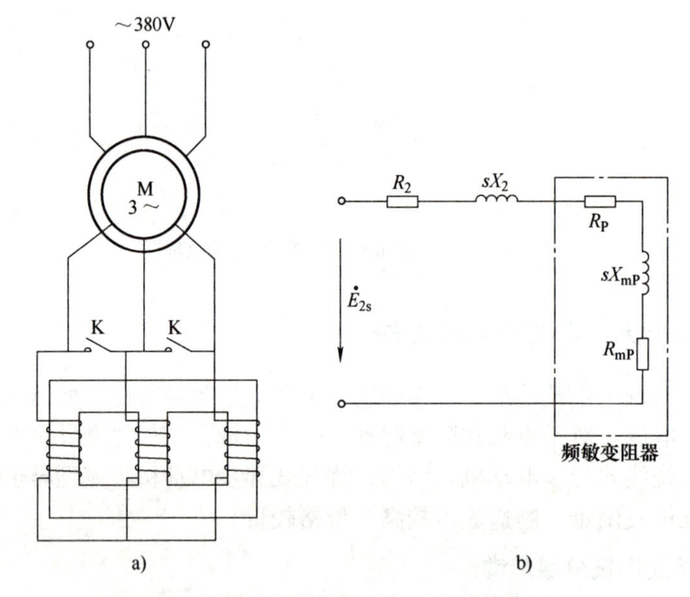

图 3-13 转子串频敏变阻器起动方法接线原理图

a）频敏变阻器结构与接线 b）串入频敏变阻器后转子等效电路

工作过程：

1）当起动时：$n=0$，转子电流频率 $f_2=f_1$ 较高，所以感应电动势 E 高，同时铁心损耗（涡流发热产生）相当于 $R_{损}$。

2）当 n 增大后，s 降低，$f_2=sf_1$ 降低，所以 E 降低，$R_{损}$ 降低。

3）当 $n=n_N$ 时，f_2 很小，$E\approx0$，$R_{损}\approx0$，可用开关短路（离心），所以称实心电抗器为频敏电阻。

特点：

1）用人工切换电阻（自动起动）。

2）可调节电阻，使起动过程平滑。

3）由于电抗器的电感性质，使起动时功率因数 $\cos\varphi_2$ 略有下降。

第四节　三相异步电动机的制动

3-6　三相异步电动机的制动

电动机除了上述电动状态外，在下述情况运行时，则属于电动机的制动状态。

在负载转矩为位能转矩的机械设备中（例如起重机下放重物时，运输工具在下坡运行时），使设备保持一定的运行速度；在机械设备需要减速或停止时，电动机能实现减速和停止的情况下，电动机的运行属于制动状态。三相异步电动机的制动方法有机械制动和电气制动两类。

机械制动是利用机械装置使电动机从电源切断后迅速停转。机械制动有多种结构形式，应用较普遍的是电磁抱闸，它主要用于起重机械上吊重物时，使重物迅速而又准确地停留在某一位置上。

电气制动是使异步电动机所产生的电磁转矩和电动机的旋转方向相反。电气制动通常可分为能耗制动、反接制动和回馈制动（再生制动）三类。

1. 能耗制动

能耗制动就是在切断三相电源的同时，接到直流电源上（图 3-14），使直流电流通入定子绕组。直流电流的磁场是固定不动的，而转子由于惯性继续在原方向转动，根据右手定则和左手定则不难确定这里的转子电流与固定磁场相互作用产生的转矩的方向。事实上，此时转矩的方向恰好与电动机转动的方向相反，因而起到了制动的作用。理论和实验证明，制动转矩的大小与直流电流的大小有关。直流电流的大小一般为电动机额定电流的 0.5 ~ 1 倍。这种制动能量消耗小，制动平稳，但需要直流电源。

在有些机床中采用这种制动方法。由于受制动电动机电流的影响，直流电流的大小受到限制，别是在工作环境相对恶劣、三相电动机功率又相对较大的情况下，实施能耗制动有一定困难。使用能耗制动的关键是选配好直流电源且注意直流电源开关的使用技术，切忌误操作，切忌接线错误。

2. 反接制动

当异步电动机的旋转磁场方向与转动方向相反时，电动机进入反接制动状态。这时根据电动机的功率平衡关系可知，电动机仍从电源吸取电功率，同时电动机又从转轴获得机械功率。这些功率全部以转子铜耗形式被消耗于转子绕组中，能量损耗大，如果不采取措施将可能导致电动机温升过高造成损害。反接制动包括倒拉反转制动和电源反接制动。下面主要介绍电源反接制动。

电源反接制动是将三相电源的任意两相对调构成反相序电源，则旋转磁场也反向，电动机进入电源反接制动状态，制动过程与机械特性如图 3-15 所示。电源反接后，电动机因惯性作用由反向机械特性上的 A 点同转速切换至 B 点。在反向电磁转矩作用下，电动机沿反向机械特性迅速减速。如果制动的目的是使拖动反抗性负载（负载转矩方向始终与电动机转向相反）

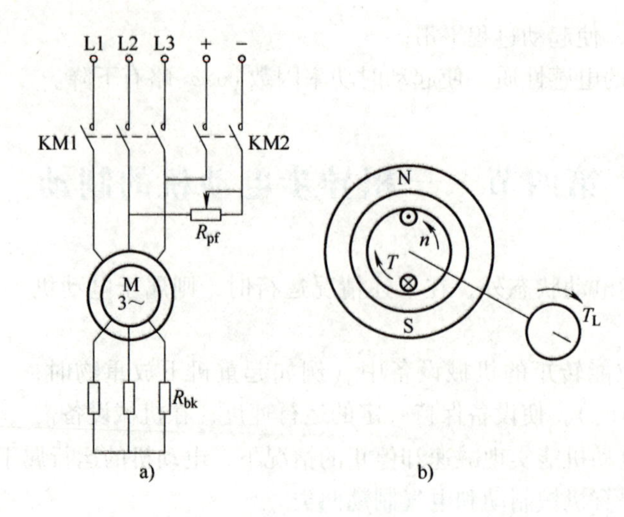

图 3-14　三相异步电动机能耗制动

a）原理接线图　b）制动原理图

的电动机制动，则需要在电动机状态接近 C 点时及时切断电源，否则电动机会很快进入反向电动状态并在 D 点平衡。如果电动机拖动的是位能性负载，电动机将迅速越过反向电动特性直至 E 点才能重新平衡，这时电动机的转速超过其反向同步转速，电动机进入反向回馈制动状态。电源反接制动时，冲击电流相当大，为了提高制动转矩并降低制动电流，对绕线式电动机常采取转子外接（分段）电阻的电源反接制动，制动过程为$A \to B' \to C'$。

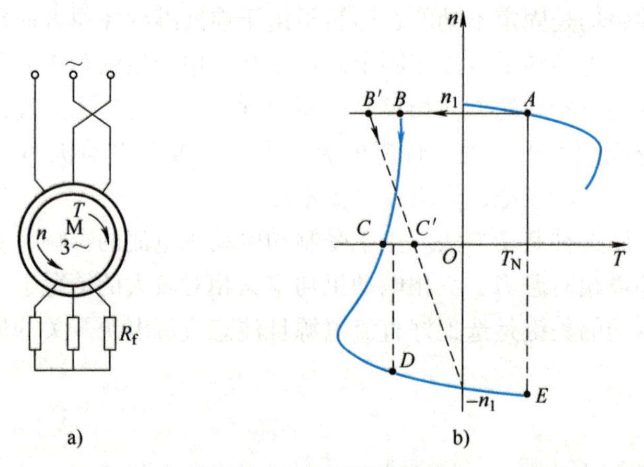

图 3-15　电源反接制动

a）制动示意图　b）机械特性

3. 回馈制动

回馈制动常用于起重设备高速下放位能性负载场合，其特点是电动机转向与旋转磁场方向相同但转速却大于同步转速。如图 3-16a 所示，在回馈制动方式下，电动机自转轴输入机械功率，相当于被“负载”拖动，扣除少部分功率消耗于转子外，其余机械功率以电能形式回送给电网，电动机处于发电状态。回馈制动机械特性如图 3-16b 所示，制动过程为 $A \to B$，若负载拖动的转矩超过回馈制动最大转矩，则制动转矩反而下降，电动机转速急剧升高并失控，产生“飞车”等严重事故。

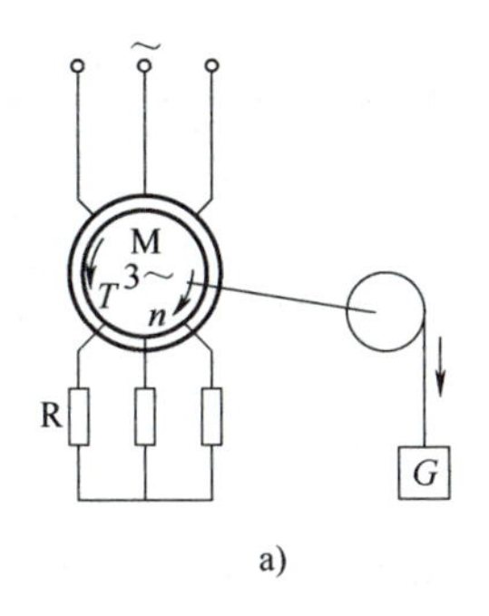

a)

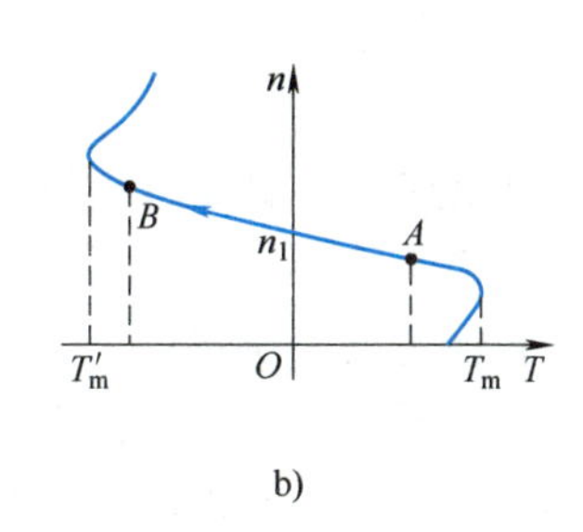

b)

图 3-16　回馈制动
a）制动示意图　b）机械特性

第五节　三相异步电动机的调速

一、异步电动机的调速原理

$$s=\frac{n_1-n}{n_1} \Rightarrow n=(1-s)n_1=(1-s)\frac{60f_1}{p}$$

从上式可见，改变供电频率f、电动机的极对数p及转差率s均可达到改变转速的目的。从调速的本质来看，不同的调速方式无非是改变交流电动机的同步转速或不改变同步转速两种。

二、调速方式

1）改变极对数有级调速。

2）改变转差率无级调速。

3）改变电源频率（变频调速）无级调速。

3-7　三相异步电动机的调速

三、调速方法

在生产机械中广泛使用不改变同步转速的调速方法有绕线式电动机的转子串电阻调速、斩波调速、串级调速以及应用电磁转差离合器、液力偶合器、油膜离合器等调速。改变同步转速的有改变定子极对数的多速电动机，改变定子电压、频率的变频调速有能无换向电动机调速等。

从调速时的能耗观点来看，有高效调速方法与低效调速方法两种。高效调速时转差率不变，因此无转差损耗，如多速电动机、变频调速以及能将转差损耗回收的调速方法（如串级调速等）。有转差损耗的调速方法属于低效调速，如转子串电阻调速方法，能量损耗在转子回路中；电磁离合器的调速方法，能量损耗在离合器线圈中；液力偶合器调速方法，能量损耗在液力偶合器的油中。一般来说，转差损耗随调速范围扩大而增加，如果调速范围不大，能量损耗是很小的。

1. 变极对数调速方法

变极对数调速用改变定子绕组的接线方式来改变笼型电动机定子极对数以达到调速目的，特点如下：

1）具有较硬的机械特性，稳定性良好。

2）无转差损耗，效率高。

3）接线简单、控制方便、价格低。

4）有级调速，级差较大，不能获得平滑调速。

5）可以与调压调速、电磁转差离合器配合使用，获得较高效率的平滑调速特性。

这种方法适用于不需要无级调速的生产机械，如金属切削机床、升降机、起重设备、风机、水泵等。

2. 变频调速方法

变频调速是改变电动机定子电源的频率，从而改变其同步转速的调速方法。变频调速系统主要设备是提供变频电源的变频器，变频器可分成交流—直流—交流变频器和交流—交流变频器两大类，目前国内大都使用交流—直流—交流变频器。其特点如下：

1）效率高，调速过程中没有附加损耗。

2）应用范围广，可用于笼型异步电动机。

3）调速范围大，特性硬，精度高。

4）技术复杂，造价高，维护检修困难。

这种方法适用于要求精度高、调速性能较好的场合。

3. 串级调速方法

串级调速是指绕线式电动机转子回路中串入可调节的附加电势来改变电动机的转差，达到调速的目的。大部分转差功率被串入的附加电势吸收，再利用转换装置，把吸收的转差功率返回电网或转换能量加以利用。根据转差功率吸收利用方式，串级调速可分为电动机串级调速、机械串级调速及晶闸管串级调速形式，多采用晶闸管串级调速，其特点如下：

1）可将调速过程中的转差损耗回馈到电网或生产机械上，效率较高。

2）装置容量与调速范围成正比，节省投资，适用于调速范围在额定转速 70%～90% 的生产机械。

3）调速装置故障时可以切换至全速运行，避免停产。

4）晶闸管串级调速功率因数偏低，谐波影响较大。

这种方法适用于风机、水泵及轧钢机、矿井提升机和挤压机。

4. 串电阻调速方法

绕线式异步电动机转子串入附加电阻，使电动机的转差率加大，电动机在较低的转速下运行。串入的电阻越大，电动机的转速越低。此方法设备简单，控制方便，但转差功率以发热的形式消耗在电阻上，属有级调速，机械特性较软。

5. 定子调压调速方法

当改变电动机的定子电压时，可以得到一组不同的机械特性曲线，从而获得不同转速。由于电动机的转矩与电压平方成正比，因此最大转矩下降很多，其调速范围较小，使一般笼

型电动机难以应用。为了扩大调速范围，调压调速应采用转子电阻值大的笼型电动机，如专供调压调速用的力矩电动机，或者在绕线式电动机上串联频敏电阻。为了扩大稳定运行范围，在调速比2:1以上的场合应采用反馈控制以达到自动调节转速目的。

调压调速的主要装置是一个能提供电压变化的电源，目前常用的调压方式有串联饱和电抗器、自耦变压器以及晶闸管调压等几种，晶闸管调压方式为最佳。调压调速的特点：

1）调压调速线路简单，易实现自动控制。

2）调压过程中转差功率以发热形式消耗在转子电阻中，效率较低。

3）调压调速一般适用于额定功率在100kW以下的生产机械。

6. 电磁调速电动机调速方法

电磁调速电动机由笼型电动机、电磁转差离合器和直流励磁电源（控制器）三部分组成。直流励磁电源功率较小，通常由单相半波或全波晶闸管整流器组成，改变晶闸管的导通角，可以改变励磁电流的大小。

电磁转差离合器由电枢、磁极和励磁绕组三部分组成。电枢和后者没有机械联系，都能自由转动。电枢与电动机转子同轴连接，称为主动部分，由电动机带动；磁极用联轴节与负载轴连接，称为从动部分。当电枢与磁极均为静止时，如励磁绕组通以直流，则沿气隙圆周表面将形成若干对N、S极性交替的磁极，其磁通经过电枢。当电枢随拖动电动机旋转时，由于电枢与磁极间相对运动，因而使电枢感应产生涡流，此涡流与磁通相互作用产生转矩，带动有磁极的转子按同一方向旋转，但其转速恒低于电枢的转速n_1，这是一种转差调速方式，变动转差离合器的直流励磁电流，便可改变离合器的输出转矩和转速。

电磁调速电动机的调速特点如下：

1）装置结构及控制线路简单、运行可靠、维修方便。

2）调速平滑、无级调速。

3）对电网无谐波影响。

4）速度损失大、效率低。

这种方法适用于中、小功率，要求平滑动作、短时低速运行的生产机械。

第六节　同步电动机

同步电动机和异步电动机一样，是根据电磁感应原理工作的一种旋转电动机，同步电动机是转子转速始终与定子旋转磁场的转速相同的一类交流电动机。按照功率转换方式，同步电动机可分为同步电动机、同步发电机和同步调相机三类。同步电动机将电能转化为机械能，用来驱动负载，由于同步电动机转速恒定，适用于要求转速稳定的场所，目前大多数大中型排灌站都采用同步电动机；同步发电机将机械能转化为电能，由于交流电在输送和使用方面的优点，现在全世界的发电量几乎全部都是同步发电机发出的；同步调相机实际上就是一台空载运行的同步电动机，专门用来调节电网的功率因数。

一、同步电动机的结构

同步电动机按机构形式不同，可分为旋转电枢式和旋转磁极式两种。旋转电枢式电动机仅适用于小容量的同步电动机；而旋转磁极式电动机按照磁极形式又可分为凸极式和隐极式，如图3-17所示，隐极式转子做成圆柱形，转子上无凸出的磁极，气隙是均匀的，励磁绕组为分布绕组，一般用于两极电动机；而凸极式转子有明显的凸出的磁极，气隙不均匀，极靴下的气隙小，极间部分的气隙较大，励磁绕组为集中绕组，一般用于四级以上的电动机。

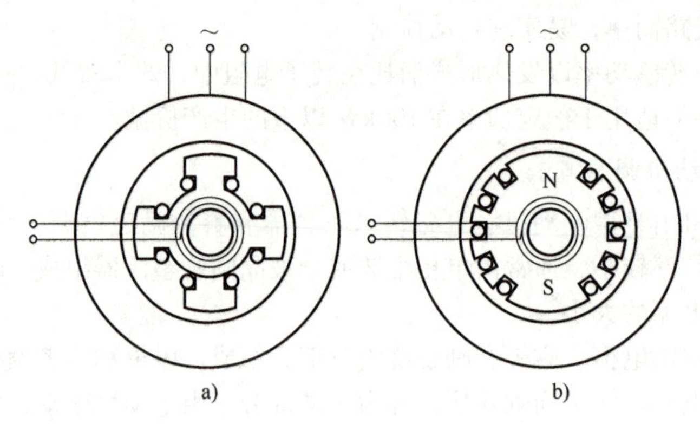

图3-17 同步电动机的结构
a）凸极式 b）隐极式

从总体结构上看，常见的同步电动机都是由建立磁场的转子和产生电动势的定子两大部分组成。转子和定子之间没有机械的和电的联系，它们是依靠气隙磁场联系起来的，依靠磁场进行能量的传递和转换。定子部分由定子铁心和定子绕组组成。机座、端盖和风道等也属于定子部分。定子铁心是磁场通过的部分，一般由0.35mm或0.5mm厚的有开口槽的扇形硅钢片叠成。每叠厚4～6mm，叠与叠之间留有1mm宽的通风沟，铁心槽中线圈按一定规律连接构成空间互成120°的三相对称绕组。

转子的主要作用就是产生磁场，当它旋转时就会在定子绕组中感应出交流电动势，同时把轴上输入的机械功率转换为电磁功率，因此转子主要是由导电的励磁绕组和导磁的铁心两部分组成。同步电动机的轴承有导轴承和推力轴承两种，在上、下机架中均装有导轴承，主要作用是防止轴摆动。推力轴承承受转子重量和轴向推力。

二、同步电动机的工作原理

当三相交流电源加在三相同步电动机的定子绕组时，便有三相对称电流流过定子的三相对称绕组，并产生旋转磁场。这时如果在转子励磁绕组中通以直流电，由于电磁感应原理，转子便会在旋转磁场中随旋转磁场以相同的转速一起旋转，故称为同步电动机。由于电动机空载运行时总存在阻力，因此转子磁极的轴线总要滞后旋转磁场轴线一个很小的角度，以增大电磁转矩，角度越大，电动机的电磁转矩越大，使电动机转速仍保持同步状态。当负载转矩超过同步转矩时，旋转磁场就无法拖着转子一起旋转，这种现象称为失步，同步电动机不能正常工作。

三、同步电动机的起动

同步电动机因本身没有起动转矩，所以同步电动机自身是不能起动的，这是它的一大缺点。因为把同步电动机的定子直接投入电网，则定子旋转磁场为同步转速，而转子不动，定子、转子磁场之间具有相对运动，不能产生平均的同步电磁转矩，从而电动机将不能转动。同步电动机的起动方法一般有辅助电动机起动法、调频起动法和异步起动法。

辅助电动机法不宜用来起动带有负载的同步电动机，而采用大容量的辅助电动机又显得很不经济；调频起动法则需要有一个变频电源，使得设备的投资费用高。这两种方法均在特殊情况下采用，最常用的起动方法是异步起动法。

许多大中型的同步电动机，在转子磁极表面上装有类似异步电动机笼型转子的短路绕组，称为起动绕组，其结构和同步发电机的阻尼绕组一样。

同步电动机的起动过程分为两个阶段：当定子绕组接入电网后，在气隙中产生旋转磁场，并在转子的起动绕组中产生感应电流，此电流与旋转磁场相互作用产生异步转矩使转子转动，这一过程称为异步起动阶段；当转速上升到接近同步转速时，即亚同步转速（95%同步转速），将励磁绕组通入直流励磁电流，转子产生直流磁场，此时定子、转子磁场间具有相互吸引力而产生同步转矩，将转子拉入同步转速旋转，即称为拉入同步阶段。

在异步起动时，励磁绕组切忌开路，否则起动时励磁绕组内将感应产生危险的高压，将绕组绝缘击穿并可能引起人身事故。而把励磁绕组短路则会产生较大的单轴转矩，起动电流也很大，所以起动时，励磁绕组通常通过电阻短接，其阻值为励磁绕组的5～10倍。

第七节　单相异步电动机

由于单相异步电动机的电源是单相交流电源，在家庭中使用十分方便，所以单相异步电动机被广泛应用于各种家用电器中。不同家用电器中的单相异步电动机在类型、结构上虽有差别，但是基本结构和工作原理是相同或相似的。

一、单相异步电动机的基本结构

图3-18所示为单相异步电动机的结构，它是由定子、转子、机壳、端盖、轴承盖、风扇等部件组成的。

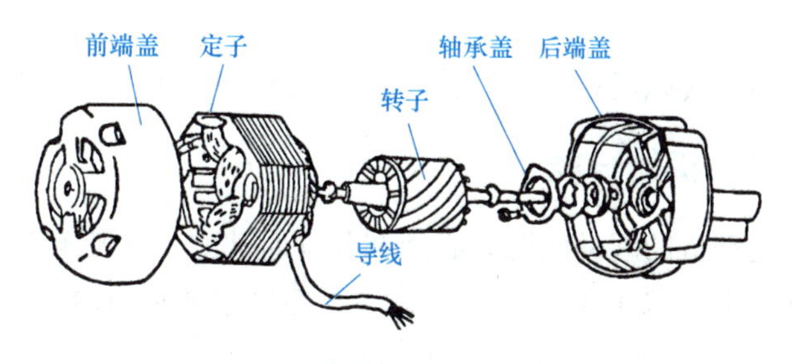

图3-18　单相异步电动机的结构

定子由定子铁心和定子绕组构成。定子铁心式由冷轧硅钢片冲压成形后叠压成圆筒状，在筒的内圆均匀分布若干凹槽，用来嵌放定子绕组。定子绕组是单相异步电动机的电路部分，由主绕组和副绕组组成。

转子由转子铁心、转子绕组和转轴构成，如图3-19所示。转子铁心也是用硅钢片叠压而成。它的外圆均匀分布着若干个槽，用来嵌放转子绕组，中间穿有转轴。转子绕组一般有笼型转子绕组和绕线转子绕组两种，笼型转子绕组制作工艺简单、成本较低，在家用电器中广泛使用，它大多是斜槽式的，绕组的导条、端环和散热用的风叶多是用铝材一次浇注成形的。

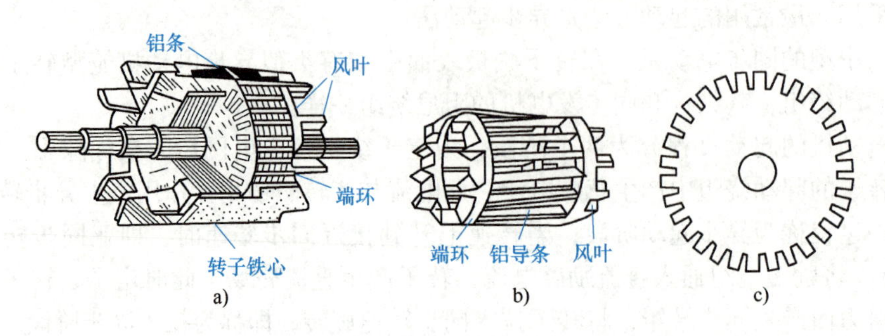

图 3-19　单相异步电动机转子结构

a）转子结构　b）笼型转子　c）转子铁心硅钢片形状

单相异步电动机还有机壳、前后端盖、风叶等部件。

二、单相异步电动机的工作原理

异步电动机属于感应电动机。如果磁极按逆时针方向旋转，形成一个旋转磁场。在旋转磁场中的转子导条切割磁感应线，产生感应电动势，由于笼型转子绕组是闭合结构，所以转子绕组中产生感应电流。又因为载流导体在磁场中会受到电磁力的作用，根据右手定则，笼型转子上形成一个逆时针方向的电磁转矩，从而驱动转子跟随旋转磁场按逆时针方向转动。

若磁场按顺时针方向旋转，同理，转子也会改变方向朝顺时针方向转动。另外，磁场若加快旋转速度，则转子也会加快转动速度。

异步电动机的转子转向与旋转磁场转向一致，如果转子与旋转磁场转速相等，则转子与旋转磁场之间没有相对运动，转子导条不再切割磁感应线，感应电流和电磁转矩为零，转子失去旋转动力，在固有阻力矩的作用下，转子转速必然要低于旋转磁场的转速，所以称为异步电动机。

如果电动机转子与旋转磁场以相同的转速旋转，这种电动机称为同步电动机。

三、单相异步电动机的分类

为解决单相异步电动机的起动问题，必须在起动时建立一个旋转磁场，产生起动转矩。所以在电动机定子铁心上嵌放了主绕组（也称为工作绕组或运行绕组）和副绕组（也称为起动绕组或辅助绕组），而且两绕组在空间上相差90°电角度。

为了使两绕组在接同一个单相电源时能产生相位不同的两相电流，往往在副绕组中串入电容或电阻进行分相，这样的电动机称为分相式单相异步电动机。按起动、运行方式的不同，分相式异步电动机又分为电阻起动、电容起动、电容运转和电容起动运转四种类型。

还有一种结构简单的单相异步电动机，其定子与分相式电动机定子不同，根据其定子磁极的结构特点，称为罩极式电动机。

1. 电阻起动式异步电动机

电阻起动式异步电动机起动转矩较小，起动电流较大，适用于空载或轻载起动的场合。

起动开关S的作用是避免副绕组长时间工作过热，当转子转速上升到一定大小时，自动断开副绕组。这时只有主绕组通电，电动机在脉动磁场下维持运行。常用的起动开关有以下几种：

（1）离心开关　离心开关是根据离心原理制成的。将离心开关装在电动机的转轴上，当电动机静止或转速较低时，开关触点闭合，接通副绕组电路；当电动机起动后，转速上升到一定大小时，靠离心块的离心力使触点断开，切断副绕组电路。

（2）起动继电器　常用的起动继电器有欠电流继电器、过电压继电器和差动式继电器。

1）欠电流继电器的电流线圈串联在电动机的主绕组上。起动时主绕组起动电流较大，继电器触点吸合，接通副绕组；随着转速上升，主绕组电流减小，减小到一定值时，继电器的触点断开，切断副绕组电源。

2）过电流继电器的电压线圈与电动机主绕组两端并联。电动机起动时，随着转速上升，副绕组两端感应电动势增大很快，当转速升到一定值时，继电器的电压线圈吸引衔铁，使触点动作，切断副绕组。

3）差动式起动继电器实际上是前两种的组合，把差动式继电器的电流线圈与主绕组串联，电压线圈与主绕组并联，两个线圈对衔铁吸引力方向相反。起动时动断触点接通副绕组，当电动机转速升至一定值时，电压线圈因电压增大，对衔铁的吸引力加大；而此时电流线圈应起动电流减小，吸引力减小，而使继电器触点可靠断开。

（3）PTC 起动器　PTC 起动器实际上是一个正温度系数的热敏电阻，将其串联在副绕组电路中。电动机刚起动时温度很低，电阻很小，副绕组相当于被接通。当起动一段时间后，由于电流的热效应，温度升高，使 PTC 起动器的电阻变得很大，相当于副绕组被断开。

2. 电容起动式异步电动机

电容起动式异步电动机具有良好的起动性能，起动力矩较大，起动电流较小，适用于重载起动的场合。

3. 电容运转式异步电动机

电容运转式异步电动机与电容起动式异步电动机相似，只是绕组电路中不设置起动开关。电容运转式异步电动机的副绕组不仅参与起动，也参与运行，实际上是一个两相电动机。

电容运转时异步电动机具有体积小、重量轻、噪声小、效率和功率因数较高、起动转矩低、运行性能好的特点。

4. 罩极式电动机

罩极式电动机是一种结构简单、成本低、噪声小的单相异步电动机。按其定子结构分为凸极式和隐极式两种。

凸极式罩极电动机的定子绕组也有两套，如图 3-20 所示。主绕组采用集中绕组形式套在凸起的定子磁极上；在凸起的一侧开有小槽，槽内套入一个较粗的短路铜环，称为罩极线圈，作为二次绕组，罩住 1/3 磁极表面。为了改善电动机磁场，两磁极间一般插有磁分流片，称为磁桥，也可以直接与磁极做成一体。

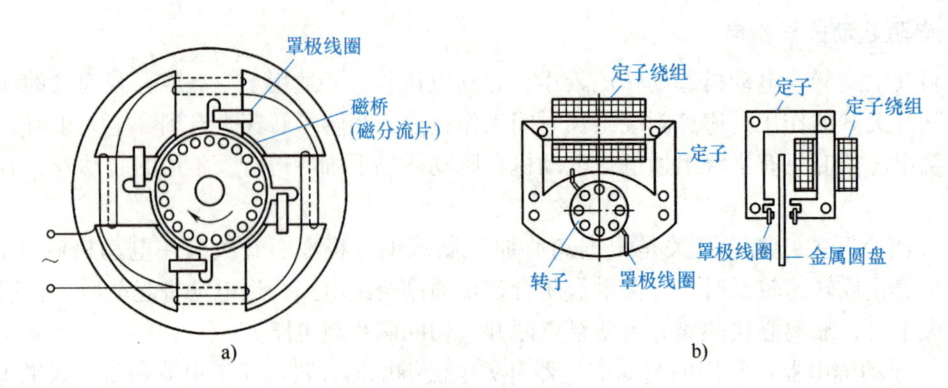

图 3-20 凸极式罩极电动机结构

a）圆形定子 b）框形定子

罩极式电动机的起动和运行性能较差，效率和功率因数较低，只适用于空载或轻载起动的小容量负载。

第八节 三相异步电动机的维修

三相异步电动机定子绕组是产生旋转磁场的部分。受到腐蚀性气体的侵入，机械力和电磁力的冲击，以及绝缘的老化、受潮等原因，都会影响异步电动机的正常运行。另外，异步电动机在运行中长期过载、过电压、欠电压、断相等，也会引起定子绕组故障。定子绕组的故障是多种多样的，其产生的原因也各不相同。常见的故障有以下几种，应针对不同故障采取不同的检修方法。

一、定子绕组接地故障的检修

三相异步电动机的绝缘电阻较低，虽经加热烘干处理，绝缘电阻仍很低，经检测发现，定子绕组已与定子铁心短接，即绕组接地，绕组接地后会使电动机的机壳带电，绕组过热，从而导致短路，造成电动机不能正常工作。

1. 定子绕组接地的原因

1）绕组受潮。长期备用的电动机，经常由于受潮而使绝缘电阻值降低，甚至失去绝缘作用。

2）绝缘老化。电动机长期过载运行，导致绕组及引线的绝缘热老化，降低或丧失绝缘强度而引起电击穿，导致绕组接地。绝缘老化现象为绝缘发黑、枯焦、酥脆、龟裂、剥落。

3）绕组制造工艺不良，以致绕组绝缘性能下降。

4）绕组线圈重绕后，在嵌放绕组时操作不当而损伤绝缘，线圈在槽内松动，端部绑扎不牢，冷却介质中尘粒过多，使电动机在运行中线圈发生振动、摩擦及局部位移而损坏主绝缘，或槽绝缘移位，造成导线与铁心相碰。

5）铁心硅钢片凸出，或有尖刺等损坏了绕组绝缘。或定子铁心与转子摩擦，使铁心过热，烧毁槽楔或槽绝缘。

6）绕组端部过长，与端盖相碰。

7）引线绝缘损坏，与机壳相碰。

8）电动机受雷击或电力系统过电压而使绕组绝缘击穿损坏等。

9）槽内或线圈上附有铁磁物质，在交变磁通作用下产生振动，将绝缘磨穿。若铁磁物质较大，则易产生涡流，引起绝缘的局部热损坏。

2. 定子绕组接地故障的检查

检查定子绕组接地故障的方法很多，无论使用哪种方法，在具体检查时首先应将各相绕组接线端的连接片拆开，然后再分别逐相检查是否有接地故障。找出有接地故障的绕组后，再拆开该相绕组的极相组连线的接头，确定接地的极相组。最后拆开该极相组中各线圈的连接头，最终确定存在接地故障的线圈。常用的检查绕组接地的方法有以下几种。

1）观察法。绕组接地故障经常发生在绕组端部或铁心槽口部分，而且绝缘常有破裂和烧焦发黑的痕迹。因而当电动机拆开后，可先在这些地方寻找接地处。如果引出线和这些地方没有接地的迹象，则接地点可能在槽里。

2）兆欧表检查法。用兆欧表检查时，应根据被测电动机的额定电压来选择兆欧表的等级。500V 以下的低压电动机，选用 500V 兆欧表；3kV 的电动机采用 1000V 兆欧表；6kV 以上的电动机应选用 2500V 兆欧表。测量时，兆欧表的一端接电动机绕组，另一端接电动机机壳。按 120r/min 的速度摇动摇柄，若指针指向零，表示绕组接地；若指针摇摆不定，说明绝缘已被击穿；如果绝缘电阻在 0.5MΩ 以上，则说明电动机绝缘正常。

3）万用表检查法。检测时，先将三相绕组之间的连接线拆开，使各相绕组互不接通。然后将万用表的量程旋到 R×10kΩ 档位上，将一只表笔碰触在机壳上，另一只表笔分别碰触三相绕组的接线端。若测得的电阻较大，则表明没有接地故障；若测得的电阻很小或为零，则表明该相绕组有接地故障。

4）校验灯检查法。将绕组的各相接头拆开，用一只 40～100W 的灯泡串接于 220V 火线与绕组之间。一端接机壳，另一端依次接三相绕组的接头。若校验灯亮，表示绕组接地；若校验灯微亮，说明绕组绝缘性能变差或漏电。

5）冒烟法。在电动机的定子铁心与线圈之间加一低电压，并用调压器来调节电压，逐渐升高电压后接地点会很快发热，使绝缘烧焦并冒烟，此时应立即切断电源，在接地处做好标记。采用此法时应掌握通入电流的大小。一般小型电动机不超过额定电流的 2 倍，时间不超过 0.5min；对于容量较大的电动机，则应通入额定电流的 20%～50%，或者逐渐增大电流至接地处冒烟为止。

6）电流定向法。将有故障一相绕组的两个头接起来，例如将 U 相首末端并联加直流电压。电源可用 6～12V 蓄电池，串联电流表和可调电阻。调节可调电阻，使电路中电流为 0.2～0.4 倍额定电流。则故障槽内的电流流向接地点。此时若用小磁针在被测绕组的槽口移动，观察小磁针的方向变化，可确定故障的槽号，再从找到的槽号上、下移动小磁针，观察磁针的变化，则可找到故障的位置。

7）分段淘汰法。如果接地点位置不易发现时，可采用此法进行检查。首先应确定有接地故障的相绕组，然后在极相组的连接线中间位置剪断或拆开，使该相绕组分成两半，然后用万用表、兆欧表或效验灯等进行检查。电阻为零或校验灯亮的一半有接地故障存在。接着再把接地故障这部分的绕组分成两部分，以此类推分段淘汰，逐步缩小检查范围，最后就可找到接地的线圈。

实践证明，电动机的接地点绝大部分发生在线圈伸出铁心端部槽口的位置上。如该处的接地不严重，可先加热软化后，用竹片或绝缘材料插入线圈与铁心之间，然后再检查。如不接地，则将线圈包扎好，涂上绝缘漆烘干即可。如绕组接地发生在两头碰触端盖，则可用绝缘物衬在端盖上，接地故障便可以排除。

3. 定子绕组接地故障的检修

只要绕组接地的故障程度较轻，又便于查找和修理，都可以进行局部修理。

1）接地点在槽口。当接地点在端部槽口附近且又没有严重损伤时，则可按下述步骤进行修理。

① 在接地的绕组中，通入低压电流加热，在绝缘软化后打出槽楔。

② 用划线板把槽口的接地点撬开，使导线与铁心之间产生间隙，再将与电动机绝缘等级相同的绝缘材料剪成适当的尺寸，插入接地点的导线与铁心之间，再用小木锤将其轻轻打入。

③ 在接地位置垫放绝缘以后，再将绝缘纸对折起来，最后打入槽楔。

2）槽内线圈上层边接地可按下述步骤检修。

① 在接地的线圈中通入低压电流加热，待绝缘软化后，再打出槽楔。

② 用划线板将槽机绝缘分开，在接地的一侧，按线圈排列的顺序，从槽内翻出一半线圈。

③ 使用与电动机绝缘等级相同的绝缘材料，垫放在槽内接地的位置。

④ 按线圈排列顺序，把翻出槽外的线圈再嵌入槽内。

⑤ 滴入绝缘漆，并通入低压电流加热、烘干。

⑥ 将槽绝缘对折起来，放上对折的绝缘纸，再打入槽楔。

3）槽内线圈下层边接地可按下述步骤检修。

① 在线圈内通入低压电流加热。待绝缘软化后，即撬动接地点，使导线与铁心之间产生间隙，然后清理接地点，并垫进绝缘。

② 用校验灯或兆欧表等检查故障是否消除。如果接地故障已消除，则按线圈排列顺序将下层边的线圈整理好，再垫放层间绝缘，然后嵌进上层线圈。

③ 滴入绝缘漆，并通入低压电流加热、烘干。

④ 将槽绝缘对折起来，放上对折的绝缘纸，再打入槽楔。

4）绕组端部接地可按下述步骤检修。

① 先把损坏的绝缘刮掉并清理干净。

② 将电动机定子放入烘房进行加热，使其绝缘软化。

③ 用硬木做成的打板对绕组端部进行整形处理。整形时，用力要适当，以免损坏绕组的绝缘。

④ 对于损坏的绕组绝缘，应重新包扎同等级的绝缘材料，并涂刷绝缘漆，然后进行烘干处理。

二、定子绕组短路故障的检修

定子绕组短路是异步电动机中经常发生的故障。绕组短路可分为匝间短路和相间短路，

其中相间短路包括相邻线圈短路、极相组之间短路和两相绕组之间的短路。匝间短路是指线圈中串联的两个线匝因绝缘层破裂而短路。相间短路是由于相邻线圈之间绝缘层损坏而短路，一个极相组的两根引线被短接，以及三相绕组的两相之间因绝缘损坏而造成的短路。

绕组短路严重时，负载情况下电动机根本不能起动。短路匝数少，电动机虽能起动，但电流较大且三相不平衡，导致电磁转矩不平衡，使电动机产生振动，发出“嗡嗡”响声，短路匝中流过很大电流，使绕组迅速发热、冒烟并发出焦臭味甚至烧坏。

1. 定子绕组短路的原因

1）修理时嵌线操作不熟练，造成绝缘损伤，或在焊接引线时烙铁温度过高、焊接时间过长而烫坏线圈的绝缘。

2）绕组因年久失修而使绝缘老化，或绕组受潮，未经烘干便直接运行，导致绝缘击穿。

3）电动机长期过载，绕组中电流过大，使绝缘老化变脆，绝缘性能降低而失去绝缘作用。

4）定子绕组线圈之间的连接线或引线绝缘不良。

5）绕组重绕时，绕组端部或双层绕组槽内的相间绝缘没有垫好或击穿损坏。

6）由于轴承磨损严重，使定子和转子铁心相摩擦产生高热，而使定子绕组绝缘烧坏。

7）雷击、连续起动次数过多或过电压击穿绝缘。

2. 定子绕组短路故障的检查

定子绕组短路故障的检查方法有以下几种。

1）观察法。观察定子绕组有无烧焦绝缘或有无浓厚的焦味，可判断绕组有无短路故障。也可让电动机运转几分钟后，切断电源停车之后，立即将电动机端盖打开，取出转子，用手触摸绕组的端部，感觉温度较高的部位即是短路线匝的位置。

2）万用表（兆欧表）法。将三相绕组的头尾全部拆开，用万用表或兆欧表测量两相绕组间的绝缘电阻，其阻值为零或很低，即表明两相绕组有短路。

3）直流电阻法。当绕组短路情况比较严重时，可用电桥测量各相绕组的直流电阻，电阻较小的绕组即为短路绕组（一般阻值偏差不超过5%可视为正常）。若电动机绕组为三角形接法，应拆开一个连接点再进行测量。

4）电压法。将一相绕组的各极相组连接线的绝缘套管剥开，在该相绕组的出线端通入50～100V低压交流电或12～36V直流电，然后测量各极相组的电压降，读数较小的即为短路绕组。为进一步确定是哪一只线圈短路，可将低压电源改接在极相组的两端，再在电压表上连接两根套有绝缘的插针，分别刺入每只线圈的两端，其中测得的电压最低的线圈就是短路线圈。

5）电流平衡法。电源变压器可用36V变压器或交流电焊机。每相绕组串接一只电流表，通电后记下电流表的读数，电流过大的一相即存在短路。

6）短路侦察器法。短路侦察器是一个开口变压器，它与定子铁心接触的部分做成与定子铁心相同的弧形，宽度也做成与定子齿距相同。

取出电动机的转子，将短路侦察器的开口部分放在定子铁心中所要检查的线圈边的槽口上，给短路侦查器通入交流电，这时短路侦查器的铁心与被测定子铁心构成磁回路，而组成一个变压器，短路侦察器的线圈相当于变压器的一次线圈，定子铁心槽内的线圈相当于变压器的二次线圈。如果短路侦察器处在短路绕组，则形成类似一个短路的变压器，这时串接在短路侦察器线圈中的电流表将显示出较大的电流值。用这种方法沿着被测电动机的定子铁心内圆逐槽检查，电流最大的那个线圈就是短路的线圈。

如果没有电流表，也可用约 0.6mm 厚的钢锯条片放在被测线圈的另一个槽口，若有短路，则这片钢锯条就会产生振动，说明这个线圈就是故障线圈。对于多路并联的绕组，必须将各个并联支路打开，才能采用短路侦察器进行测量。

7）感应电压法。将 12～36V 单相交流电通入 U 相，测量 V、W 相的感应电压；然后通入 V 相，测量 W、U 相的感应电压；再通入 W 相，测量 U、V 相的感应电压。记下测量的数值进行比较，感应电压偏小的一相即有短路。

3. 定子绕组短路故障的检修

在查明定子绕组的短路故障后，可根据具体情况进行相应的修理。根据维修经验，最容易发生短路故障的位置是同极同相、相邻的两只线圈，上、下两层线圈及线圈的槽外部分。

1）端部修理法。如果短路点在线圈端部，是因接线错误而导致的短路，可拆开接头，重新连接。当连接线绝缘管破裂时，可将绕组适当加热，撬开引线处，重新套好绝缘套管或用绝缘材料垫好。当端部短路时，可在两绕组端部交叠处插入绝缘物，将绝缘损坏的导线包上绝缘布。

2）拆修重嵌法。在故障线圈所在槽的槽楔上，刷涂适当溶剂（丙酮 40%，甲苯 35%，酒精 25%），约 30min 后，抽出槽楔并逐匝取出导线，用绝缘胶带将绝缘损坏处包扎好，重新嵌回槽中。如果故障在底层导线中，则必须将妨碍修理操作的邻近上层线圈边的导线取出槽外，待有故障的线匝修理完毕，再依次嵌回槽中。

3）局部调换线圈法。如果同心绕组的上层线圈损坏，可将绕组适当加热软化，完整地取出损坏的线圈，仿制相同规格的新线圈，嵌到原来的线槽中。对于同心式绕组的底层线圈和双层叠绕组线圈短路故障，可采用“穿绕法”修理。穿绕法较为省工省料，还可以避免损坏其他好线圈。

穿绕修理时，先将绕组加热至 80℃左右使绝缘软化，然后将短路线圈的槽楔打出，剪断短路线圈两端，将短路线圈的导线一根一根抽出。接着清理线槽，用一层聚酯薄膜复合青壳纸卷成圆筒，插入槽内形成一个绝缘套。穿线前，在绝缘套内插入钢丝或竹签（打蜡）后作为假导线，假导线的线径比导线略粗，根数等于线匝数。导线按短路线圈总长剪断，从中点开始穿线。导线的一端（左端）从下层边穿起，另一端（右端）从上层边穿起。穿绕时，抽出一根假导线，随即穿入一根新导线，以免导线或假导线在槽内发生移动。穿绕完毕，整理好端部，然后进行接线，并检查绝缘和进行必要的试验，经检测确定绝缘良好并经空载试车正常后，才能浸漆、烘干。

对于单层链式或交叉式绕组，在拆除故障线圈之后，把上面的线圈端部压下来填充空隙，另制一组导线直径和匝数相同的新线圈，从绕组表层嵌入原来的线槽内。

4）截除故障点法。对于匝间短路的一些线圈，在绕组适当加热后，取下短路线圈的槽楔，并截断短路线圈的两边端部，小心地将导线抽出槽外，接好余下线圈的断头，而后再进行绝缘处理。

5）去除线圈法或跳接法。在急需电动机使用，而一时又来不及修复时，可进行跳接处

理，即把短路的线圈废弃，跳过不用，用绝缘材料将断头包好。但这种方法会造成电动机三相电磁不平衡，恶化了电动机性能，应慎用，事后应进行补救。

三、定子绕组断路故障的检修

当电动机定子绕组中有一相发生断路，电动机采用星形联结时，通电后发出较强的“嗡嗡”声，起动困难，甚至不能起动，断路相电流为零。当电动机带一定负载运行时，若突然发生一相断路，电动机可能还会继续运转，但其他两相电流将增大许多，并发出较强的“嗡嗡”声。对三角形联结的电动机，虽能自行起动，但三相电流极不平衡，其中一相电流比另外两相大70%，且转速低于额定值。采用多根并绕或多支路并联绕组的电动机，其中一根导线断线或一条支路断路并不造成一相断路，这时用电桥可测得断股或断支路相的电阻值比另外两相大。

1. 定子绕组断路的原因

1）绕组端部伸在铁心外面，导线易被碰断，或由于接线头焊接不良，长期运行后脱焊，以致造成绕组断路。

2）导线质量低劣，导线截面有局部缩小处，原设计或修理时导线截面积选择偏小，以及嵌线时刮削或弯折致伤导线，运行中通过电流时局部发热产生高温而烧断。

3）接头脱焊或虚焊，多根并绕或多支路并联绕组断股未及时发现，经一段时间运行后发展为一相断路，或受机械力影响断裂及机械碰撞使线圈断路。

4）绕组内部短路或接地故障，没有发现，长期过热而烧断导线。

2. 定子绕组断路故障的检查

实践证明，断路故障大多数发生在绕组端部、线圈的接头以及绕组与引线的接头处。因此，发生断路故障后，首先应检查绕组端部，找出断路点，重新进行连接、焊牢，包上相应等级的绝缘材料，再经局部绝缘处理，涂上绝缘漆晾干，即可继续使用。定子绕组断路故障的检查方法有以下几种。

1）观察法。仔细观察绕组端部是否有碰断现象，找出碰断处。

2）万用表法。将电动机出线盒内的连接片取下，用万用表或兆欧表测各相绕组的电阻，当电阻大到几乎等于绕组的绝缘电阻时，表明该相绕组存在断路故障。

3）检验灯法。小灯泡与电池串联，两根引线分别与一相绕组的头尾相连，若有并联支路，拆开并联支路端头的连接线；有并绕的，则拆开端头，使之互不接通。如果灯不亮，则表明绕组有断路故障。

4）三相电流平衡法。对于10kW以上的电动机，由于其绕组都采用多股导线并绕或多支路并联，往往不是一相绕组全部断路，而是一相绕组中的一根或几根导线或一条支路断开，所以检查起来较麻烦，这种情况下可采用三相电流平衡法来检测。

将异步电动机空载运行，用电流表测量三相电流。如果星形联结的定子绕组中有一相部分断路，则断路相的电流较小。如果三角形联结的定子绕组中有一相部分断路，则三相线电流中有两相的线电流较小。

如果电动机已经拆开，不能空载运行，这时可用单相交流电焊机作为电源进行测试。当电动机的三相绕组采用星形联结时，需将三相绕组串入电流表后再并联，然后接通单相交流电源，测试三相绕组中的电流，若电流值相差5%以上，电流较小的一相绕组可能有部分断路。当电动机的三相绕组采用三角形联结时，应先将绕组的接头拆开，然后将电流表分别串接在每相绕组中，测量每相绕组的电流。比较各相绕组的电流，其中电流较小的一相绕组即为断路相。

5）电阻法。用直流电桥测量三相绕组的直流电阻，若三相直流电阻阻值相差大于2%，电阻较大的一相即为断路相。由于绕组的接线方式不同，检查时可分为以下几种情况。

对于每相绕组均有两个引出线引出机座的电动机，可先用万用表找出各相绕组的首末端，然后用直流电桥分别测量各相绕组的电阻 R_U、R_V 和 R_W，最后再进行比较。

3. 定子绕组断路故障的检修

查明定子绕组断路部位后，即可根据具体情况进行相应的修理，检修方法如下。

1）当绕组导线接头焊接不良时，应先拆下导线接头处包扎的绝缘，断开接头，仔细清理，除去接头上的油污、焊渣及其他杂物。如果原来是锡焊焊接的，则先进行搪锡，再用烙铁重新焊接牢固并包扎绝缘，若采用电弧焊焊接，则既不会损坏绝缘，接头也比较牢靠。

2）引线断路时应更换同规格的引线。若引线长度较长，可缩短引线，重新焊接接头。

3）槽内线圈断线的处理。出现该故障现象时，应先将绕组加热，翻起断路的线圈，然后用合适的导线接好焊牢，包扎绝缘后再嵌回原线槽，封好槽口并刷上绝缘漆。但注意接头处不能在槽内，必须放在槽外两端。另外，也可以调换新线圈。有时遇到电动机急需使用，一时来不及修理，也可以采取跳接法，直接短接断路的线圈，但此时应降低负载运行。这对于小功率电动机以及轻载、低速电动机是比较适用的。这是一种应急修理办法，事后应采取适当的补救措施。如果绕组断路严重，则必须拆除绕组重绕。

4）当绕组端部断路时，可采用电吹风机对断线处加热，软化后把断头端挑起来，刮掉断头端的绝缘层，随后将两个线端插入玻璃丝漆套管内，并顶接在套管的中间位置进行焊接。焊好后包扎相应等级的绝缘，然后再涂上绝缘漆晾干。修理时还应注意检查邻近的导线，如有损伤也要进行接线或绝缘处理。对于绕组有多根断线的，必须仔细查出哪两根线对应相接，否则接错将造成自行断路。多根断线的每两个线端的连接方法与上述单根断线的连接方法相同。

第九节　三相异步电动机拆卸维修实训

一、准备

（1）工具　槽楔、虎钳、绕线机、活动线模、蜡线、嵌线板、压线板、裁纸刀、剪刀、活扳手、常用电工工具等。

（2）仪表　兆欧表、万用表。

（3）器材　三相异步电动机、覆膜绝缘纸、砂纸。

二、实施步骤

（一）拆卸

1. 拆卸前的准备

1）查阅并记录被拆电动机的型号、主要技术参数。

2）在刷架处、端盖与机座配合处等做好标记，以便于装配。

2. 拆卸步骤

按照图 3-21 所示顺序拆解电动机。

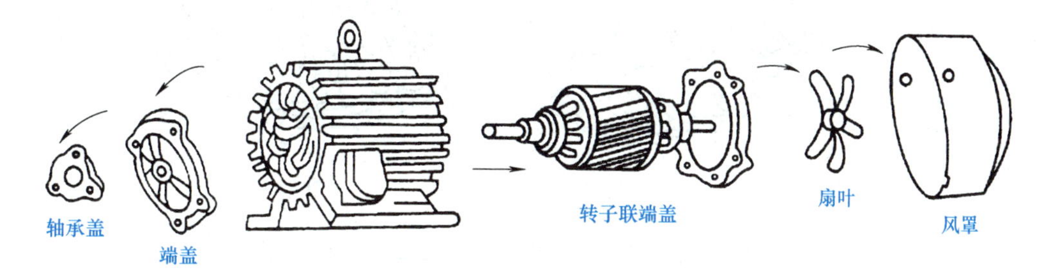

图 3-21　电动机拆开顺序

3. 注意事项

在拆解过程中要保护电动机定子绕组的绝缘，各元件小心轻放。

（二）维修

三相异步电动机最常见的故障是定子绕组损坏。维修定子绕组的步骤如下。

1. 拆卸步骤

1）将槽楔全部取出，相间绝缘全部取出。

2）用嵌线板挑出线圈，并整理放好，检查表面绝缘情况。

3）按照要求计算绕组数据，并调整绕线模板。在拆线时应保留一个完整的旧线圈，作为选用新绕组尺寸的依据。新线圈尺寸可直接从旧线圈上测量得出。然后用一段导线按已确定的节距在定子上先测量一下，试做一个绕线模模型来确定绕线模尺寸。端部不要太长或太短，以方便嵌线为宜。

4）绕制线圈。

5）裁制绝缘。

6）嵌线圈。24 槽三相 4 极电动机单层链式绕组嵌线工艺：先将第一个线圈的一个有效边嵌入槽 6 中，线圈的另一个有效边暂时还不能嵌入槽 1 中。因为线圈的另一个有效边要等到线圈十一和十二的一个有效边分别嵌入槽 2、槽 4 中之后，才能嵌到槽 1 中去。为了防止未嵌入槽内的线圈边和铁心角相摩擦破坏导线绝缘层，要在导线的下面垫上一块牛皮纸或绝缘纸。嵌线示意图如图 3-22 所示。

空一个槽（7 号槽）暂时不嵌线，再将第二个线圈的一个有效边嵌入槽 8 中。同样，线圈二的另一个有效边要等线圈十二的一个有效边嵌入槽 4 以后才能嵌入槽 3 中，如图 3-22a 所示。然后，再空一个槽（9 号槽）暂不嵌线，将线圈三的一个有效边嵌入槽 10 中。这时，由于第一、二线圈的有效边已嵌入槽 6 和槽 8 中去了，所以第三个线圈的另一个有效边就可以嵌入槽 5 中。接下来的嵌法和第三个线圈一样，依次类推，直到全部线圈的有效边都嵌入槽中后，才能将开始嵌线的线圈一和线圈二的另一个有效边分别嵌入槽 1 和槽 3 中去，如图 3-22b 所示。

因为嵌线是电动机装配中的主要环节，所以每一步都必须按照特定的工艺要求进行。

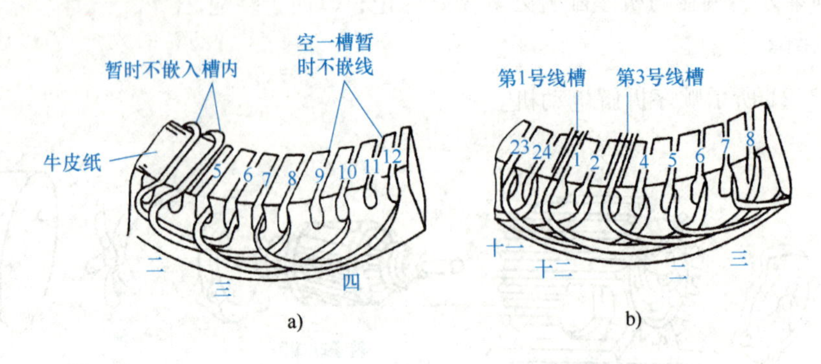

图 3-22　24 槽三相 4 极电动机单层链式绕组嵌线示意图
a）开始嵌线时　b）嵌线完成时

嵌线前，应先把绕好线圈的引线理直，套上黄腊管，并将引槽纸放入槽内，但绝缘纸要高于槽口 25 ~ 30mm，在槽外部分张开。为了加强槽口两端绝缘及机械强度，绝缘纸两端伸出部分应折叠成双层，两端应伸出铁心 10mm 左右。然后，将线圈的宽度稍微压缩，使其便于放入定子槽内。

嵌线时，最好在线圈上涂一些蜡，这样有利于嵌线。然后，用手将导线的一边疏散开，用手指将导线捻成一个扁片，从定子槽的左端轻轻顺入绝缘纸中，再顺势将导线轻轻地从槽口左端拉入槽内。在导线的另一边与铁心之间垫一张牛皮纸，防止线圈未嵌入的有效边与定子铁心摩擦，划破导线绝缘层。若一次拉入有困难，可将槽外的导线理好放平，再用划线板把导线一根一根地划入槽内，如图 3-23 所示。

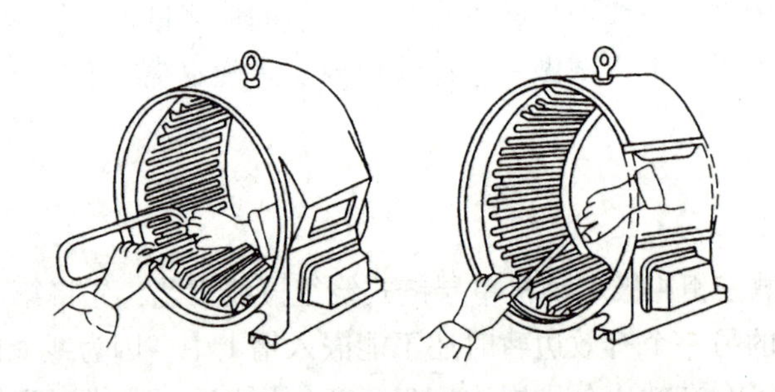

图 3-23　嵌线示意图

嵌线时要细心。嵌好一个线圈后要检查一下，看其位置是否正确，然后，再嵌下一个线圈。导线要放在绝缘纸内，若把导线放在绝缘纸与定子槽的中间，将会造成线圈接地或短路。

嵌完线圈，如槽内导线太满，可用压线板沿定子槽来回地压几次，将导线压紧，以便能将竹楔顺利打入槽口，但一定注意不可猛撬。嵌完后，用剪刀将高于槽口 5mm 以上的绝缘纸剪去。用划线板将留下的 5mm 绝缘纸分别向左或向右划入槽内。将竹楔一端插入槽口，压入绝缘纸，用锤子轻轻敲入。竹楔的长度要比定子槽长 7mm 左右，其厚度不能小于 3mm，宽度应根据定子槽的宽窄和嵌线后槽内的松紧程度来确定，以导线不发生松动为宜。

线圈端部、每个极相端之间必须加垫绝缘物。根据绕组端部的形状，可将相间绝缘纸剪裁成三角形等形状，高出端部导线5～8mm，插入相邻的两个绕组之间，下端与槽绝缘接触，把两相绕组完全隔开。单层绕组相间绝缘可用两层0.18mm的绝缘漆布或一层聚酯薄膜复合青壳纸。

为了不影响通风散热，同时又使转子容易装入定子内膛，必须对绕组端部进行整形，形成外大里小的喇叭口。整形方法：用手按压绕组端部的内侧，或用橡胶锤敲打绕组，严禁损伤导线漆膜和绝缘材料，以免绝缘性能下降，发生短路故障。

端部整形后，用白布带对绕组线圈进行统一包扎，因为虽然定子是静止不动的，但电动机在起动过程中，导线将受电磁力的作用而掀动。

2. 注意事项

（1）绕线注意事项

1）新绕组所用导线的粗细、绕制匝数以及导线截面积，应按原绕组的数据选择。

2）检查导线有无掉漆的地方，如有，需涂绝缘漆，晾干后才可绕线。

3）绕线前，将绕线模正确地安装在绕线机上，用螺钉拧紧，导线放在绕线架上，将线圈始端留出的线头缠在绕线模的小钉上。

4）摇动手柄，从左向右开始绕线。在绕线过程中，导线在绕线模中要排列整齐、均匀，不得交叉或打结，并随时注意导线的质量，如果绝缘有损坏应及时修复。

5）若在绕线过程中发生断线，可在绕完后再焊接接头，但必须把焊接点留在线圈的端接部分，而不准留在槽内，因为在嵌线时槽内部分的导线要承受机械力，容易损坏。

6）将扎线放入绕线模的扎线口中，绕到规定匝数时，将线圈从绕线槽上取下，逐一清数线圈匝数，不够的添上，多余的拆下，再用线绳扎好。然后按规定长度留出接线头，剪断导线，从绕线模上取下即可。

7）采用连绕的方法可减少绕组间的接头。把几个同样的绕线紧固在绕线机上，绕法同上，绕完一把用线绳扎好一把，直到全部完成。按次序把线圈从绕线模上取下，整齐地放在搁线架上，以免碰破导线绝缘层或把线圈搞脏、搞乱，影响线圈质量。

8）绕线机长时间使用后，齿轮啮合不好，标度不准，一般不用于连绕；用于单把绕线时也应即时校正，绕后清数，确保匝数的准确性。

（2）异步电动机定子绕组绝缘裁制及安放注意事项　为了保证电动机的质量，新绕组的绝缘必须与原绕组的绝缘相同。小型电动机定子绕组的绝缘一般用两层0.12mm厚的电缆纸，中间隔一层玻璃（丝）漆布或黄蜡绸。绝缘纸外端部最好用双层，以增加强度。槽绝缘的宽度以放到槽口下角为宜，嵌线时另用引槽纸。伸出槽外的绝缘如图3-24所示。

如果是双层绕组，则上、下层之间的绝缘一定要垫好，层间绝缘宽度为槽中间宽度的1.7倍，使上、下层导线在槽内的有效边严格分开。为了方便，不用引槽纸也可以，只要让绝缘纸每边高出铁心内径25～30mm即可。绝缘的大小如图3-25所示。

线圈端部的相间绝缘可根据线圈节距的大小来裁制，保持相间绝缘良好。

（3）嵌线注意事项　不能过于用力把线圈的两端向下按，以免定子槽的端口将导线绝缘层划破。

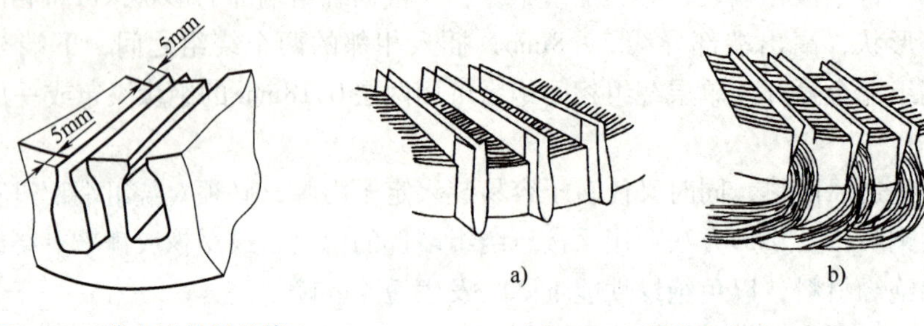

图 3-24　伸出槽外的绝缘

图 3-25　绝缘的大小
a）嵌线前　b）嵌线后

（三）安装

1. 判断绕组的首、尾端

绕组的首、尾端若安装不正确，则电动机无法正常工作。因此，在安装接线盒之前，需要先判断三相异步电动机绕组的首、尾端（或称为同极性端）。

首先确定一个绕组的两个出线端，接下来就可以开始判别首尾端，具体方法有直流法、交流法和剩磁法。具体连接线路如图 3-26 所示。

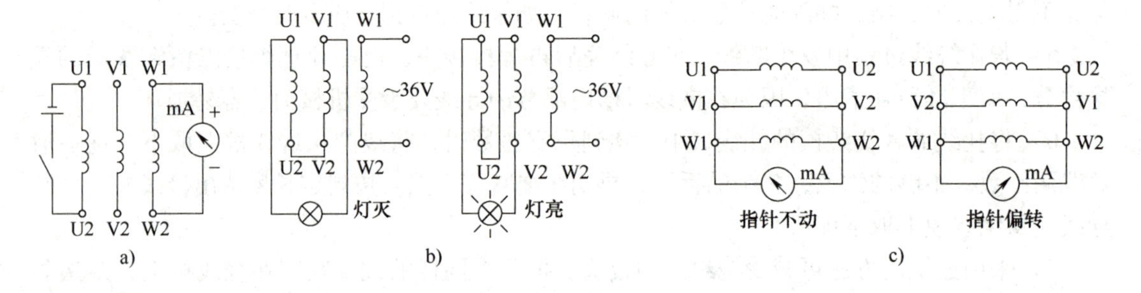

图 3-26　三相异步电动机定子绕组首尾端的判别
a）直流法　b）交流法　c）剩磁法

（1）直流法　直流法的具体步骤为：

1）用万用表电阻档分别找出三相绕组中各相的两个线头。

2）给各相绕组假设编号为 U1、U2、V1、V2 和 W1、W2。

3）按图 3-26a 接线，观察万用表指针摆动情况。

4）合上开关瞬间若指针正偏，则电池正极的线头与万用表负极（黑表棒）所接的线头同为首端或尾端；若指针反偏，则电池正极的线头与万用表正极（红表棒）所接的线头同为首端或尾端；再将电池盒开关接另一相的两个线头，进行测试，就可正确判别各相的首尾端。

（2）交流法　给各相绕组假设编号为 U1、U2、V1、V2 和 W1、W2，按图 3-26b 接线，接通电源。若灯灭，则两个绕组相连接的线头同为首端或尾端；若灯亮，则不是同为首端或尾端。

（3）剩磁法　假设异步电动机存在剩磁。给各相绕组假设编号为 U1、U2、V1、V2 和

W1、W2，按图 3-26c 接线，并转动电动机转子，若万用表指针不动，则证明首尾端假设编号是正确的；若万用表指针摆动则说明其中一相首尾端假设编号不对，应逐相对调重测，直至正确为止。

注意：若万用表指针不动，则还应证明电动机存在剩磁，具体方法是改变接线，使线头编号接反，转动转子后若指针仍不动，则说明没有剩磁，若指针摆动则表明有剩磁。

2. 安装

安装过程与拆卸过程相反，在此不再赘述。

（四）测试

为保证检修后的电动机能正常运行，在整机安装好通电之前，需对电动机进行检测。检测步骤为以下几点。

1）观察外观是否完整，除接线盒之外有无裸露线圈及线头。

2）慢慢转动转子，转子应能顺畅转动，如不能，需检查轴承和端盖是否安装过紧。

3）对电动机的绝缘性能（相间绝缘、对地绝缘）进行检测。

在测量相间绝缘时，将兆欧表的两个接线柱分别连接到三相绕组中的任意两相上（取一个接线头即可），以 120r/min 的速度摇动兆欧表的手柄，所测绝缘电阻应不小于 0.5MΩ；在测量对地绝缘性能时，把兆欧表未标接地符号的一端接到电动机绕组的引出线端，把标有接地符号的一端接在电动机的机座上，以 120r/min 的速度摇动兆欧表的手柄，所测绝缘电阻应不小于 0.5MΩ。

思考与练习题

一、选择题

1. 电枢是（　　）。

A. 三相异步电动机的转子

B. 直流发电机的定子

C. 旋转磁极式三相同步发电机的定子

D. 三相变压器的二次侧

2. 三相异步电动机定子各相绕组的电源引出线应彼此相隔（　　）电角度。

A. 60°　　　　B. 90°

C. 120°　　　　D. 180°

3.（　　）是电动机在额定电压下，以额定转速运行，输出额定功率时，其轴上输出的转矩。

A. 最大转矩　　　　B. 额定转矩

C. 电磁功率　　　　D. 起动转矩

4.（　　）是机械特性上稳定区和不稳定区的分界点。

A. 最大转矩　　　　B. 额定转矩

C. 负载转矩　　　　D. 起动转矩

5. 电动机的机械特性是指在一定条件下，电动机的（　　）与转矩之间的关系，即 $n = f(T)$。

A. 功率　　B. 电压

C. 转速　　D. 电流

6. 当三相异步电动机的转差率 $s=1$ 时，电动机为（　　）状态。

A. 空载　　B. 再生制动

C. 起动　　D. 反接制动

7. 绕线式异步电动机转子串电阻起动是为了（　　）。

A. 空载起动　　B. 增加电动机转速

C. 轻载起动　　D. 增大起动转距

8. 降低电源电压后，三相异步电动机的起动电流将（　　）。

A. 减小　　B. 不变

C. 增大　　D. 以上答案都不对

9. 改变三相笼型异步电动机转速时不可能采取的方法是（　　）。

A. 改变磁极对数　　B. 改变电源频率

C. 改变电压　　D. 转子回路串电阻

10. 改变三相交流异步电动机的转差率可以通过改变转子串联电阻和（　　）两种方法实现。

A. 改变磁极对数

B. 改变电源频率

C. 改变定子绕组电压

11. 改变异步电动机的（　　）也就是改变电动机的转矩和机械特性，从而实现调速，这是一种比较简单的调速方法。

A. 转子电压　　B. 定子电流

C. 定子电压　　D. 转子电流

12. 三相异步电动机在（　　）情况下会出现转差率 $s>1$。

A. 再生制动　　B. 能耗制动

C. 反接制动　　D. 机械制动

13. 向电网反馈电能的电动机制动方式称为（　　）。

A. 能耗制动　　B. 电控制动

C. 再生制动　　D. 反接制动

14. 同步电动机和异步电动机最大的区别在于它们的转子速度与定子旋转磁场是否一致，电动机的转子速度与定子旋转磁场（　　），称为同步电动机，反之，则称为异步电动机。

A. 不同　　B. 相同

C. 不变　　D. 相反

二、简答题

1. 如何改变三相交流异步电动机的旋转方向？

2. 一台铭牌上标有额定电压为380V/220V，连接方式为Y/△的三相异步电动机，若电源电压为380V，应采用Y联结还是△联结？

3. 试说明绘制单层链式绕组展开图的步骤。

4. 如何测量电动机的相间绝缘、对地绝缘？

5. 有一台三相异步电动机，$P_N = 75kW$，$U_N = 3kV$，$n_N = 975r/min$，$\eta_N = 93\%$，$\cos\varphi_N = 0.83$，$f = 50Hz$。试计算：

（1）同步转速 n_1。

（2）电动机的极对数 p。

（3）电动机的额定电流 I_N。

（4）额定转差率 s_N。

第四章

常用低压电器

素养提升

从前，高铁上用的制动盘只能从国外进口，如今，我国高铁制动盘已完全实现国产。不仅是制动系统，“复兴号”动车组的整体设计及关键技术均实现了全面自主化。254 项重要标准中，中国标准占 84%，我国已成功打造出了“中国血统”的中国标准动车组。2017 年，“复兴号”动车组在京沪高铁线上按 350km/h 开始商业运营，我国成为世界上高铁商业运营速度最高的国家，为世界高速铁路商业运营树立了新的标杆，迈出了从追赶到领跑的关键一步。

高铁的制造史就是一部不折不扣的奋斗史，奋斗进取早已成为中国精神，这种精神信仰是我们克服一个又一个困难的支柱，创造了伟大的奇迹，展现了中华民族的力量。

第一节　低压电器基本知识

在电力拖动控制系统中，低压电器主要用于对电动机进行控制、调节和保护。在低压配电电路或动力装置中，低压电器主要用于对电路或设备进行保护以及通断、转换电源或负载。

4-1　常用低压电器导论

一、常用低压电器的分类

1）按用途分类，可分为控制电器、配电电器和执行电器等。

2）按应用场合分类，可分为低压电器、矿用电器和化工电器等。

3）按操作方式分类，可分为手动电器和自动电器。

4）按使用系统分类，可分为电力拖动系统电器和通信系统电器等。

5）按功能分类，可分为有触点电器、无触点电器和混合电器。

6）按拖动系统用电器分类，可分为接触器和继电器等。

4-2　电磁机构的工作原理

二、电磁机构

1. 电磁机构的结构形式

电磁机构由电磁线圈、铁心和衔铁三部分组成，如图 4-1 所示。

电磁线圈分为直流线圈和交流线圈两种。直流线圈须通入直流电，交流线圈须通入交流电。电磁机构是电磁式电器的感测元件，它将电磁能转换为机械能，从而带动触点动作。

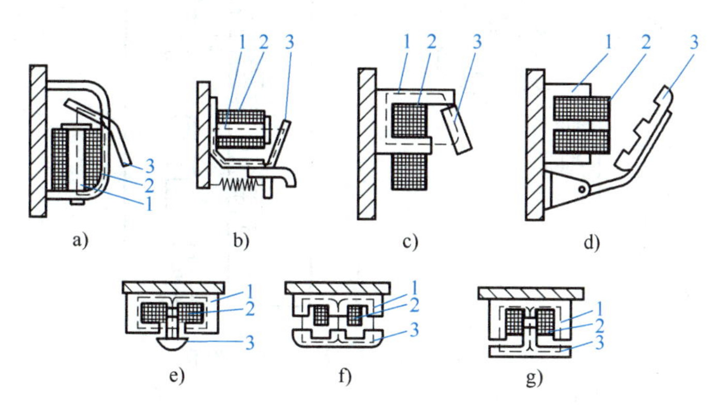

图 4-1　电磁机构的结构形式

1—铁心　2—线圈　3—衔铁

2. 电磁机构的工作原理

当吸引线圈通以一定的电压或电流时，通过铁心和空气隙产生磁场，这一磁场将对衔铁产生电磁吸力，并通过空气隙将电磁能转换为机械能，从而使衔铁吸合。衔铁吸合时带动其他机械机构动作，实现相应的功能，如打开阀门、实现抱闸等，或带动触点动作以完成触点的分断和接通。在衔铁上除作用一个使其吸合的电磁吸力外，还作用一个使衔铁释放的力，这个力称为反力。当吸引线圈无电压或电流时，电磁吸力消失，衔铁在反力的作用下释放，此时衔铁带动其他机械机构动作，实现与上述相反的功能。

3. 交流电磁机构中短路环的作用

当线圈中通入交流电时，铁心中出现交变的磁通，时而最大时而为零，这样在衔铁与固定铁心间因吸引力变化而产生振动和噪声。当加上短路环后，如图 4-2 所示，交变磁通的一部分将通过短路环，在环内产生感应电动势和电流，根据电磁感应定律，此感应电流产生的感应磁通使通过短路环的磁通 Φ_2 比 Φ_1 在相位上滞后，由 Φ_2 和 Φ_1 产生的吸力 F_2 和 F_1 也有相位差，作用在磁铁上的力为 F_1+F_2，只要合力大于反力，即可消除振动。

三、触点系统

触点用来断开和接通电路。触点系统的好坏直接影响整个电器的工作性能。影响触点工作情况的主要因素是触点的接触电阻，接触电阻越大，越易使触点发热，加剧触点表面的氧化程度或产生“熔焊”现象。触点的接触电阻不仅与触点材料有关，还与触点的接触形式、接触压力以及触点表面状况有关。

（1）触点材料　常用的触点材料有铜和银两种。采用铜质材料制成的触点，其接触性能良好、造价低廉，但在使用过程中，铜的表面容易氧化形成电阻率较大的氧化铜，使触点接触电阻增大，容易引起触点过热，降低电器的使用寿命；采用银质材料制成的触点，在使用过程中，虽然银的表面也发生氧化，但氧化银的电阻率与纯银相差无几，且易粉化，故其接触性能较铜质触点好，只是造价较高。

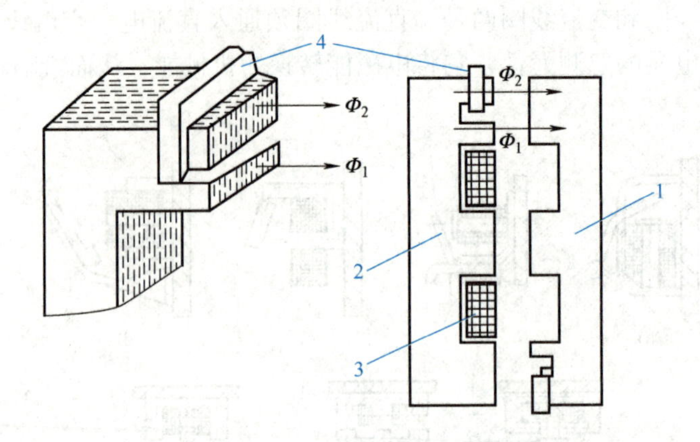

图4-2　交流电磁机构中的短路环

1—动铁心　2—静铁心　3—线圈　4—短路环

（2）触点的接触形式　触点的接触形式有点接触、线接触和面接触三种，如图4-3所示。

1）点接触。图4-3a所示为点接触，由两个半球或一个半球与一个平面构成。由于接触区域是一个点或面积很小的面，允许通过的电流很小，所以它常用于电流较小的电器中，如继电器的触点和接触器的辅助触点。

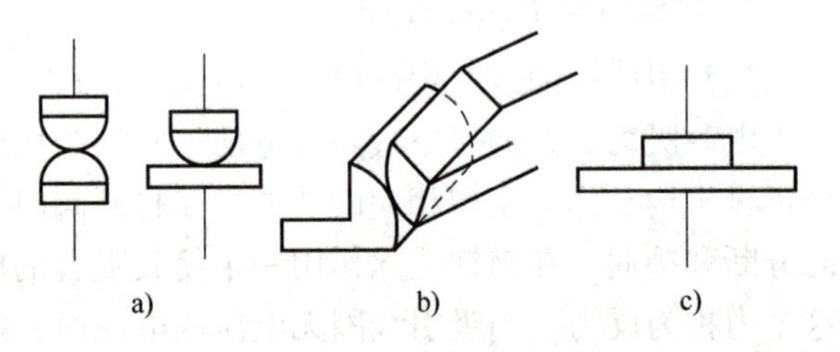

图4-3　触点的三种接触形式

a）点接触　b）线接触　c）面接触

2）线接触。图4-3b所示为线接触，由两个圆柱面构成，又称为指形触点。它的接触区域是一条直线或一条窄面，允许通过的电流较大，常用于中等容量接触器的主触点。由于这种接触形式在电路的通断过程中是滑动接触的，能自动清除触点表面的氧化膜，所以可更好地保证触点的接触良好。

3）面接触。图4-3c所示为面接触，由两个平面构成。由于接触区域有一定的面积，可以通过很大的电流，所以常用于大容量接触器的主触点。

（3）触点的分类

1）按所控制的电路分为主触点和辅助触点。主触点用于通断主电路，通常为三对常开触点；辅助触点用于通断控制电路，一般常开、常闭各两对。

2）按其原始状态分为常开触点（又称为动合触点）和常闭触点（又称为动断触点）。原始状态下（即线圈未通电时）处于断开状态，线圈通电后闭合的触点称为常开触点；原始状态下（即线圈未通电时）处于闭合状态，线圈通电后断开的触点称为常闭触点。

（4）影响触点接触电阻的因素及减小接触电阻的方法

1）触点的接触压力。安装触点弹簧可增加接触压力，减小接触电阻。

2）触点的材料。采用银或镀银触点可减小接触电阻，但造价较高，应根据实际情况选用。

3）触点的接触形式。在较大容量电器中，可采用具有滑动作用的指形触点，这样在每次动作过程中都可以磨去氧化膜，从而保证接触面的清洁，减小接触电阻。

4）触点表面状况。触点表面的尘垢也会影响其导电性，因此，当触点表面聚集了尘垢以后，可用无水乙醇或四氯化碳揩拭干净；如果触点表面被电弧烧灼，可用组锉或砂纸将表面处理干净；触点磨损严重时应及时更换。

四、灭弧装置

灭弧装置起着熄灭电弧的作用，额定电流在10A以上的接触器一般都有灭弧装置。对于小容量的接触器常采用双断口桥式触点与陶土灭弧罩灭弧，对于大容量的接触器常采用纵缝灭弧罩灭弧及栅片灭弧。

第二节　主令电器

主令电器是在自动控制系统中发出指令的电器，用来控制接触器、继电器或其他电器的线圈，使电路接通或分断，从而达到控制生产机械的目的，也可用于信号电路和电气联锁电路。

主令电器应用广泛，种类繁多，按其作用可分为控制按钮、行程开关、接近开关、万能转换开关等，这里只介绍几种常用的主令电器。

一、按钮

按钮是一种手动且一般可以自动复位的主令电器，主要用于控制系统中，用来发布控制命令。

1. 按钮的结构

按钮的结构示意图如图4-4所示，一般由按钮帽、复位弹簧、动触点、静触点和外壳等组成，通常制成具有常开触点和常闭触点的复式结构。

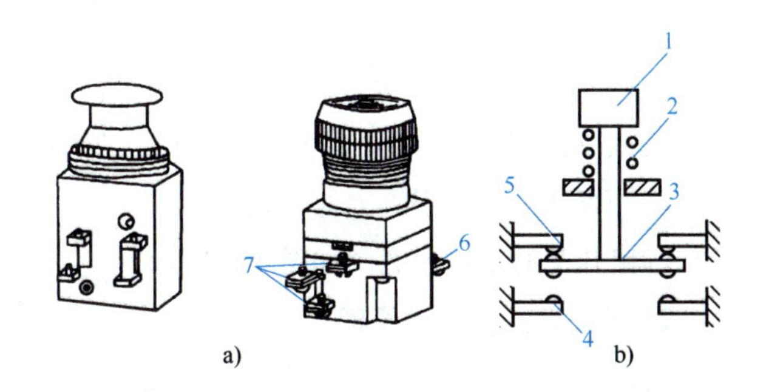

图4-4　按钮

a）外形　b）结构示意图

1—按钮帽　2—复位弹簧　3—动触点　4、5—静触点　6、7—接线端子

2. 按钮的工作原理

按下按钮时，常闭触点先断开，常开触点后闭合；放开按钮后，在复位弹簧的作用下按

钮自动复位，即闭合的常开触点先断开，断开的常闭触点后闭合，这种按钮称为自复式按钮。另外还有带自保持机构的按钮，第一次按下后，由机械机构锁定，手放开后按钮不复位，第二次按下后，锁定机构脱扣，手放开后才自动复位。

3. 按钮的图形符号及文字符号

按钮的图形符号及文字符号如图 4-5 所示。

图 4-5　按钮的图形符号及文字符号

4. 按钮的型号含义

目前使用比较多的有 LA4、LA10、LA18、LA19、LA20 等系列产品，其型号含义如下：

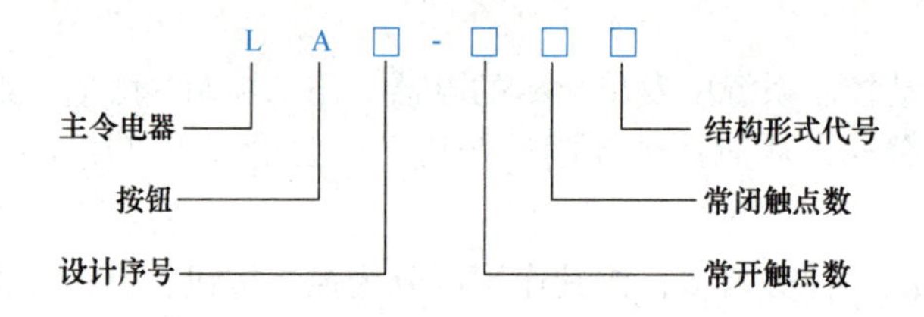

5. 按钮的选择与使用

按使用场合、作用的不同，通常将按钮做成多种颜色以示区别。《机械电气安全　机械电气设备　第 1 部分：通用技术条件》（GB/T 5226. 1—2019）对按钮颜色做出如下规定：

1）“停止”和“急停”按钮——红色。

2）“起动”按钮——绿色。

3）“起动”与“停止”交替动作按钮——黑白、白色或灰色。

4）“点动”按钮——黑色。

5）“复位”按钮——蓝色。

二、行程开关

行程开关又称为限位开关、终点开关，主要用来限制机械运动的位置或行程。

4-3　行程开关

1. 行程开关的结构

行程开关的结构示意图如图 4-6 所示。

2. 行程开关的工作原理

当运动机械的挡铁压下行程开关的推杆时，微动开关快速动作，其常闭触点分断，常开触点闭合；当运动机械的挡铁移开后，触点复位。

3. 行程开关的图形符号及文字符号

行程开关的图形符号及文字符号如图 4-7 所示。

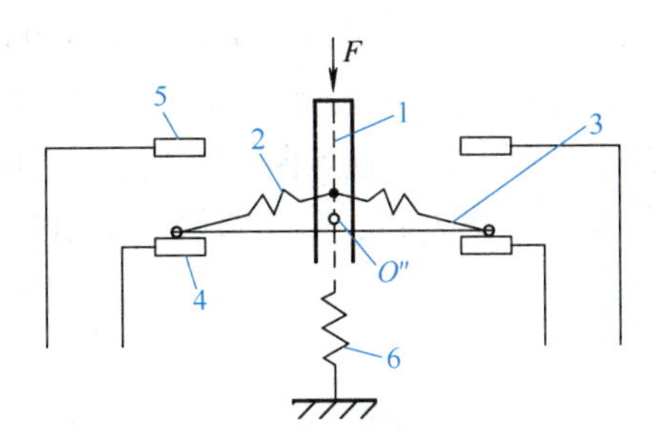

图 4-6　行程开关结构示意图

1—推杆　2、6—弹簧　3—动触点　4、5—静触点

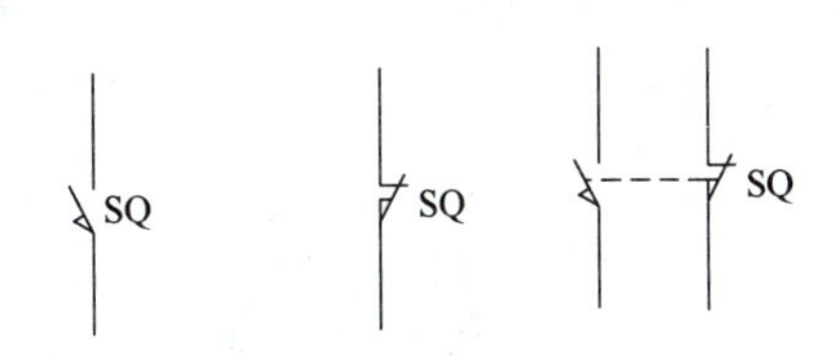

图 4-7　行程开关的图形符号及文字符号

4. 行程开关的型号

常用的行程开关有 LX19、LX22、LX32、LX33、JLXL1 以及 LXW-11、JLXK1-11、JLXW5 系列等，其型号含义如下：

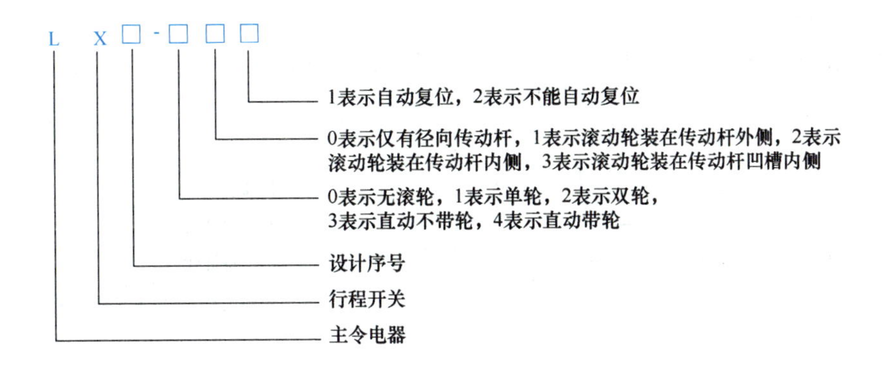

三、万能转换开关

万能转换开关是一种多档位、多触点、能够控制多个回路的主令电器，主要用于各种配电装置的远距离控制，也可作为电气测量仪表的转换开关或用作小容量电动机（2.2kW 以下）的起动、制动、调速和换向控制。由于它能转换多种和多数量的电路，用途广泛，故称为万能转换开关。

1. 万能转换开关的结构

万能转换开关一般由操作机构、面板、手柄及数个触点座等部件组成，用螺栓组装成为整体。万能转换开关中某一层的结构如图 4-8 所示。

2. 万能转换开关的工作原理

由于每层凸轮可做成不同的形状，因此当手柄转到不同位置时，通过凸轮的作用，可以使各对触点按需要的规律接通和分断。

3. 万能转换开关的图形符号及文字符号

万能转换开关的图形符号及文字符号如图 4-9 所示。

图形符号中每一对左、右横线代表一路触点，每一条竖的虚线代表手柄的一个位置，每个黑点“·”表示手柄在这个位置时，黑点上面的那一路触点接通。例如，图4-9a的中间虚线上有两个“·”，表示手柄在“零”位时，第1路、第3路触点均接通。触点通断状态也可用通断表来表示，其中“+”表示触点闭合，“-”表示触点断开。例如，图4-9b的“位置右”对应有两个“-”，表示手柄在“右”位时，第1路、第3路触点均断开。

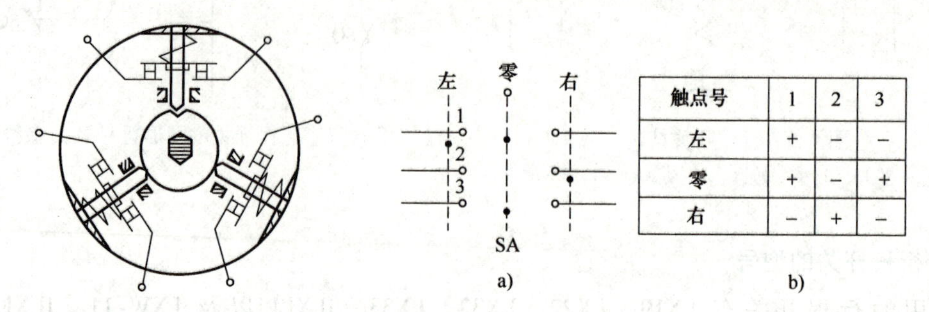

触点号	1	2	3
左	+	-	-
零	+	-	+
右	-	+	-

图4-8　万能转换开关单层结构　　图4-9　万能转换开关的图形符号及文字符号

4. 万能转换开关的型号含义

目前常用的万能转换开关有LW5、LW6等系列，其型号含义如下：

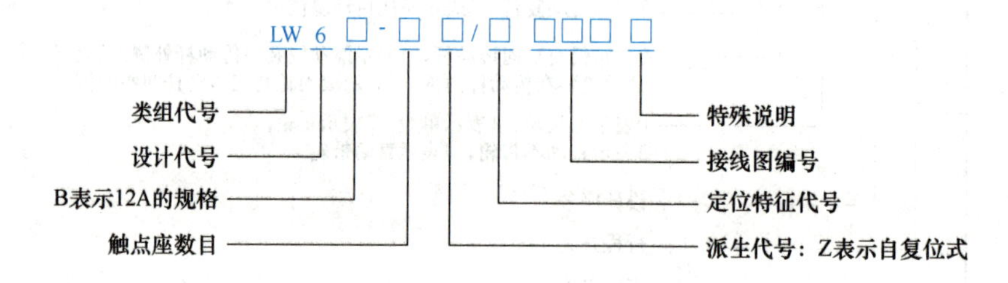

第三节　接　触　器

接触器是利用电磁吸力和弹簧反力的配合作用，使触点闭合与断开的一种电磁式自动切换电器，主要用于远距离频繁地接通或断开交、直流电路。根据接触器主触点通过电流的种类，可分为交流接触器和直流接触器。在大多数情况下，其控制对象是电动机。

接触器具有控制容量大、操作频率高、寿命长、能远距离控制等优点，同时还具有欠、失电压保护功能，所以在电气控制系统中应用十分广泛。

一、接触器的结构

4-4　接触器的结构与工作原理

CJ系列交流接触器的结构如图4-10所示。

二、接触器的工作原理

接触器的工作原理如图4-11所示。当励磁线圈的接线端子6、7接通电源后，线圈电流产生磁场使铁心8磁化，产生电磁吸力克服反力弹簧10的反作用力将衔铁9吸合，衔铁带动动触点动作，使常闭触

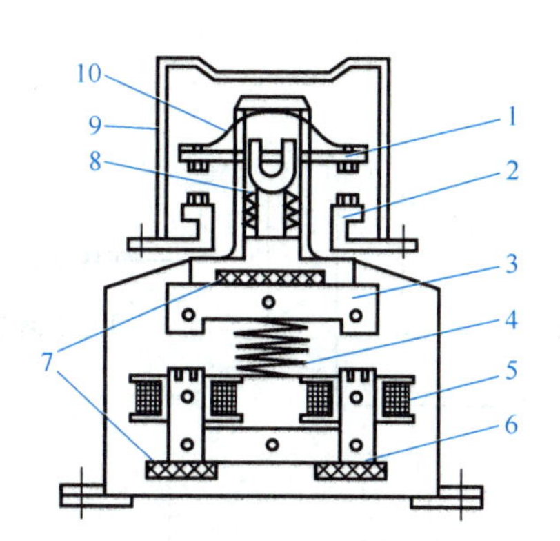

图 4-10　CJ 系列交流接触器的结构

1—动触点　2—静触点　3—衔铁　4—缓冲弹簧　5—线圈　6—铁心　7—垫片
8—触点弹簧　9—灭弧罩　10—触点压力弹簧

点先断开、常开触点后闭合；当励磁线圈断电或外加电压太低时，在反力弹簧作用下衔铁释放，使闭合的常开触点先断开、断开的常闭触点后闭合。

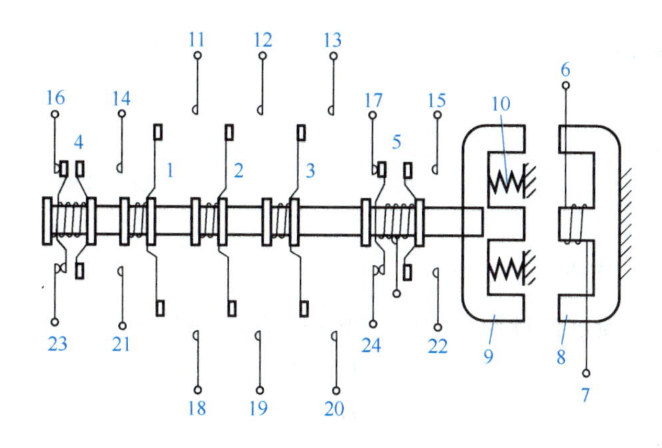

图 4-11　交流接触器的工作原理示意图

1、2、3—动主触点　4、5—动辅助触点　6、7—接线端子　8—铁心　9—衔铁　10—反力弹簧
11 ~ 13、18 ~ 20—静主触点　14 ~ 17、21 ~ 24—静辅助触点

三、接触器的图形符号及文字符号

接触器的图形符号及文字符号如图 4-12 所示。

图 4-12　接触器的图形符号及文字符号

a）线圈　b）主触点　c）常开辅助触点　d）常闭辅助触点

四、接触器的型号含义

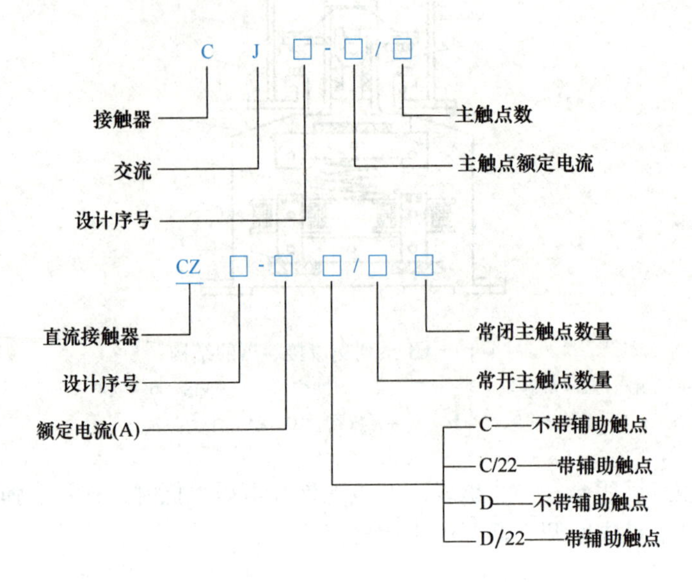

五、接触器的选择

1. 接触器类型的选择

接触器的类型应根据电路中负载电流的种类来选择，即交流负载应选用交流接触器，直流负载应选用直流接触器。

2. 接触器主触点额定电流的选择

对于电动机负载，流过接触器主触点的额定电流 I_N(A) 为

$$I_N = \frac{P_N \times 10^3}{\sqrt{3}U_N \cos\phi\eta} \tag{4-1}$$

式中 P_N——电动机额定功率（kW）；

U_N——电动机额定线电压（V）；

$\cos\phi$——电动机功率因数，其值一般为0.85~0.9；

η——电动机效率，其值一般为0.8~0.9。

在选用接触器时，其额定电流应大于计算值，也可以根据相关的电气设备手册中给出的被控制电动机的容量和接触器额定电流对应的数据选择。

根据式（4-1），在已知接触器主触点额定电流的情况下，能计算出可控制电动机的最大功率。例如，CJ20—40 型交流接触器在380V 时的额定工作电流为40A，故它能控制的电动机的最大功率为

$$P_N = \sqrt{3}U_N I_N \cos\phi\eta \times 10^{-3} = \sqrt{3} \times 380 \times 40 \times 0.9 \times 0.9 \times 10^{-3}\text{kW} \approx 21.3\text{kW}$$

其中，$\cos\phi$、η 均取0.9。

在实际应用中，接触器主触点的额定电流也常常按下面的经验公式计算：

$$I_N = \frac{P_N \times 10^3}{KU_N} \tag{4-2}$$

式中　K——经验系数，取1～1.4。

3. 接触器吸合线圈电压的选择

如果控制线路比较简单，所用接触器的数量较少，则交流接触器线圈的额定电压一般直接选用AC 380V或AC 220V；如果控制线路比较复杂，使用的电器又比较多，为了安全起见，线圈的额定电压可选低一些，例如，交流接触器线圈电压可选AC 36V、AC 127V等，这时需要附加一个控制变压器。直流接触器吸合线圈电压的选择应视控制回路的具体情况而定，要选择吸合线圈的额定电压与直流控制电路的电压一致。

直流接触器的线圈加的是直流电压，交流接触器的线圈一般加的是交流电压，有时为了提高接触器的最大操作频率，交流接触器也有采用直流线圈的。

六、接触器的使用

1）核对接触器的铭牌数据是否符合要求。

2）擦净铁心极面上的防锈油，在主触点不带电的情况下，使励磁线圈通、断电数次，检查接触器动作是否可靠。

3）一般应安装在垂直面上，其倾斜角不得超过5°，否则会影响接触器的动作特性。

4）定期检查各部件，要求可动部分无卡阻、紧固件无松脱、触点表面无积垢、灭弧罩无破损等。

第四节　继　电　器

继电器是一种根据电信号或非电信号的变化来接通或断开小电流电路以实现自动控制、安全保护等功能的自动控制电器。其输入量可以是电信号（如电流、电压等），也可以是非电信号（如温度、时间、速度等），而输出则是触点的动作或电参数的变化。

常用继电器的主要类型有电流继电器、电压继电器、中间继电器、时间继电器、热继电器和速度继电器等。

一、电磁式电流继电器

4-5　继电器

电磁式电流继电器的线圈串联在被测量的电路中，以反映电路中电流的变化，对电路实现过电流、欠电流保护。其中，过电流继电器主要用于频繁起动的场合，作为电动机的过载和短路保护；欠电流继电器常用于直流电动机和电磁吸盘的失磁保护。

1. 电流继电器的结构

为了不影响电路的正常工作，电流继电器线圈匝数少、导线粗、线圈阻抗小。

2. 电流继电器的工作原理

（1）过电流继电器　当流过线圈的电流低于整定值时，衔铁不吸合；当电流超过整定值时，衔铁吸合、触点动作。

（2）欠电流继电器　在电路电流正常时衔铁吸合、触点动作；当流过线圈的电流低于整定值时，衔铁释放、触点复位。

3. 电流继电器的图形符号及文字符号

电流继电器的图形符号及文字符号如图4-13所示。

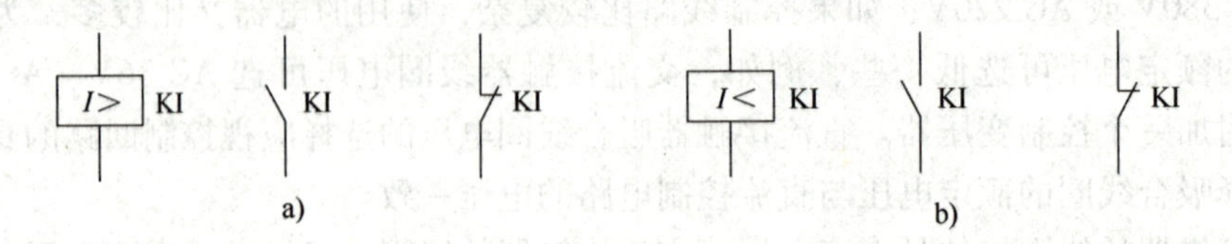

图4-13 电流继电器的图形符号及文字符号
a）过电流继电器 b）欠电流继电器

4. 电流继电器的型号含义

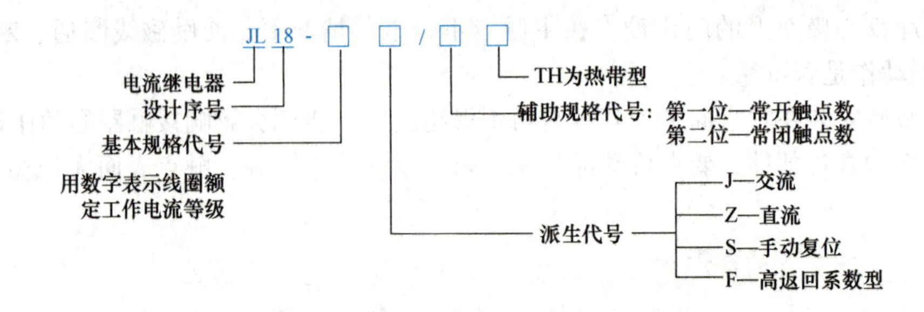

5. 电流继电器的选择与使用

（1）过电流继电器　交流过电流继电器整定值的整定范围为额定电流的1.1～3.5倍；直流过电流继电器整定值的整定范围为额定电流的0.7～3倍。

（2）欠电流继电器　欠电流继电器吸引电流整定值的整定范围为额定电流的0.3～0.65倍，释放电流整定值的整定范围为额定电流的0.1～0.2倍。

二、电磁式电压继电器

电磁式电压继电器的线圈并联在被测量的电路中，以反映电路中电压的变化，对电路实现过电压、欠电压和零电压保护。

1. 电压继电器的结构

为了不影响电路的正常工作，电流继电器线圈匝数多、导线细、线圈阻抗大。

2. 电压继电器的工作原理

（1）过电压继电器　当线圈的电压低于整定值时，衔铁不吸合；当电压超过整定值时，衔铁吸合、触点动作。

（2）欠电压继电器　在电路电压正常时，衔铁吸合、触点动作；在电压低于整定值时，衔铁释放、触点复位。

（3）零电压继电器　在电路电压正常时，衔铁吸合、触点动作；在电压低于整定值时，衔铁释放、触点复位。

3. 电压继电器的图形符号及文字符号

电压继电器的图形符号及文字符号如图4-14所示。

图4-14 电压继电器的图形符号及文字符号
a）过电压继电器 b）欠电压继电器

4. 电压继电器的型号含义

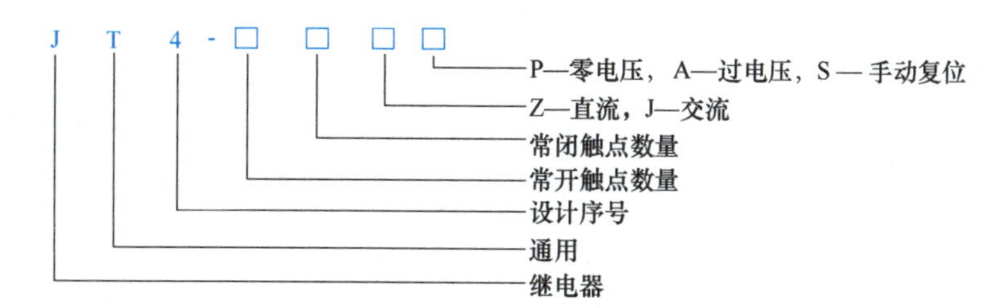

5. 电压继电器的选择与使用

（1）过电压继电器 过电压继电器整定值的整定范围为额定电压的1.1～1.2倍。

（2）欠电压继电器 欠电压继电器整定值的整定范围为额定电压的0.4～0.7倍。

（3）零电压继电器 零电压继电器整定值的整定范围为额定电压的0.05～0.25倍。

三、电磁式中间继电器

中间继电器的主要用途是当其他电器的触点数量或触点容量不够时，可借助它来扩大触点的数量或触点容量，起中间转换的作用。

1. 中间继电器的结构

电磁式中间继电器的基本结构与接触器相同，只是其触点系统中无主触点、辅助触点之分，触点数量多，触点容量相同。

2. 中间继电器的工作原理

电磁式中间继电器的工作原理与接触器相同。

3. 中间继电器的图形符号及文字符号

中间继电器的图形符号及文字符号如图4-15所示。

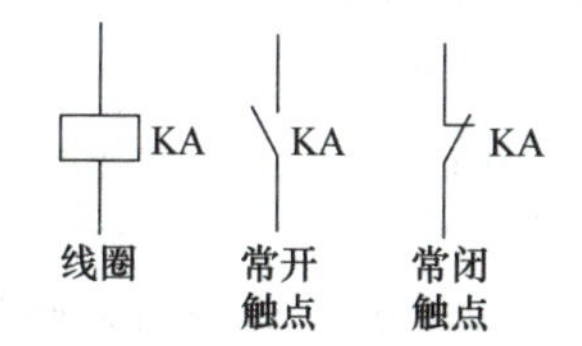

图4-15 中间继电器的图形符号及文字符号

4. 中间继电器的型号含义

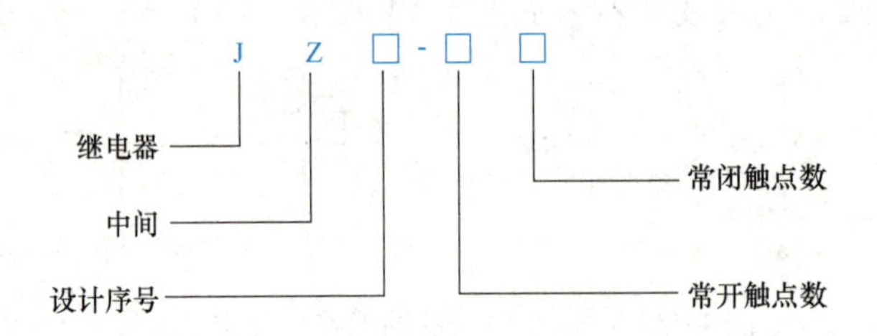

5. 中间继电器的选择与使用

中间继电器的选择与使用参见接触器。

四、时间继电器

时间继电器是一种能延时接通或断开电路的电器。按其动作原理与结构不同，可分为电磁式、空气阻尼式和电子式等；按延时方式可分为通电延时型与断电延时型。

1. 时间继电器的结构

为满足工作要求，时间继电器上通常带有瞬时动作触点和延时动作触点。

2. 时间继电器的工作原理

（1）直流电磁式时间继电器　直流电磁式时间继电器是利用电磁线圈断电后磁通延缓变化的原理而工作的。

（2）空气阻尼式时间继电器　空气阻尼式时间继电器也称为气囊式时间继电器，是利用空气阻尼原理获得延时的。

（3）电子式时间继电器　电子式时间继电器包括晶体管式时间继电器和数字式时间继电器等。

1）晶体管式时间继电器。晶体管式时间继电器是利用 RC 电路电容充电时，电容上的电压逐步上升的原理获得延时的。

2）数字式时间继电器。数字式时间继电器是利用数字技术获得延时的。

3. 时间继电器的图形符号和文字符号

时间继电器的图形符号和文字符号如图 4-16 所示。

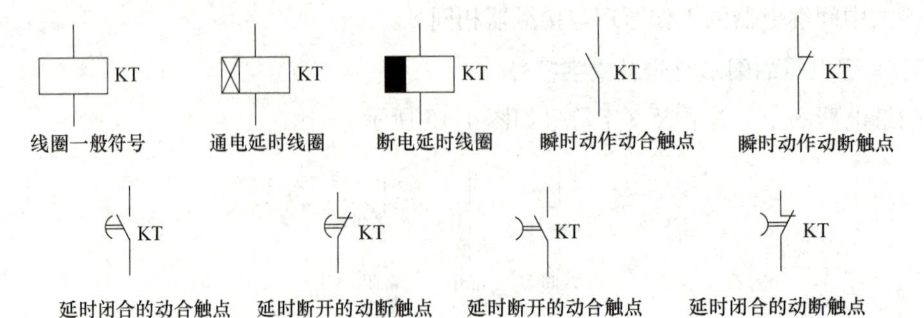

图 4-16　时间继电器的图形符号及文字符号

4. 时间继电器的型号含义

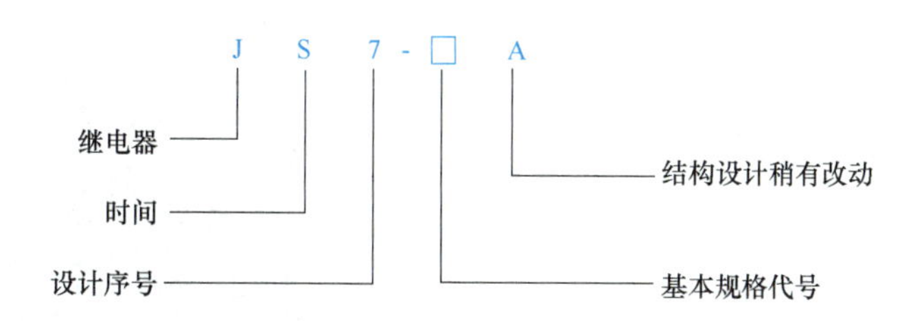

5. 时间继电器的选择与使用

（1）直流电磁式时间继电器　电磁式时间继电器结构简单、运行可靠、寿命长，但延时时间短（最长不超过5s）、延时精度不高、体积大，仅适用于直流电路中作为断电延时型时间继电器，从而限制了它的应用。

常用的直流电磁式时间继电器有JT3和JT18系列。

（2）空气阻尼式时间继电器　空气阻尼式时间继电器的结构简单、寿命长、价格低，并具有瞬动触点，但延时的准确度低、延时误差大，一般适用于延时精度要求不高的场合。

（3）电子式时间继电器　电子式时间继电器具有延时范围宽、精度高、体积小、工作可靠等优点，应用日益广泛，但其缺点是延时会受环境温度变化及电源波动的影响。

1）晶体管式时间继电器。常用的晶体管式时间继电器有JS14A、JS15、JS20、JSJ、JSB、JS14P等系列。其中JS20系列晶体管时间继电器是全国统一设计产品，延时范围有0.1～180s、0.1～300s、0.1～3600s三种，电寿命达10万次，适用于交流50Hz、电压380V及以下或直流110V及以下的控制电路中。

2）数字式时间继电器。数字式时间继电器与晶体管式时间继电器相比，延时范围可成倍增加，调节精度可提高两个数量级以上，控制功率和体积更小，适用于各种需要精确延时的场合以及各种自动化控制电路中。这类时间继电器功能多，有通电延时、断电延时、定时吸合、循环延时四种延时形式和十几种延时范围供用户选择，这是晶体管式时间继电器不可比拟的。目前市场上的数字式时间继电器的型号很多，有DH48S、DH14S、DH11S、JSS1、JS14S系列等。另外，还有从日本富士公司引进生产的ST系列等。

五、热继电器

电动机在运行过程中常会遇到过载情况，只要过载不严重，绕组的温度不超过允许温度，这种过载是允许的。但如果过载情况严重、时间长，则会引起绕组过热，缩短电动机的使用寿命，甚至烧毁电动机。

热继电器利用电流的热效应原理来切断控制电路的保护电器，主要适用于电动机的过载保护、断相保护、电流不平衡保护及其他电气设备发热状态的控制。

1. 热继电器的结构

热继电器主要由热元件、双金属片、触点、复位按钮等组成，热元件由发热电阻丝做成，串接在电动机定子绕组中，电动机定子绕组电流即为流过热元件的电流。双金属片由两种不同线膨胀系数的金属碾压制成，当双金属片受热膨胀时，由于两种金属的线膨胀系数不同，其整体会产生弯曲变形。其结构示意图如图 4-17 所示。

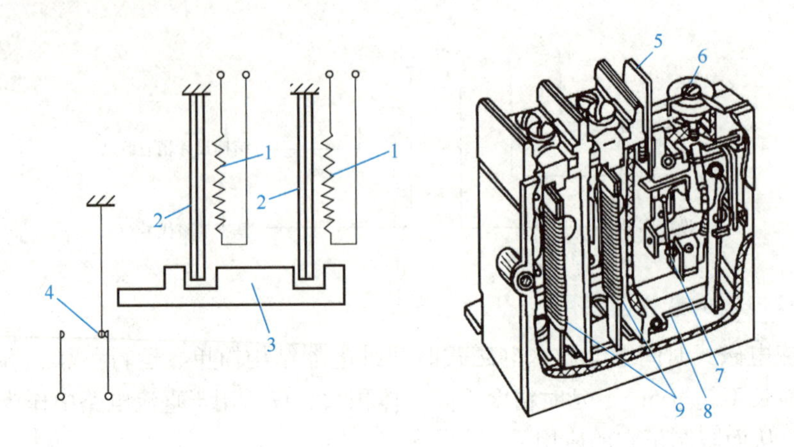

图 4-17　热继电器的结构

1—热元件　2—双金属片　3—导板　4—触点　5—复位按钮
6—调整旋钮　7—常闭触点　8—动作机构　9—热元件

2. 热继电器的工作原理

电动机正常运行时，热元件产生的热量虽能使双金属片弯曲，但不足以使其触点动作；当电动机过载时，热元件产生的热量增大，使双金属片弯曲位移量增大，经过一段时间后，双金属片弯曲推动导板，并通过补偿双金属片与推杆将触点分开，使接触器线圈断电，切断电动机的电源，从而实现了对电动机的过载保护。

3. 热继电器的图形符号及文字符号

热继电器的图形符号及文字符号如图 4-18 所示。

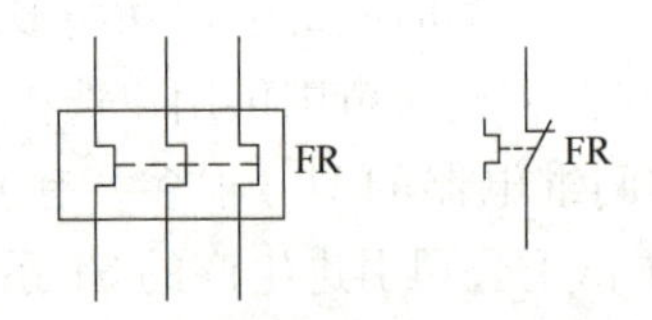

图 4-18　热继电器的图形符号及文字符号

4. 热继电器的型号含义

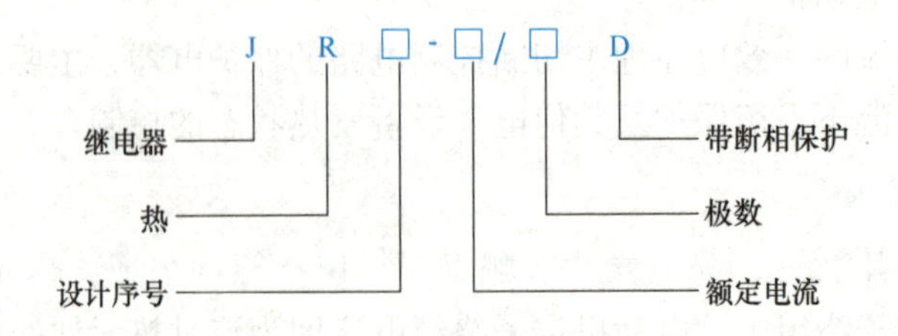

5. 热继电器的选择与使用

1）星形联结的电动机可选用两相或三相结构的热继电器；三角形联结的电动机应选择带断相保护的三相结构热继电器。

2）根据被保护电动机的实际起动时间选取6倍额定电流以下具有相应可返回时间的热继电器。一般热继电器的可返回时间为6倍额定电流下动作时间的50%~70%。

3）热元件额定电流一般可按下式确定：

$$I_N = (0.95 \sim 1.05) I_{MN} \tag{4-3}$$

式中　I_N——热元件的额定电流；

I_{MN}——电动机的额定电流。

对于工作环境恶劣、起动频繁的电动机，则按下式确定：

$$I_N = (1.05 \sim 1.15) I_{MN} \tag{4-4}$$

4）对于短时重复工作的电动机（如起重机电动机），由于电动机不断重复升温，热继电器双金属片的温升跟不上电动机绕组的温升，电动机将得不到可靠的过载保护。因此，不宜选用双金属片热继电器，而应选用过电流继电器或能反映绕组实际温度的温度继电器来进行保护。

常用的热继电器有JRS1、JR20、JR16、JR15等系列。

六、速度继电器

速度继电器常用于三相感应电动机按速度原则控制的反接制动线路中，也称为反接制动继电器。

1. 速度继电器的结构

速度继电器主要由转子、定子和触点三部分组成。转子是一个圆柱形永久磁铁，定子是一个由硅钢片叠成的笼型空心圆环，并装有笼型绕组。其结构示意图如图4-19所示。

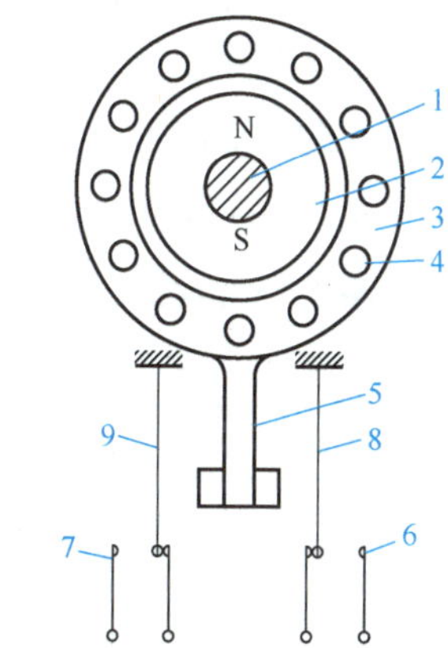

图4-19　速度继电器的结构
1—转轴　2—转子　3—定子　4—绕组
5—摆锤　6、7—静触点　8、9—动触点

2. 速度继电器的工作原理

当电动机转动时，与电动机轴相连的速度继电器的转子随之转动，形成的旋转磁场切割定子绕组，产生感应电动势和电流，此电流在旋转磁场的作用下产生转矩，使定子转动，当转到一定角度时，装在定子上的摆锤推动触点动作；当电动机转速低于某一值时，定子产生的转矩减小，触点复位。

3. 速度继电器的图形符号及文字符号

速度继电器的图形符号及文字符号如图4-20所示。

4. 速度继电器的选择与使用

常用的速度继电器有JY1型和JFZ0型。JY1型能在3000r/min以下可靠工作；JFZ0—1型适用于300~1000r/min，JFZ0—2型适用于1000~3600r/min；JFZ0型有两对动合、动断触点。

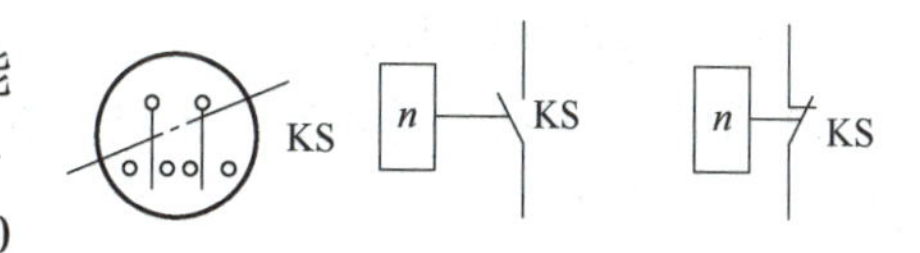

图4-20　速度继电器的图形符号及文字符号

继电器的种类很多，除前面介绍的几种常见继电器外，还有干簧继电器、固态继电器、相序继电器、温度继电器、压力继电器、综合继电器等，因篇幅有限，在此不做详细介绍。

第五节　熔　断　器

熔断器的主要作用是对电气线路和电气设备进行短路保护和严重过载保护。

1. 熔断器的结构

熔断器主要由熔体和熔管两部分组成。

（1）熔体　熔体是熔断器的核心部件，常做成丝状或变截面片状，其材料有两大类：一类为低熔点材料，如铅、铅锡合金、锌等，这类熔体不易熄弧，一般用在小电流电路中；另一类为高熔点材料，如银、铜等，这类熔体容易熄弧，一般用在大电流电路中。

（2）熔管　熔管的主要作用是支持、固定、保护熔体，熔管一般采用高强度陶瓷或玻璃纤维等制成。

2. 熔断器的工作原理

熔断器的熔体串联在被保护电路中。当电路正常工作时，熔体允许通过一定大小的负荷电流而不熔断；当电路发生短路或严重过载故障时，熔体中流过很大的故障电流，当该电流产生的热量使熔体温度上升到熔点时，熔体熔断，切断电路，从而达到保护线路或设备的目的。

3. 熔断器的图形符号及文字符号

熔断器的图形符号及文字符号如图 4-21 所示。

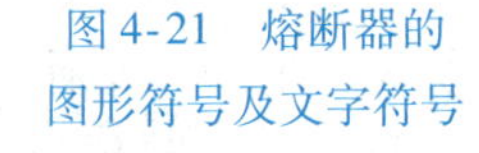

图 4-21　熔断器的图形符号及文字符号

4. 熔断器的型号含义

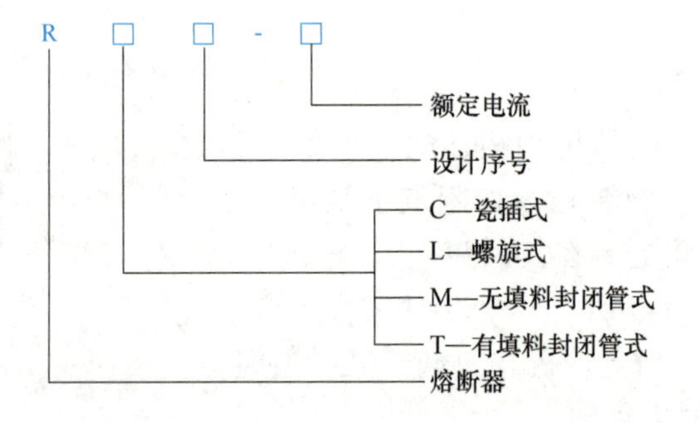

5. 熔断器的选择

熔断器的选择主要包括熔断器的类型、额定电流等方面。

（1）熔断器的类型　根据线路的要求、安装条件和各类熔断器的适用场合来选择。

（2）熔体的额定电流

1）对于照明线路等没有冲击电流的负载，以及减压起动的电动机负载，熔体的额定电流应按下式计算：

$$I_{FU} \geqslant I \tag{4-5}$$

式中 I_{FU}——熔体的额定电流；

I——电路的工作电流。

2）对于起动时间较短的电动机类负载，考虑到起动电流的影响，应按下式计算：

$$I_{FU} \geqslant (1.5 \sim 2.5) I_N \quad (4\text{-}6)$$

式中 I_N——电动机的额定电流。

3）由一个熔断器保护多台电动机时熔体额定电流应按下式计算：

$$I_{FU} \geqslant (1.5 \sim 2.5) I_{Nmax} + \sum I_N \quad (4\text{-}7)$$

式中 I_{Nmax}——被保护电动机中最大的额定电流；

$\sum I_N$——除 I_{Nmax} 外其余被保护电动机额定电流之和。

（3）熔断器的额定电流　必须等于（或大于）所装熔体的额定电流。

（4）熔断器的额定电压　应等于（或大于）熔断器安装处的电路额定电压。

（5）熔断器的分断能力　熔断器的分断能力是指熔断器能分断的最大短路电流值。熔断器的分断能力必须大于电路中可能出现的最大短路电流。

（6）熔断器上、下级的配合　为满足保护选择性的要求，应使上一级熔断器熔体的额定电流比下一级大 1 ~2 个级差。

6. 熔断器的使用

1）安装前检查熔断器的型号、各种参数等是否符合规定要求。

2）安装时熔断器与底座、触点的接触要良好，以免因接触不良造成熔断器误动作。

3）更换的熔断器，应与原熔断器型号、规格一致。

4）工业用熔断器的更换应由专职人员负责，更换时应先切断电源。

第六节　刀开关与低压断路器

一、刀开关

1. 刀开关的结构

刀开关由操作手柄、动触刀、静插座、底座等组成。

2. 刀开关的工作原理

手动合闸或分闸使动触刀与静插座接通或断开，即可接通或分断电路。

3. 刀开关的图形符号及文字符号

刀开关的图形符号及文字符号如图 4-22 所示。

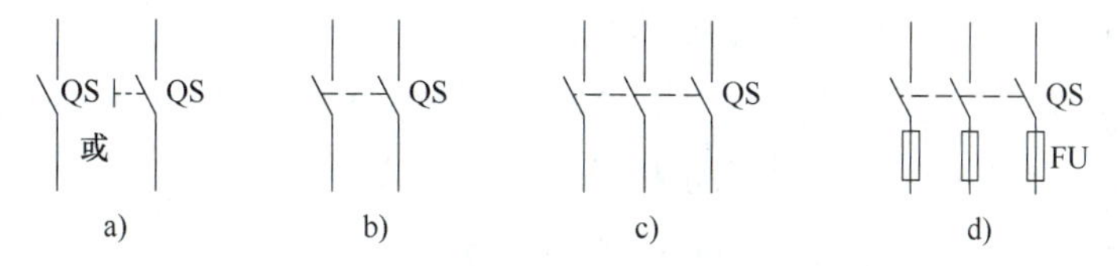

图 4-22　刀开关的图形符号及文字符号

a）单极　b）双极　c）三极　d）三极刀熔开关

4. 刀开关的型号含义

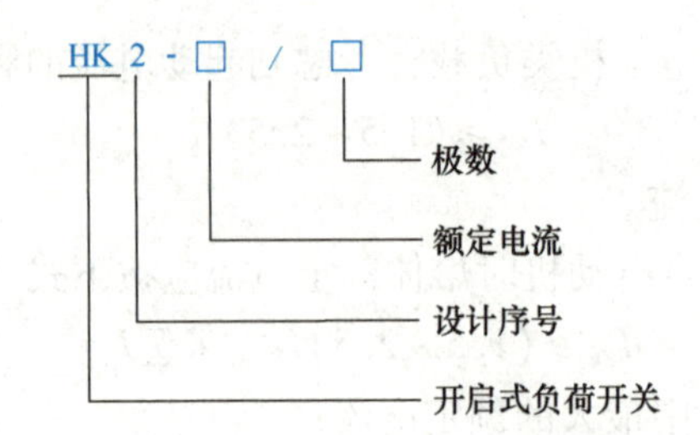

5. 刀开关的选用原则

1）根据使用场合，选择刀开关的类型、极数及操作方式。

2）刀开关的额定电压应大于或等于安装处的线路电压。

3）刀开关的额定电流应大于或等于电路工作电流。对于电动机负载，开启式刀开关的额定电流可按电动机额定电流的3倍选取；封闭式刀开关的额定电流可按电动机额定电流的1.5倍选取。

6. 刀开关的使用

开启式负荷开关在安装使用时应注意以下几点：

1）开启式负荷开关应垂直安装在控制屏或开关板上，处于分闸状态时手柄应向下，严禁倒装，以防分闸状态时手柄因自重落下误合闸而引发事故。

2）接线时，应将电源线接在上端，负载线接在下端，这样在分断后刀开关的动刀片与电源隔离，便于更换熔丝。

3）分、合闸动作应迅速，以使电弧尽快熄灭。

4）分、合闸时不可直接面对开关，以免发生危险。

铁壳开关在安装使用时应注意以下几点：

1）既不允许随意放在地上操作，也不允许直面开关操作，以免发生危险。

2）应按规定把开关垂直安装在一定高度处，铁壳可靠接地。

3）严禁在开关上方放置金属物体，以免发生短路事故。

二、低压断路器

低压断路器不仅能不频繁地接通和分断电路，还能对电路或电气设备发生的过载、短路、欠电压或失电压等进行保护。

低压断路器操作安全、使用方便、工作可靠、安装简单、分断能力高，广泛应用于低压配电线路中。

4-6 低压断路器

1. 低压断路器的结构

低压断路器主要由触点系统、操作机构和保护元件三部分组成，其结构示意图如图4-23所示。

2. 低压断路器的工作原理

1）接通电路时，按下接通按钮14，若线路电压正常，欠电压脱扣器 11 产生足够的吸力，克服拉力弹簧 9 的作用将衔铁 10 吸合，衔铁与杠杆脱离。这样，外力使锁扣 3 克服压力弹簧 16 的斥力，锁住搭钩 4，接通电路。

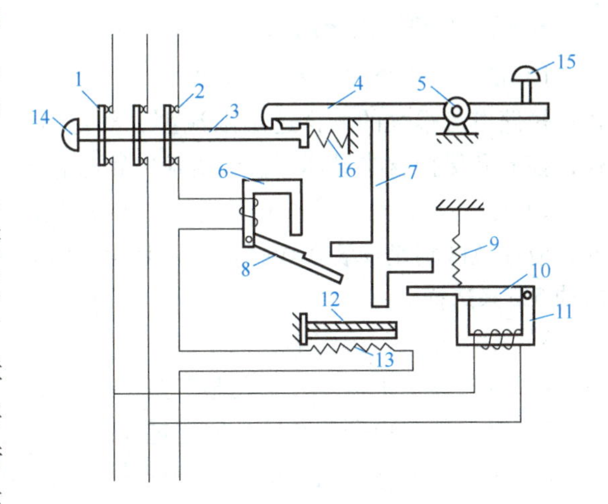

图 4-23　低压断路器原理图

1—动触点　2—静触点　3—锁扣　4—搭钩　5—转轴座　6—过电流脱扣器　7—杠杆　8、10—衔铁　9—拉力弹簧　11—欠电压脱扣器　12—双金属片　13—热元件　14、15—按钮　16—压力弹簧

2）分断电路时，按下分断按钮 15，搭钩 4 与锁扣 3 脱扣，锁扣 3 在压力弹簧 16 的作用下被推回，使动触点 1 与静触点 2 分断，断开电路。

3）当线路发生短路或严重过载故障时，超过过电流脱扣器整定值的故障电流将使过电流脱扣器 6 产生足够大的吸力，将衔铁 8 吸合并撞击杠杆 7，使搭钩 4 绕转轴座 5 向上转动与锁扣 3 脱开，锁扣在压力弹簧 16 的作用下，将主触点分断，切断电源。

4）当线路发生一般性过载时，过载电流虽不能使电磁脱扣器动作，但能使热元件 13 产生一定的热量，促使双金属片 12 受热向上弯曲，推动杠杆 7 使搭钩 4 与锁扣 3 脱开将主触点分断。

5）当线路电压降到某一数值或电压全部消失时，欠电压脱扣器 11 吸力减小或消失，衔铁 10 被拉力弹簧 9 拉回并撞击杠杆 7，将主触点分断，切断电源。

3. 低压断路器的图形符号及文字符号

低压断路器的图形符号及文字符号如图 4-24 所示。

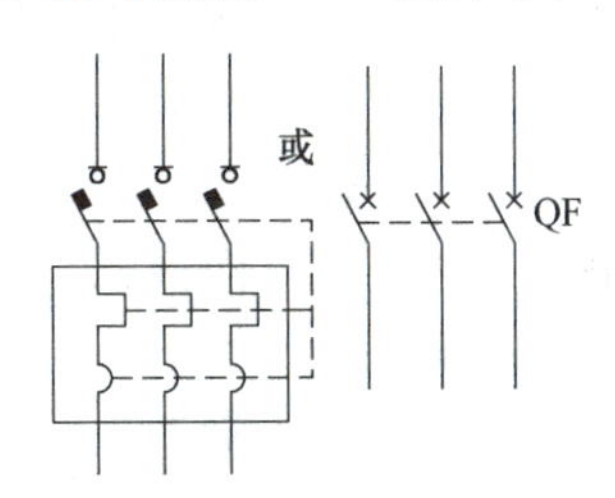

图 4-24　低压断路器图形符号及文字符号

4. 低压断路器的型号含义

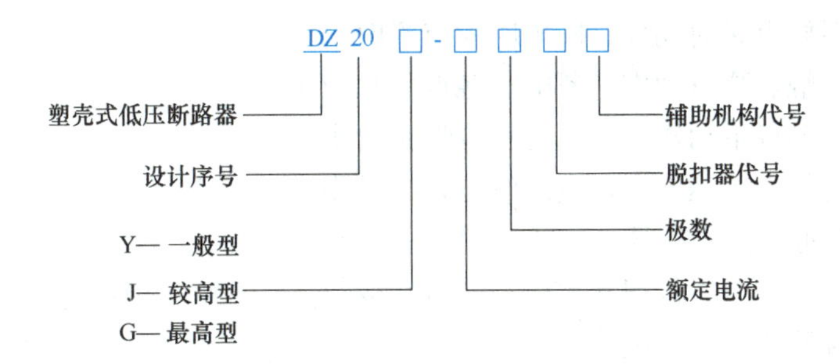

5. 低压断路器的选用原则

1）断路器的类型应根据电路的额定电流及保护的要求来选用。如一般场合选用塑壳式；短路电流很大的场合选用限流型；额定电流比较大或有选择性保护要求的场合选框架式；控制和保护含半导体器件的直流电路选直流快速断路器等。

2）断路器的额定工作电压应大于或等于线路或设备的额定工作电压。对于配电线路来说，应注意区别是安装在线路首端还是用于负载保护，按照线路首端电压比线路额定电压高出约5%来选择。

3）断路器额定工作电流大于或等于负载工作电流。

4）断路器过电流脱扣器的整定电流应大于或等于线路的最大负载电流。

5）断路器欠电压脱扣器的额定电压等于主电路额定电压。

6）断路器的额定通断能力大于或等于电路的最大短路电流。

6. 低压断路器的使用

使用低压断路器时一般应注意以下几点：

1）安装前先检查其脱扣器的整定电流、相关参数等是否满足要求。

2）应按规定垂直安装，连接导线要按规定截面选用。

3）操作机构在使用一定次数后，应添加润滑剂。

4）定期检查触点系统，保证触点接触良好。

思考与练习题

一、选择题

1. 低压电器一般是指交流额定电压（　　）及以下的电器。

A. 36V　　B. 220V　　C. 380V　　D. 1200V

2. 下列不属于触点的接触形式有（　　）。

A. 点接触　　B. 线接触　　C. 面接触　　D. 体接触

3. （　　）不是电磁机构主要构成部分。

A. 铁心　　B. 衔铁　　C. 触点　　D. 线圈

4. 停止按钮应优先选用（　　）。

A. 红色　　B. 白色　　C. 黑色　　D. 绿色

5. 通电延时时间继电器，它的动作情况是（　　）。

A. 线圈通电时触点延时动作，断电时触点瞬时动作

B. 线圈通电时触点瞬时动作，断电时触点延时动作

C. 线圈通电时触点不动作，断电时触点瞬时动作

D. 线圈通电时触点不动作，断电时触点延时动作

6. （　　）不属于主令电器。

A. 控制按钮　　B. 行程开关　　C. 熔断器　　D. 急停按钮

7. 行程开关属于（　　）电器。

A. 主令　　B. 开关　　C. 保护　　D. 控制

8. （　　）是交流接触器发热的主要部件。

A. 线圈　　B. 铁心　　C. 触点　　D. 衔铁

9. 接触器的自锁触点是一对（　　）。

A. 常开辅助触点　　B. 常闭辅助触点　　C. 主触点　　D. 常闭触点

10. 用于频繁地接通和分断交流主电路和大容量控制电路的低压电器是（　　）。

A. 按钮　　B. 交流接触器　　C. 主令控制器　　D. 断路器

11. 热继电器是对电动机进行（　　）保护的电器。

A. 过电流　　B. 短路　　C. 过载　　D. 过电压

12. 电压继电器的线圈与电流继电器的线圈相比，具有的特点是（　　）。

A. 电压继电器的线圈与被测电路串联

B. 电压继电器的线圈匝数多、导线细、电阻大

C. 电压继电器的线圈匝数少、导线粗、电阻小

D. 电压继电器的线圈工作时无电流

13. 熔断器在电路中的作用是（　　）。

A. 普通的过载保护　　B. 短路保护和严重过载保护

C. 欠电压、失电压保护　　D. 过电流保护

14. 以下电器中不能用于切断故障电流的是（　　）。

A. 刀开关　　B. 熔断器　　C. 断路器　　D. 继电器

15. 低压断路器的热脱扣器的作用是（　　）。

A. 短路保护　　B. 过载保护　　C. 漏电保护　　D. 断相保护

二、简答题

1. 接触器常见故障有哪些？试分析出现这些故障的可能原因。
2. 电磁式中间继电器与接触器的区别是什么？
3. 刀开关的使用注意事项有哪些？
4. 热继电器能否作为电动机的短路保护器件？
5. 低压断路器可以起到哪些保护作用？

第五章

电动机典型控制电路

素养提升

某机械厂车间内，两名员工为了赶一批急着要交货的产品而进行加班，作业过程中，在铣床上加工零件的操作人员突然触电晕倒，在一旁给零件锉毛刺的另一名操作人员也同时因地面积水导电而被电击晕倒，待其苏醒后发现铣床操作人员已无任何反应，经送医院抢救确认已经死亡。现场检查发现：由于铣床安装时未进行固定，在日常使用中，设备的振动造成基础移位，铣床的动力电线过短，且未采取电击防护的基本措施，使动力电线不断地与机器外壳摩擦而造成破裂、漏电。

安全用电、安全生产必须警钟长鸣、常抓不懈，丝毫放松不得，否则就会给国家和人民带来不可挽回的损失，因此同学们要在学习中就开始树立安全意识，责任意识。

第一节　三相异步电动机单向直接起动电路

一、电气控制系统图的基本知识

1. 图形、文字符号

（1）图形符号　图形符号通常用于图样或其他文件，用以表示一个设备或概念的图形、标记或字符。电气控制系统图中的图形符号必须按国家标准绘制。

5-1　电动机的典型控制电路

（2）文字符号　文字符号分为基本文字符号和辅助文字符号。文字符号适用于电气技术领域中技术文件的编制，也可表示在电气设备、装置和元件上或其近旁以标明它们的名称、功能、状态和特征。

（3）主电路各接点标记　三相交流电源引入线采用 L1、L2、L3 标记。电源开关之后的三相交流电源主电路分别按 U、V、W 顺序标记。分级三相交流电源主电路采用三相文字代号 U、V、W 的前边加上阿拉伯数字 1、2、3 等来标记，如 1U、1V、1W，2U、2V、2W 等。

2. 绘图原则

电气控制系统图包括电气原理图、电气安装图（电器安装图、互连图）和框图等。各种图的图纸尺寸一般选用 297mm × 210mm、297mm × 420mm、297mm × 630mm、297mm × 840mm 四种幅面，特殊需要可按 GB/T 14689—2008《技术制图 图纸幅面和格式》选用其他尺寸。

电气控制系统图（简称电气图）最常用的有电气原理图、电器元件布置图和电气安装接线图。下面对这三种电气图进行简单介绍。

（1）电气原理图　电气原理图又称为电路图，是根据电路工作原理绘制的，其作用是便于详细了解控制系统的工作原理，指导系统或设备的安装、调试与维修。

下面以图 5-1 为例介绍电气原理图的绘制原则。

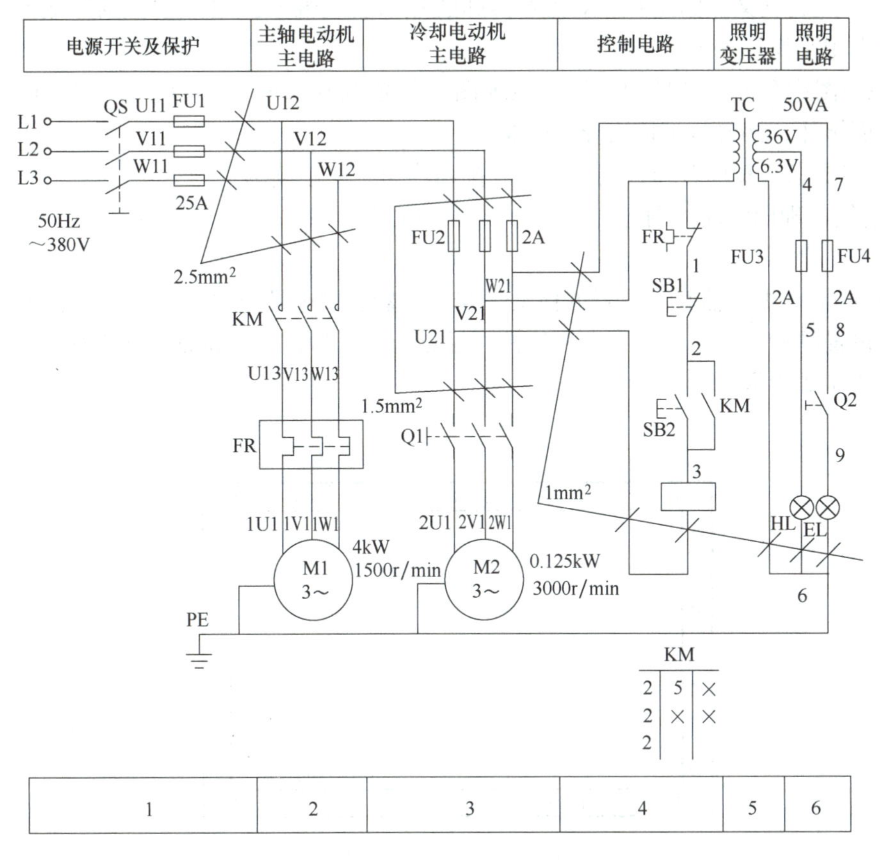

图 5-1　CW6132 型车床控制系统电气原理图

1）绘制电路图的原则。

① 电气原理图的组成。电气原理图可分为主电路和辅助电路。主电路是从电源到电动机或线路末端的电路，是强电流通过的电路，其内有刀开关、熔断器、接触器主触点热继电器和电动机等。辅助电路包括控制电路、照明电路、信号电路及保护电路等，是小电流通过的电路。绘制电路图时，主电路用粗线条绘制在原理图的左侧或上方，辅助电路用细线条绘制在原理图的右侧或下方。

② 电气原理图中电器元件图形符号、文字符号及标号必须采用现行国家标准。

③ 电源线的画法。原理图中直流电源用水平线画出，正极在上，负极在下；三相交流电源线水平画在上方，相序从上到下依次为 L1、L2、L3、中性线（N 线）和保护地线（PE

线）。主电路用垂直电源线画出，控制电路和信号电路垂直画在两条水平电源线之间。

④ 元器件的画法。元器件均不画元件外形，只画出带电部件，且同一电器上的带电部件可不画在一起，而是按电路中的连接关系画出，但必须用国家标准规定的图形符号画出，且要用同一文字符号标明。

⑤ 电器原理图中触点的画法。原理图中各元件触点状态均按没有外力或未通电时触点的原始状态画出。当触点的图形符号垂直放置时，以“左开右闭”原则绘制；当触点的图形符号水平放置时，以“上闭下开”的原则绘制。

⑥ 原理图的布局。同一功能的元件要集中在一起且按动作先后顺序排列。

⑦ 连接点、交叉点的绘制。对需要拆卸的外部引线端子，用“空心圆”表示；交叉连接的交叉点用小黑点表示。

⑧ 原理图中数据和型号的标注。原理图中的数据和型号用小写字体标注在符号附近，导线用截面标注，必要时可标出导线的颜色。

⑨ 绘制要求。布局合理、层次分明、排列均匀、便于读图。

2）电气原理图图面的划分。每个分区内竖边用大写字母编号，横边用数字编号。编号的顺序应从左上角开始。

3）接触器、继电器触点位置的检索。在接触器、继电器电磁线圈的下方注有相应触点所在图中位置的检索代号，其中左栏位常开触点所在区号，右栏位常闭触点所在区号。分区的式样如图 5-2 所示。

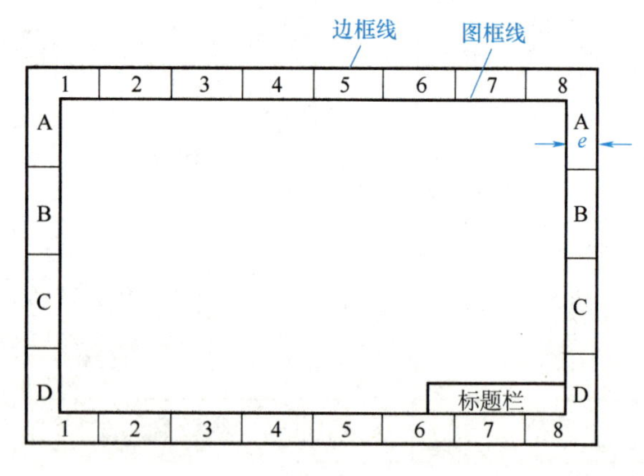

图 5-2 图幅分区示意图

在具体使用时，对垂直布置的电路，一般只需标明列的标记。例如在图 5-1 的下部，只标明了列的标记。图区左侧第“1”列上部对应的“电源开关及保护”字样，表明对应区域元件或电路的功能，使读者能清楚地知道某个元件或某部分电路的功能，以利于理解整个电路的工作原理。分区以后，相当于在图上建立了一个二维坐标系，元件的相关触点位置可以很方便地找到。

元件触点位置的索引采用“图号/页次/图区号（行列号）”组合表示，如“图 1234/56/B2”当某图号仅有一页图时，可省去页次，只写图号和图区号；在只有一个图号时，可省去图号，只写页次和图区号；当元件的相关触点只出现在一张图样上时，只标出图区号。

在电气原理图中，接触器和继电器触点的位置应用附图表示。即在电气原理图相应线圈的下方，给出线圈的文字符号，并在其下面注明相应触点的图区号，对未使用的触点用“×”标注，也可以不予标注，如图 5-1 所示。

图中接触器各栏的含义为

KM

左栏	中栏	右栏
主触点所在图区号	辅助动合触点所在图区号	辅助动断触点所在图区号

图中继电器各栏的含义为

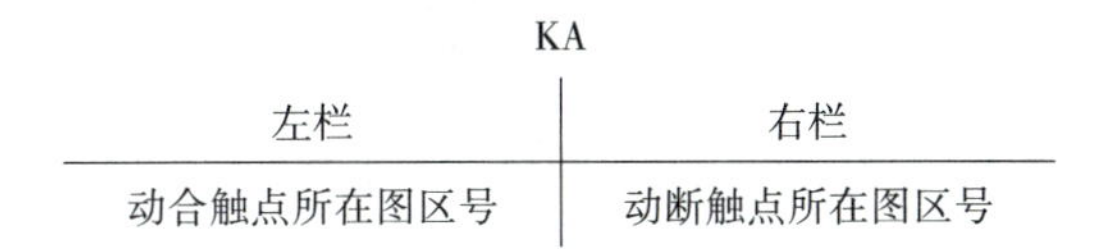

KA

左栏	右栏
动合触点所在图区号	动断触点所在图区号

（2）电器元件布置图　电器元件布置图主要用来表明电气控制设备中所有电器元件的实际位置，为电气控制设备的安装及维修提供必要的资料。各电器元件的安装位置是由控制设备的结构和工作要求决定的。例如，电动机要和被拖动的机械部件在一起，行程开关应放在需要取得动作信号的地方，操作元件要放在操作方便的地方，一般电器元件应放在控制柜内。

图 5-3 所示为某车床的电器元件布置图。

电器元件布置图绘制时注意以下几方面。

1）体积大和较重的元件应安装在下方，发热元件安装在上方。

2）强、弱电之间要分开，弱电部分要加屏蔽。

3）需要经常调整、检修的元件安装高度要适中。

4）元件的布置要整齐、对称、美观。

5）元件布置不要过密，以利于布线和维修。

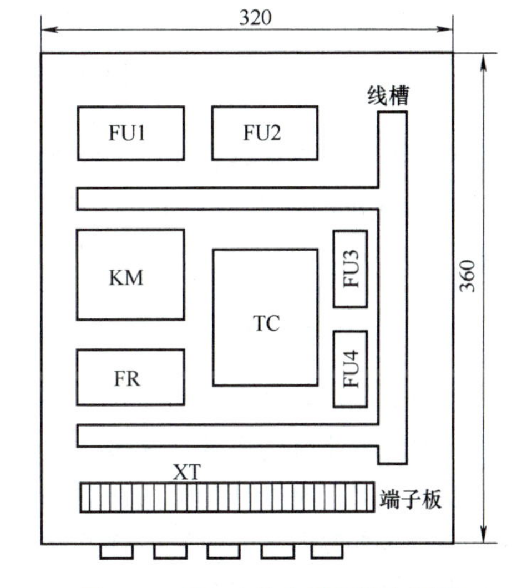

图 5-3　某车床的电器元件布置图

（3）电气安装接线图　电气安装接线图是表明电气设备之间实际接线情况的图，主要用于安装接线、线路检查、线路维修和故障处理。图 5-4 所示为某机床的电气安装接线图。

电气安装接线图使用规定的图形符号按电器元件的实际位置和实际接线来绘制的，用于电气设备和电器元件的安装、配线或检修。

电气安装接线图的绘制规则如下。

1）元件的图形、文字符号应与电气原理图标注完全一致。同一元件的各个部件必须画在一起，并用细点画线框起来。各元件的位置应与实际位置一致。

2）各元件上凡需接线的部件端子都应绘出，控制板内外元件的电气连接一般要通过端

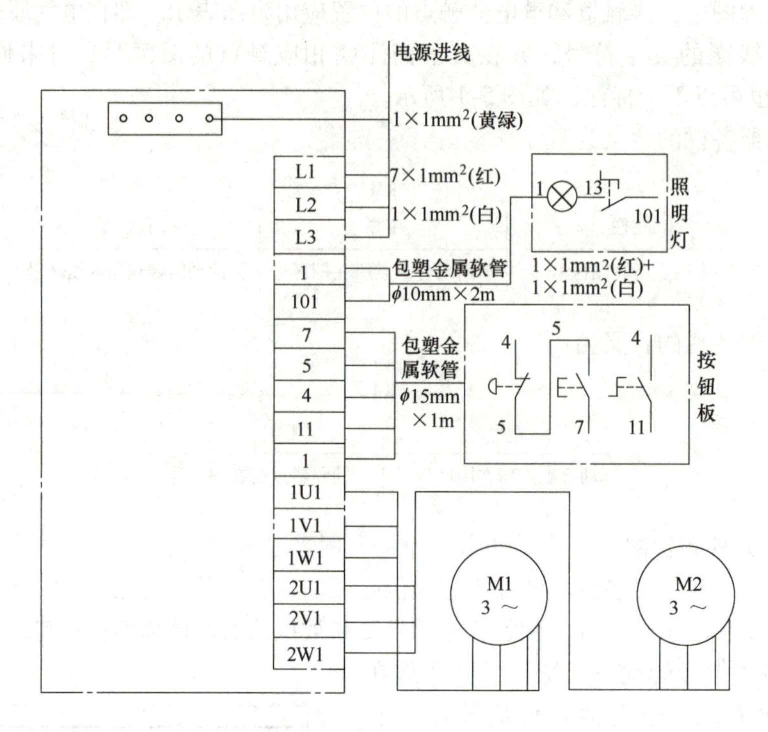

图 5-4　某机床的电气安装接线图

子排进行，各端子的标号必须与电气原理图上的标号一致。

3）走向相同的多根导线可用单线或线束表示。

4）接线图中应标明连接导线的规格、型号、根数、颜色和穿线管的尺寸等。

二、三相异步电动机单向直接起动控制

电动机的起动就是把电动机与电源接通，使电动机由静止状态逐渐加速到稳定运行状态的过程。笼型异步电动机有直接起动和减压起动两种起动方式。

直接起动（又称全压起动），是指将额定电压直接、全部加到电动机定子绕组上的起动方式。虽然这种起动方式的起动电流较大（为额定电流的 5 ~ 7 倍），会使电网电压降低而影响附近其他电气设备的稳定运行，但因其电路简单、起动力矩大、起动时间短，所以应用仍然十分广泛。

电动机只需满足下述三个条件中的一个，就可以直接起动。

1）电动机额定容量不高于 7.5kW。

2）电动机额定容量不高于专用电源变压器容量的 20%。

3）满足经验公式

$$I_{st}/I_N \leqslant 3/4 + S/(4P_N) \tag{5-1}$$

式中　I_{st}——电动机起动电流（A）；

I_N——电动机额定电流（A）；

S——电源容量（kV · A）；

P_N——电动机额定功率（kW）。

三相异步电动机单向直接起动既可采用刀开关、低压断路器手动控制，也可采用接触器控制。

（1）刀开关控制　刀开关适用于控制容量较小（如小型台钻、砂轮机、冷却泵的电动机等）、操作不频繁的电动机。刀开关控制三相异步电动机单向直接起动电路如图 5-5a 所示。

① 工作原理。合上刀开关 QS，电动机直接起动；断开刀开关 QS，电动机断电。

② 保护。短路保护由熔断器 FU 实现。

（2）低压断路器控制　低压断路器适用于控制容量较大、操作不频繁的电动机。低压断路器控制三相异步电动机单向直接起动电路如图 5-5b 所示。

① 工作原理。合上低压断路器 QF，电动机直接起动；断开低压断路器 QF，电动机断电。

② 保护。短路保护、过载保护、欠电压保护、失电压保护均由低压断路器 QF 实现。

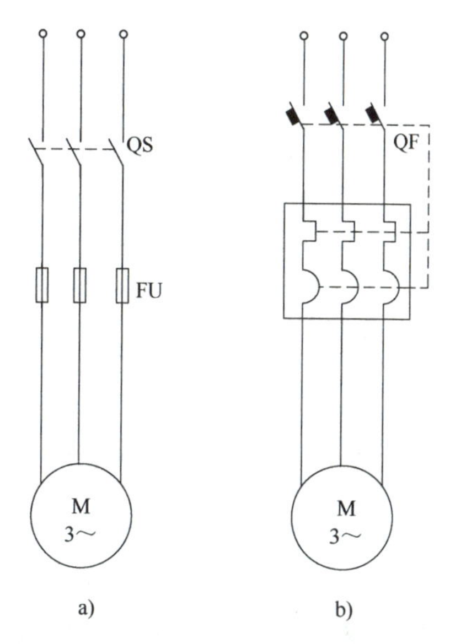

图 5-5　刀开关、低压断路器控制的电动机单向直接起动电路
a）单向直接起动电路　b）低压断路器控制

（3）接触器控制　接触器适用于远距离控制容量较大、操作频繁的电动机。根据控制要求的不同，其控制方式有点动控制、长动控制、点动与长动混合控制三种。

1）点动控制。有些生产机械要求短时工作（如车床刀架的快速移动、钻床摇臂的升降、电动葫芦的升降和移动等），为操作方便，通常采用图 5-6所示的电路进行控制。

① 工作原理。

起动：按下起动按钮 SB→接触器 KM 线圈通电→KM 主触点闭合→电动机 M 通电起动。

停止：松开起动按钮 SB→接触器 KM 线圈断电→KM 主触点断开→电动机 M 断电。

这种按下起动按钮电动机起动、松开起动按钮电动机停止的控制，称为点动控制。

5-2　三相异步电动机点动控制

② 保护。短路保护由熔断器 FU 实现；欠电压保护、失电压保护由接触器 KM 实现。

由于点动控制的电动机工作时间较短，热继电器来不及对过载电流做出反应，因此没有必要设置过载保护。

2）长动控制。生产实际中，大部分生产机械（如机床的主轴、水泵等）要求能长期连续运转，为满足控制要求，通常采用图 5-7 所示的电路进行控制。

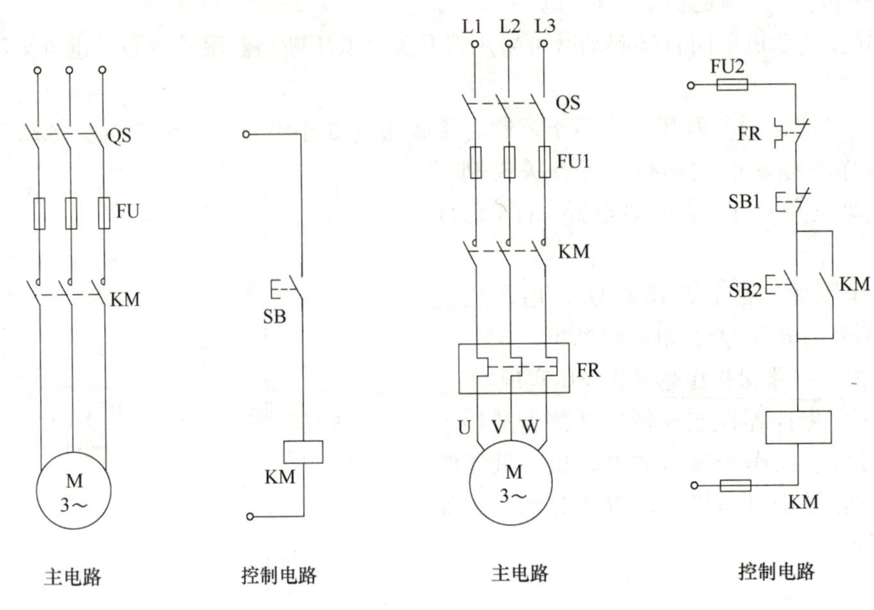

图 5-6　点动控制原理图

图 5-7　长动控制原理图

5-3　三相异步电动机连续运行控制

① 工作原理。

起动：按下起动按钮 SB2→接触器 KM 线圈通电→KM 所有触点全部动作。

KM 主触点闭合→电动机 M 通电起动。

KM 常开辅助触点闭合→保持 KM 线圈通电→松开 SB2。

显然，松开 SB2 前，KM 线圈由两条线路供电：一条线路经由已经闭合的 SB2，另一条线路经由已经闭合的 KM 常开辅助触点。这样，当松开 SB2 后，KM 线圈仍可通过其已经闭合的常开辅助触点继续通电，其主触点仍然闭合，电动机仍然通电。

停止：按下停止按钮 SB1→KM 线圈断电→KM 所有触点全部复位。

KM 主触点断开→电动机 M 断电。

KM 常开辅助触点断开→断开了 KM 线圈通电路径。

显然，松开 SB1 后，虽然 SB1 在复位弹簧的作用下恢复闭合状态，但此时 KM 线圈通电回路已断开，只有再次按下 SB2，电动机才能重新通电起动。

这种按下再松开起动按钮后电动机能长期连续运转、按下停止按钮后电动机才停止的控制，称为长动控制；这种依靠接触器自身辅助触点保持其线圈通电的现象，称为自锁或自保持；这个起自锁作用的辅助触点，称为自锁触点。

② 保护。主电路和控制电路的短路保护分别由熔断器 FU1、FU2 实现。过载保护由热继电器 FR 实现。当电动机出现过载时，主电路中的 FR 双金属片因过热变形，致使控制电路中的 FR 常闭触点断开，切断 KM 线圈回路，电动机停转。欠、失电压保护由接触器 KM 实现。当电源电压由于某种原因降低或失去时，接触器电磁吸力急剧下降或消失，衔铁释放，KM 的触点复位，电动机停转。而当电源电压恢复正常时，只有再次按下起动按钮 SB2，

电动机才会起动，防止了断电后突然来电使电动机自行起动，造成人身或设备安全事故的发生。

3）点动与长动混合控制。在实际应用中，有些生产机械常常要求既能点动、又能长动，长动控制与点动控制的区别是自锁触点是否接入。这种控制的主电路与图 5-7 相同，控制电路如图 5-8 所示。

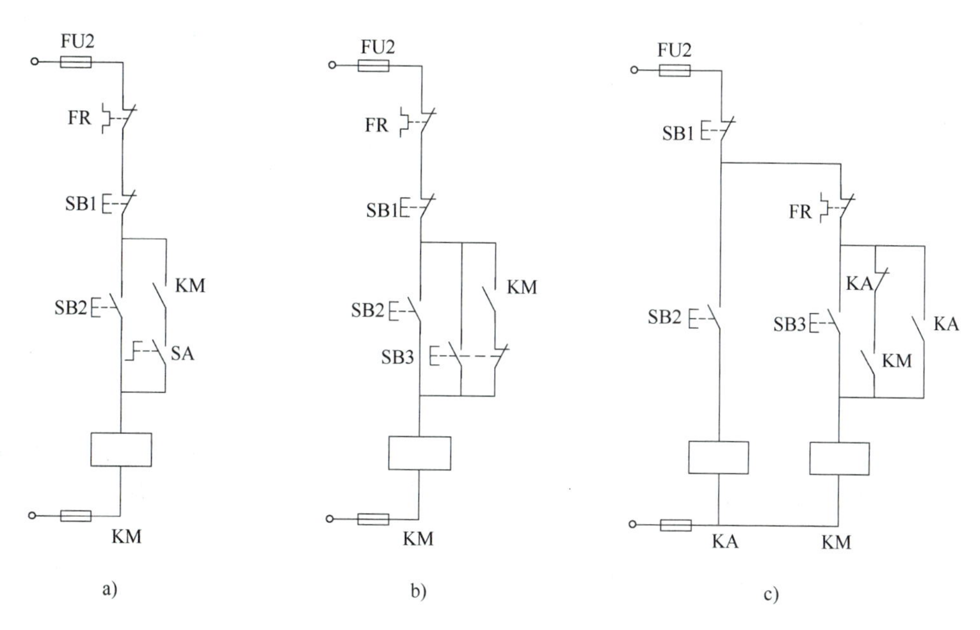

图 5-8 点动与长动混合控制电路

① 带转换开关 SA 的点动与长动混合控制电路，如图 5-8a 所示。

点动：需要点动时将 SA 断开。

长动：需要长动时将 SA 合上。

② 由两个起动按钮控制的点动与长动混合控制电路，如图 5-8b 所示。

点动：由复合按钮 SB3 实现点动控制。

长动：由 SB2 实现长动控制。

③ 利用中间继电器 KA 实现的点动与长动混合控制电路，如图 5-8c 所示。

点动：由 SB2 实现点动控制。

长动：由 SB3 实现长动控制。

上述混合控制电路的工作原理请读者自行分析。

三、多地控制

能在多个地方控制同一台电动机的起动和停止的控制方式，称为电动机的多地控制，其中最常用的是两地控制。

图 5-9 所示为三相笼型异步电动机单方向旋转的两地控制线路。其中 SB1、SB3 为安装在甲地的停止按钮和起动按钮，SB2、SB4 为安装在乙地的停止按钮和起动按钮，线路工作原理如下：

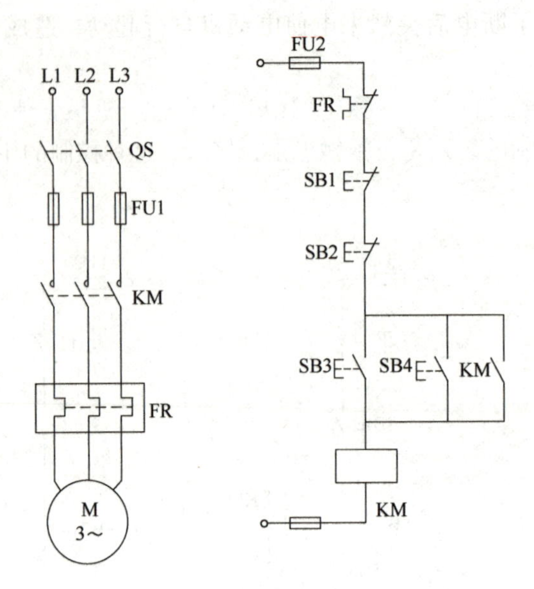

图 5-9　单方向旋转的两地控制线路

起动按钮 SB3、SB4 是并联的，按下任一起动按钮，接触器线圈都能通电并自锁，电动机通电旋转；停止按钮 SB1、SB2 是串联的，按下任一停止按钮后，都能使接触器线圈断电，电动机停转。

可见，将所有的起动按钮全部并联在自锁触点两端、所有的停止按钮全部串联在接触器线圈回路，就能实现多地控制。

四、顺序控制

在多台电动机拖动的电气设备中，要求电动机有顺序地起动和停止的控制，称为顺序控制，图 5-10 所示为顺序起动、逆序停止控制线路。

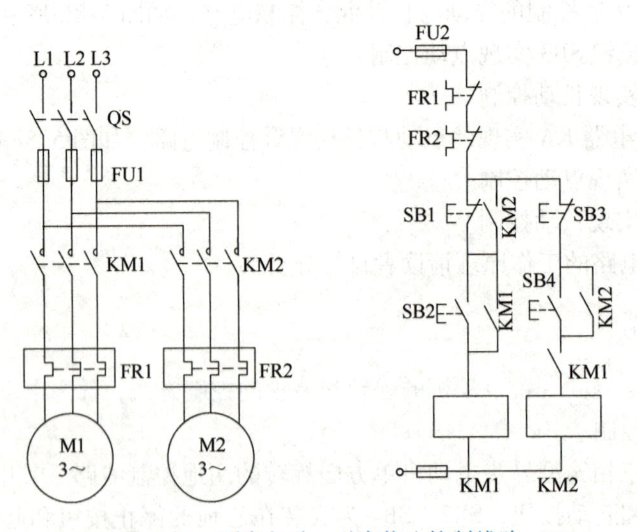

图 5-10　顺序起动、逆序停止控制线路

（1）顺序起动　在接触器 KM2 线圈回路中串接了接触器 KM1 的动合辅助触点，只有 KM1 线圈得电，KM1 动合辅助触点闭合后，按下 SB4，KM2 线圈才能得电，从而保证了“M1 起动后，M2 才能起动”的顺序起动控制要求。

（2）逆序停止　在 SB1 的两端并联了接触器 KM2 的动合辅助触点，只有 KM2 线圈断电，KM2 的动合辅助触点断开，按下 SB1，KM1 线圈才能断电，实现了“M2 停止后，M1 才能停止”的逆序停止控制要求。

可见，若要求甲接触器工作后才允许乙接触器工作，应在乙接触器线圈电路中串入甲接触器的动合触点；若要求乙接触器线圈断电后才允许甲接触器线圈断电，应将乙接触器的动合触点并联在甲接触器的停止按钮两端。

五、三相异步电动机单向起动实训

1. 工具准备

万用表以及螺钉旋具（一字、十字）、剥线钳、尖嘴钳、钢丝钳等常用接线工具。

2. 实施步骤

1）确定控制方案。根据本任务的任务描述和控制要求，宜选择接触器长动控制方式。

2）绘制原理图、标注节点号码，并说明工作原理和具有的保护，如图 5-11 所示。

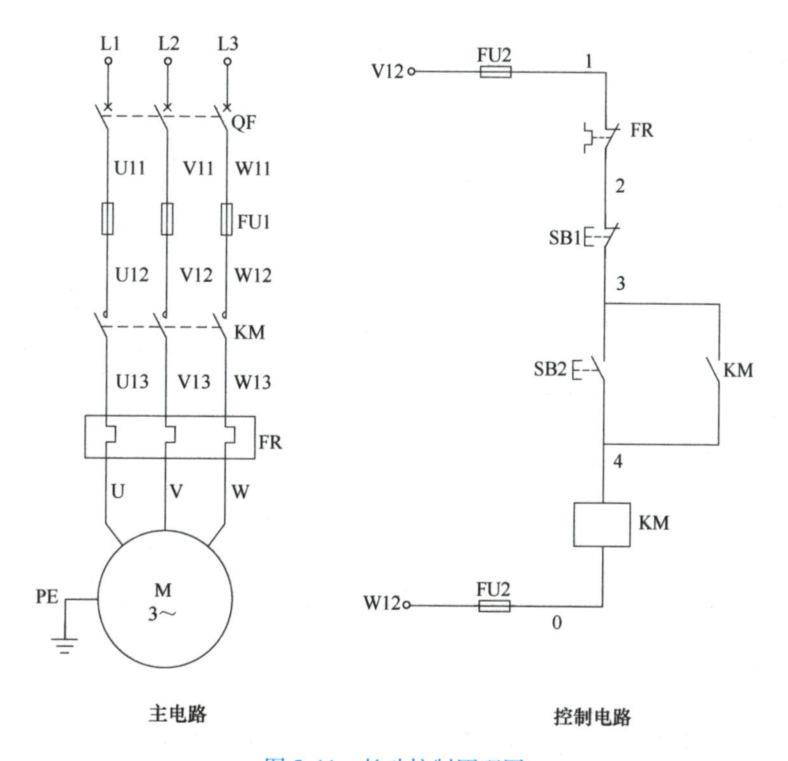

图 5-11　长动控制原理图

3）绘制元器件布置图、安装接线图，如图 5-12 所示。

4）选择元器件、导线。根据低压断路器、熔断器、交流接触器、热继电器、复合按钮、端子排、导线的选择原则，结合本任务具体参数（线路额定电压为 AC 380V、电动机额

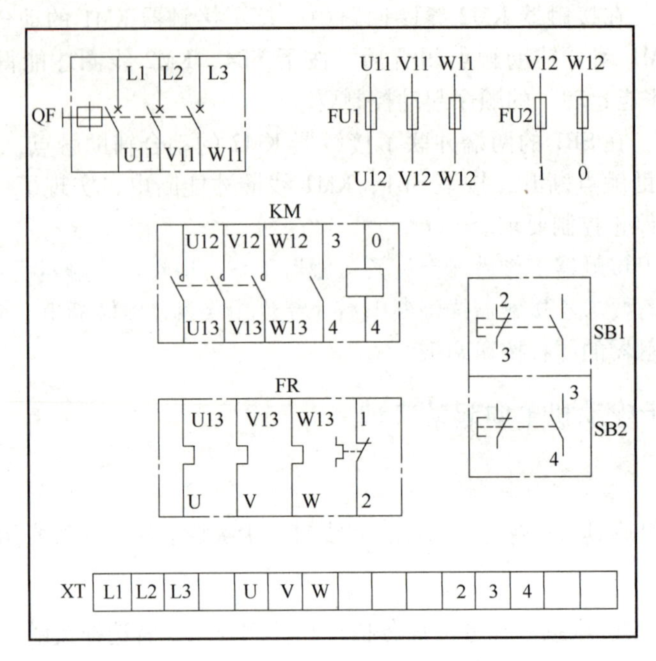

图 5-12　三相笼型异步电动机单向直接起动（长动）控制元件布置图、接线图

定电流为 15.4A)，选择本任务所需元器件、导线的型号和数量，参见表 5-1。

表 5-1　器材参考表

序号	名称	型号	主要技术数据	数量
1	低压断路器	DZ5-50/300	塑壳式，AC 380V，50A，3 极，无脱扣器	1
2	熔断器（主电路）	RL1-60/40	螺旋式，AC 380V/400V，熔管 60A，熔体 40A	3
3	熔断器（控制电路）	RL1-15/2	螺旋式，AC 380V/400V，熔管 15A，熔体 2A	2
4	交流接触器	CJ20-25	AC 380V，主触点额定电流 25A	1
5	热继电器	JR20-25	热元件号 2T，整定电流范围 11.6～14.3～17A	1
6	复合按钮	LA4-2H	具有 2 对常开、2 对常闭触点，额定电流 5A	1
7	端子排（主电路）	JX3-25	额定电流 25A	10
8	端子排（控制电路）	JX3-5	额定电流 5A	6
9	导线（主电路）	BVR-6	聚氯乙烯绝缘铜芯软线，$6mm^2$	若干
10	导线（控制电路）	BVR-1.5	聚氯乙烯绝缘铜芯软线，$1.5mm^2$	若干

5）检查元器件。

① 用万用表或目视检查元件数量、质量。

② 测量接触器线圈阻抗，为检测控制电路接线是否正确做准备。

6）根据元器件布置图固定控制设备，根据安装接线图完成接线。

接线注意事项如下。

① 接线前断开电源。

② 初学者应按主电路、控制电路的先后顺序，由上至下、由左至右依次连接。

接线工艺要求如下。

① 布线通道尽可能少、导线长度尽可能短、导线数量尽可能少。

② 同路并行导线按主电路、控制电路分类集中，单层密排，紧贴安装面布线。

③ 同一平面的导线应高低一致或前后一致，走线合理，不能交叉或架空。

④ 对螺栓式接点，导线按顺时针方向弯圈；对压片式接点，导线可直接插入压紧；不能压绝缘层，也不能露铜过长。

⑤ 布线应横平竖直，分布均匀，变换走向时应垂直。

⑥ 严禁损坏导线绝缘和线芯。

⑦一个接线端子上的连接导线不宜多于两根。

⑧ 进出线应合理汇集在端子排上。

7）检查测量。

① 电源电压。用万用表测量电源电压是否正常。

② 主电路。断开电源进线开关 QF，用手动按下接触器衔铁代替接触器通电吸合，检查测量主电路连接是否正确、是否有短路、开路点。

③ 控制电路。用万用表检测控制电路时，必须取下控制回路熔断器 FU2，选用能准确显示线圈阻值的电阻档并校零，以防止无法测量或短路事故的发生。断开电源进线开关 QF，万用表表笔搭接在 FU2 的 0、1 端，读数应为∞；按下起动按钮 SB2，或者手动按下 KM 的衔铁，读数均应为已测出的线圈阻值；在按下起动按钮 SB2，或者手动按下 KM 衔铁的同时，按下停止按钮 SB1，或者断开热继电器 FR 的常闭触点，读数均应为∞。

8）通电试车。安上控制回路熔断器 FU2，合上电源进线开关 QF，按下起动按钮接触器应动作并能自保持，电动机通电旋转；按下停止按钮接触器应复位，电动机断电惯性停止。若电动机旋转方向与工艺要求需要相反，可改变三相电源中任意两相电源的相序。

第二节　三相异步电动机正反转控制电路

在实际应用中，往往要求生产机械改变运动方向，如工作台前进、后退；机床主轴的正向、反向运动；电梯的上升、下降等，这就要求电动机能实现正、反转运行。

从电动机原理得知，改变三相异步电动机定子绕组的电源相序，就可以改变电动机的旋转方向。在实际应用中，经常通过两个接触器改变电源相序的方法来实现电动机正、反转控制，如图 5-13 所示。

一、没有互锁的正反转控制

5-4　三相异步电动机正反转控制

图 5-13b 所示为接触器实现的电动机正、反转控制电路，其工作原理如下。

（1）正向起动　按下正转起动按钮 SB2→正向接触器 KM1 线圈通电→KM1 所有触点动作。

KM1 主触点闭合→电动机 M 正向起动。

KM1 常开辅助触点闭合→自锁。

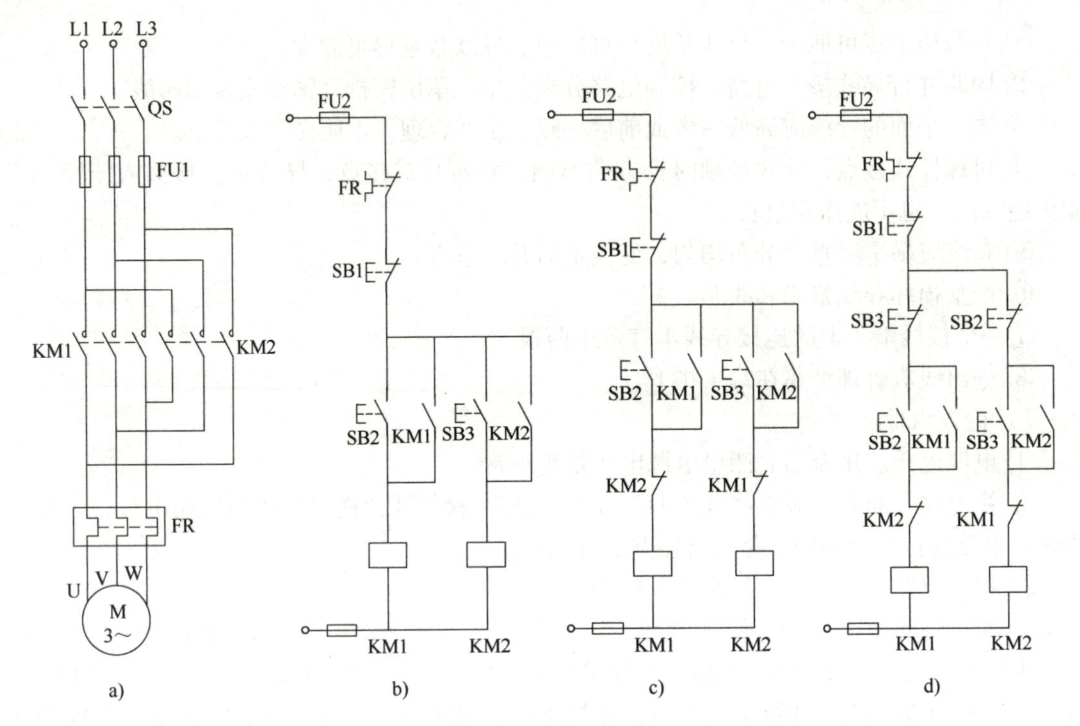

图 5-13　正、反转控制电路

（2）停止　按下停止按钮 SB1→KM1 线圈断电→KM1 所有触点复位。

KM1 主触点断开→M 断电。

KM1 常开辅助触点断开→解除自锁。

（3）反向起动　按下反转起动按钮 SB3→反向接触器 KM2 线圈通电→KM2 所有触点动作。

KM2 主触点闭合→M 反向起动。

KM2 常开辅助触点闭合→自锁。

该控电线路虽然可以完成正、反转的控制任务，但有一个缺点：若在按下 SB2 后又误按下 SB3，则 KM1、KM2 均得电，这将造成 L1、L3 两相短路，所以实际应用中这个电路是不存在的。

二、电气互锁的正反转控制

为了避免误操作引起电源短路事故，必须保证图 5-13b 中的两个接触器不能同时工作。图 5-13c 成功地解决了这个问题：在正向、反向两个接触器线圈回路中互串一个对方的常闭触点即可。其工作原理如下：

（1）正向起动　按下正转起动按钮 SB2→正向接触器 KM1 线圈通电→KM1 所有触点动作。

KM1 主触点闭合→电动机 M 正向起动。

KM1 常开辅助触点闭合→自锁。

KM1 常闭辅助触点断开→断开了反向接触器 KM2 线圈通电路径。

（2）停止　按下停止按钮 SB1→KM1 线圈断电→KM1 所有触点复位。

KM1 主触点断开→M 断电。

KM1 常开辅助触点断开→解除自锁。

KM1 常闭辅助触点闭合→为 KM2 线圈通电做准备。

（3）反向起动　按下反转起动按钮 SB3→反向接触器 KM2 线圈通电→KM2 所有触点动作。

KM2 主触点闭合→M 反向起动。

KM2 常开辅助触点闭合→自锁。

KM2 常闭辅助触点断开→断开了 KM1 线圈通电路径。

这种在同一时间里两个接触器只允许一个工作的控制，称为互锁（或联锁）；这种利用接触器常闭辅助触点实现的互锁，称为电气互锁。

该控制线路虽然能够避免因误操作而引起电源短路事故，但也有不足之处，即只能实现电动机的“正转—停止—反转—停止”控制，无法实现“正转—反转”的直接控制，这给某些操作带来了不便。

三、双重互锁正、反转控制

为了解决图 5-13c 中电动机不能从一个转向直接过渡到另一个转向的问题，在生产实际中常采用图 5-13d 所示的双重互锁正、反转控制电路。

（1）工作原理

1）正向起动。按下正转起动按钮 SB2。

SB2 常闭触点断开→断开了反向接触器 KM2 线圈通电路径。

SB2 常开触点闭合→正向接触器 KM1 线圈通电→KM1 所有触点动作。

KM1 主触点闭合→电动机 M 正向起动。

KM1 常开辅助触点闭合→自锁。

KM1 常闭辅助触点断开→电气互锁。

2）反向起动。按下反转起动按钮 SB3。

SB3 常闭触点断开→KM1 线圈断电→KM1 所有触点复位。

KM1 主触点断开→M 断电。

KM1 常开辅助触点断开→解除自锁。

KM1 常闭辅助触点闭合→解除互锁。

SB3 常开触点闭合→反向接触器 KM2 线圈通电→KM2 所有触点动作。

KM2 主触点闭合→M 反向起动。

KM2 常开辅助触点闭合→自锁。

KM2 常闭辅助触点断开→电气互锁。

3）停止。按下停止按钮 SB1→KM1（或 KM2）线圈断电→KM1（或 KM2）所有触点复位→M 断电。

该控制由于既有“电气互锁”，又有由复式按钮的常闭触点组成的“机械互锁”，故称为“双重互锁”。

（2）保护

1）主电路和控制电路的短路保护分别由熔断器 FU1、FU2 实现。

2）过载保护由热继电器 FR 实现。

3）欠、失电压保护由接触器 KM1、KM2 实现。

4）双重互锁保护由复合按钮 SB1、SB2 的常闭触点和接触器 KM1、KM2 的常闭辅助触点实现。

5-5 工作台自动往复运动控制

四、工作台自动往复运动控制

（1）结构组成 图 5-14 所示为机床工作台自动往复运动示意图。将行程开关 SQ1 安装在右端需要进行反向运行的位置 *A* 上、行程开关 SQ2 安装在左端需要进行反向运行的位置 *B* 上、撞块安装在由电动机拖动的工作台等运动部件上，极限位置保护行程开关 SQ3、SQ4 分别安装在行程开关 SQ1、SQ2 后面。

（2）工作原理 图 5-15 所示为自动往复循环控制电路，电路工作原理如下：

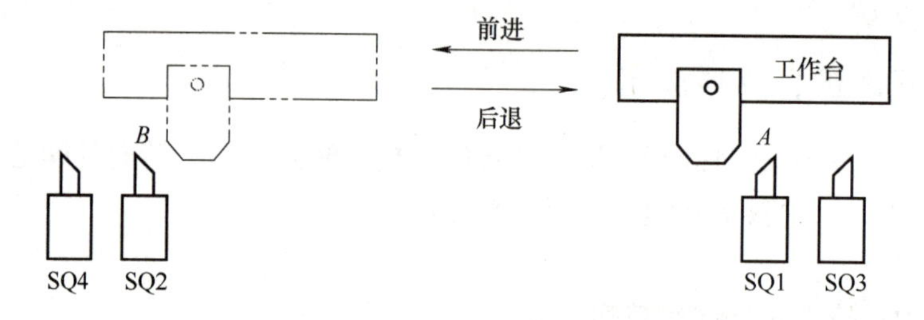

图 5-14 机床工作台自动往复运动示意图

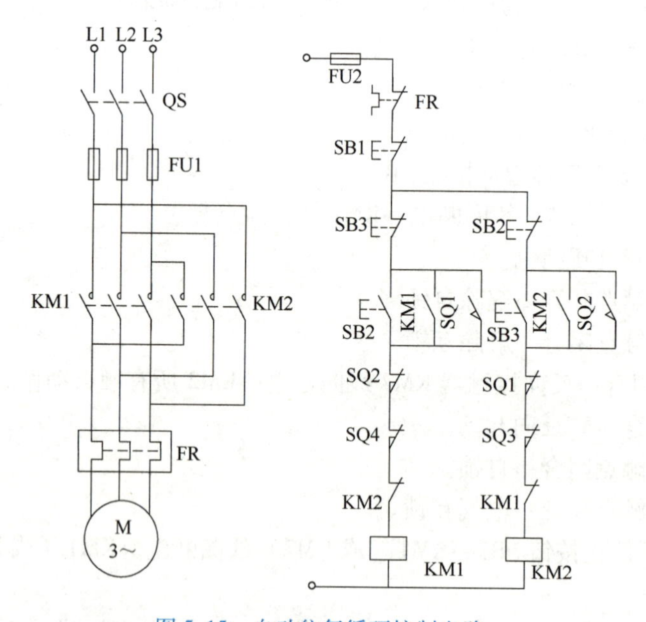

图 5-15 自动往复循环控制电路

1）起动。按下起动按钮 SB2（SB3）。

SB2（SB3）常闭触点断开→断开了 KM2（KM1）线圈通电路径。

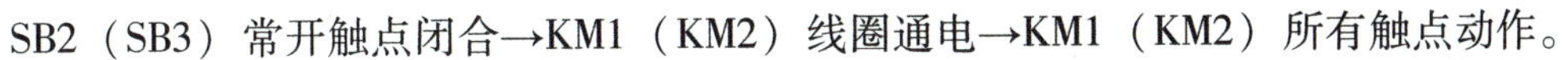

SB2（SB3）常开触点闭合→KM1（KM2）线圈通电→KM1（KM2）所有触点动作。

KM1（KM2）主触点闭合→电动机拖动运动部件向左（右）运动。

KM1（KM2）常开辅助触点闭合→自锁。

KM1（KM2）常闭辅助触点断开→互锁。

2）自动往复循环。当运动部件运动到位置 B（A）时，撞块碰到行程开关 SQ2（SQ1）→SQ2（SQ1）所有触点动作。

SQ2（SQ1）常闭触点先断开→KM1（KM2）线圈断电→KM1（KM2）所有触点复位。

KM1（KM2）主触点断开→电动机断电。

KM1（KM2）常开辅助触点断开→解除自锁。

KM1（KM2）常闭辅助触点闭合→解除互锁。

SQ2（SQ1）常开触点后闭合→KM2（KM1）线圈通电→KM2（KM1）所有触点动作。

KM2（KM1）主触点闭合→电动机拖动运动部件向右（左）运动。

KM2（KM1）常开辅助触点闭合→自锁。

KM2（KM1）常闭辅助触点断开→互锁。

如此周而复始自动往复工作。

3）停止。按下停止按钮 SB1→KM1（或 KM2）线圈断电→KM1（或 KM2）所有触点复位→电动机 M 断电。

（3）保护

1）主电路和控制电路的短路保护分别由熔断器 FU1、FU2 实现。

2）过载保护由热继电器 FR 实现。当电动机出现过载时，主电路中的 FR 双金属片因过热变形，致使控制电路中的 FR 常闭触点断开，切断 KM 线圈回路，电动机停转。

3）欠、失电压保护由接触器 KM1、KM2 实现。

4）极限位置保护由行程开关 SQ3、SQ4 实现。当行程开关 SQ1 或 SQ2 失灵时，则由后备极限保护行程开关 SQ3 或 SQ4 实现保护，避免运动部件因超出极限位置而发生事故，只是不能自动返回。

五、三相异步电动机正、反转控制电路实训

1. 工具准备

万用表以及螺钉旋具（一字、十字）、剥线钳、尖嘴钳、钢丝钳等常用接线工具。

2. 实施步骤

1）确定控制方案。根据本任务的任务描述和控制要求，宜选择双重互锁正、反转控制方式。

2）绘制原理图、标注节点号码，并说明工作原理和具有的保护，如图 5-16 所示。

3）绘制元器件布置图、安装接线图，如图 5-17 所示。

4）选择元器件、导线。根据低压断路器、熔断器、交流接触器、热继电器、复合按钮、端子排、导线的选择原则，结合本任务具体参数（线路额定电压为 AC 380V、电动机额定电流为 15.4A），选择本任务所需元器件、导线的型号和数量，参见表 5-2。

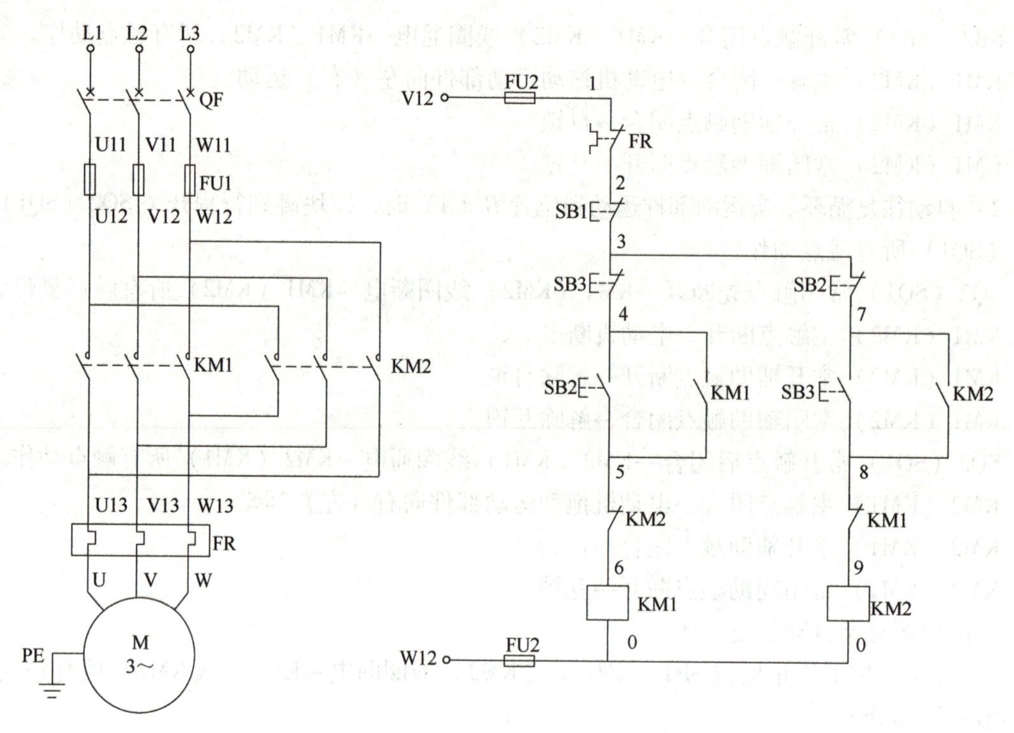

图 5-16　三相异步电动机双重互锁正、反转控制的原理图

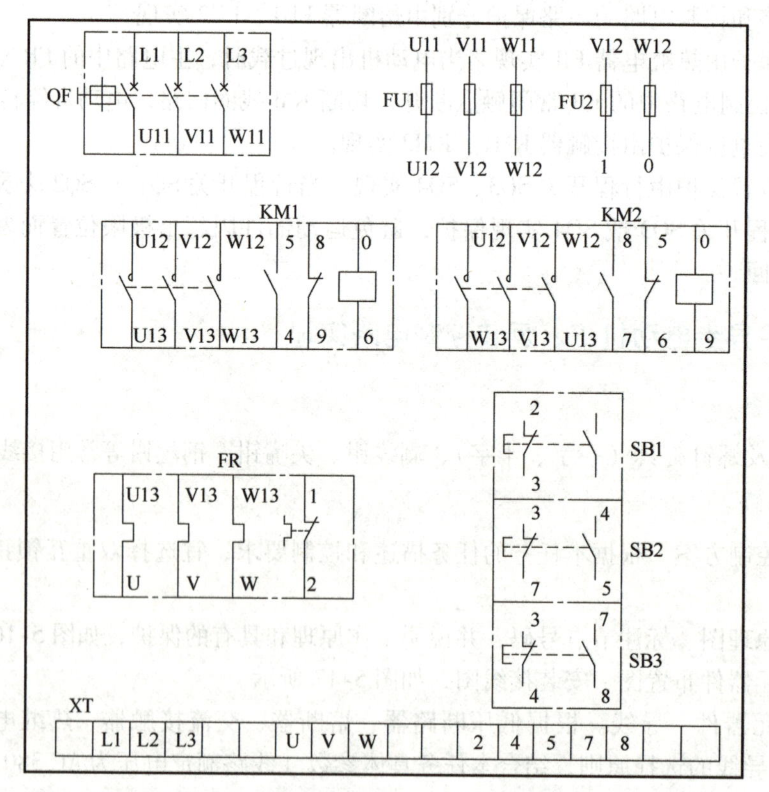

图 5-17　三相异步电动机双重互锁正、反转控制元件布置图、接线图

表 5-2　器材参考表

序号	名称	型号	主要技术数据	数量
1	低压断路器	DZ5-50/300	塑壳式，AC 380V，50A，3 极，无脱扣器	1
2	熔断器（主电路）	RL1-60/40	螺旋式，AC 380V/400V，熔管 60A，熔体 40A	3
3	熔断器（控制电路）	RL1-15/2	螺旋式，AC 380V/400V，熔管 15A，熔体 2A	2
4	交流接触器	CJ20-25	AC 380V，主触点额定电流 25A	2
5	热继电器	JR20-25	热元件号 2T，整定电流范围 11.6～14.3～17A	1
6	复合按钮	LA4-3H	具有 3 对常开、3 对常闭触点，额定电流 5A	1
7	端子排（主电路）	JX3-25	额定电流 25A	10
8	端子排（控制电路）	JX3-5	额定电流 5A	8
9	导线（主电路）	BVR-6	聚氯乙烯绝缘铜芯软线，$6mm^2$	若干
10	导线（控制电路）	BVR-1.5	聚氯乙烯绝缘铜芯软线，$1.5mm^2$	若干

5）检查元器件。

① 用万用表或目视检查元件数量、质量。

② 测量接触器线圈阻抗，为检测控制电路接线是否正确做准备。

6）固定控制设备并完成接线。根据元器件布置图固定控制设备、根据安装接线图完成接线。

需要注意的是，接触器 KM1 主触点接通时，进入电动机的电源相序是 L1-L2-L3；接触器 KM2 主触点接通时，进入电动机的电源相序是 L3-L2-L1。

接线工艺要求如下。

① 布线通道尽可能少、导线长度尽可能短、导线数量尽可能少。

② 同路并行导线按主电路、控制电路分类集中，单层密排，紧贴安装面布线。

③ 同一平面的导线应高低一致或前后一致，走线合理，不能交叉或架空。

④ 对螺栓式接点，导线按顺时针方向弯圈；对压片式接点，导线可直接插入压紧；不能压绝缘层，也不能露铜过长。

⑤ 布线应横平竖直，分布均匀，变换走向时应垂直。

⑥ 严禁损坏导线绝缘和线芯。

⑦ 一个接线端子上的连接导线不宜多于两根。

⑧ 进出线应合理汇集在端子排上。

7）检查测量。

① 用万用表测量电源电压是否正常。

② 检测主电路。断开电源进线开关 QF，手动按下接触器衔铁代替接触器通电吸合，检查测量主电路连接是否正确，是否有短路、开路点。

③ 检测控制电路。用万用表检测控制电路时，必须取下控制回路熔断器 FU2，选用能准确显示线圈阻值的电阻档并校零，以防止无法测量或短路事故的发生。

取下控制回路熔断器 FU2，万用表表笔搭接在 FU2 的 0、1 端，读数应为∞；按下起动按钮 SB2（SB3），或者手动压下 KM1（KM2）衔铁，读数均应为接触器 KM1（KM2）线圈的阻值；用导线同时短接 KM1、KM2 的自锁触点，读数应为接触器 KM1、KM2 线圈并联的阻值；同时按下 SB2 和 SB3，或者同时压下 KM1 和 KM2 的衔铁，读数均应为∞；在按下起动按钮 SB2（SB3），或者手动压下 KM1（KM2）衔铁的同时，按下停止按钮 SB1，或者断开热继电器 FR 的常闭触点，读数均应为∞。

8）通电试车。安上控制回路熔断器 FU2，合上电源进线开关 QF。按下正向起动按钮 SB2，接触器 KM1 应动作并能自保持，电动机正向起动；按反向起动按钮 SB3，KM1 应断电，同时 KM2 得电并自锁，电动机反向起动；按下停止按钮 SB1，接触器 KM2 应断电，电动机断电惯性停止；能实现正、反转；具有短路、过载、欠（失）压保护。

第三节　三相异步电动机减压起动控制电路

三相异步电动机减压起动，是指降低加在电动机定子绕组上的电压（以降低起动电流、减小起动冲击），待电动机起动后再将电压恢复到额定值（使之在额定电压下运行）的起动方式。

电动机若满足下述三个条件中的一个，就可以减压起动。

1）电动机额定容量≥10kW。

2）电动机额定容量≥专用电源变压器容量的 20%。

3）满足经验公式

$$I_{st}/I_N \geqslant 3/4 + S/(4P_N) \qquad (5\text{-}2)$$

式中 I_{st}——电动机起动电流（A）；

I_N——电动机额定电流（A）；

S——电源容量（kV·A）；

P_N——电动机额定功率（kW）。

三相异步电动机常用的减压起动方法有星形—三角形减压起动、定子绕组串电阻减压起动、自耦变压器减压起动、软起动控制等。

一、星形—三角形减压起动

这种减压起动方式既可以由时间继电器自动实现，也可以由按钮手动实现。

5-6　三相异步电动机星形—三角形起动控制

1. 工作原理

（1）时间继电器控制的星形—三角形减压起动控制电路　如图 5-18 所示。

1）星形联结减压起动。按下起动按钮 SB2→KM1、KM3、KT 线圈同时通电。

接触器 KM1 线圈通电→KM1 所有触点动作。

KM1 主触点闭合→接入三相交流电源。

KM1 常开辅助触点闭合→自锁。

接触器 KM3 线圈通电→KM3 所有触点动作。

KM3 主触点闭合→将电动机定子绕组接成星形联结→使电动机每相绕组承受的电压为三角形联结时的 $1/\sqrt{3}$，起动电流为三角形直接起动电流的 1/3→电动机减压起动。

KM3 常闭辅助触点断开→互锁。

时间继电器 KT 线圈通电→开始延时→三角形联结全压运行。

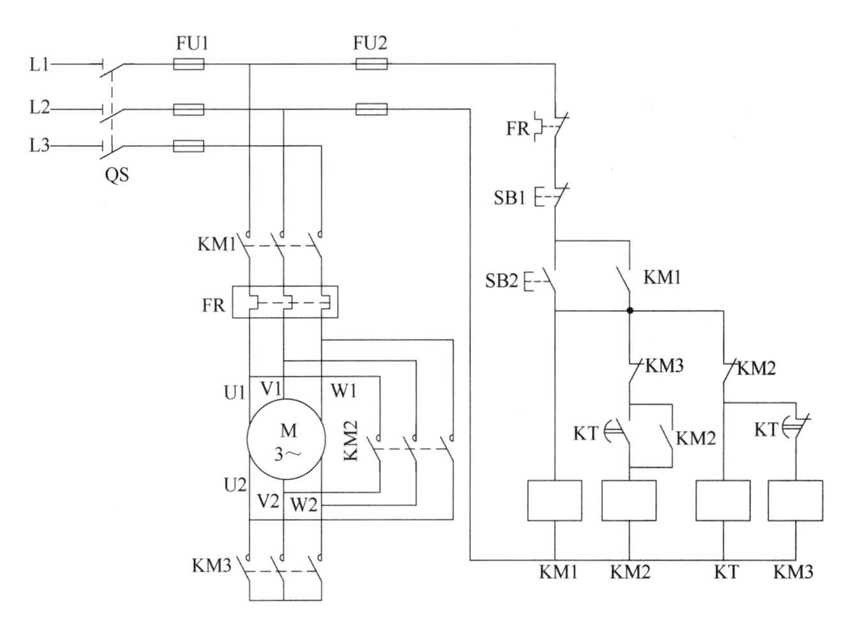

图 5-18　时间继电器控制的星形—三角形减压起动控制电路

2）三角形联结全压运行。延时结束（转速上升到接近额定转速时）→KT 触点动作。

KT 常闭触点断开→KM3 线圈断电→KM3 所有触点复位。

KM3 主触点断开→解开封星点。

KM3 常闭辅助触点闭合→为 KM2 线圈通电做准备。

KT 常开触点闭合→KM2 线圈通电→KM2 所有触点动作。

KM2 主触点闭合→将电动机定子绕组接成三角形联结→电动机全压运行。

KM2 常开辅助触点闭合→自锁。

KM2 常闭辅助触点断开（互锁）→KT 线圈断电→KT 所有触点瞬时复位（避免了时间继电器长期无效工作）。

（2）按钮控制的星形—三角形减压起动控制电路　如图 5-19 所示。

1）星形联结减压起动。按下星形起动按钮 SB2→KM、KM_Y线圈同时通电。

接触器 KM 线圈通电→KM 所有触点动作。

KM 主触点闭合→接入三相交流电源。

KM 常开辅助触点闭合→自锁。

接触器 KM_Y线圈通电→KM_Y所有触点动作。

KM_Y主触点闭合→将电动机定子绕组接成星形联结→电动机减压起动。

KM_Y常闭辅助触点断开→互锁。

2）三角形联结全压运行。当转速上升到接近额定转速时，按下三角形联结全压运行按钮 SB3→SB3 触点动作。

SB3 常闭触点先断开→KM_Y线圈断电→KM_Y所有触点复位。

KM_Y主触点断开→解开封星点。

KM_Y常闭辅助触点闭合→为 $KM_\triangle$线圈通电做准备。

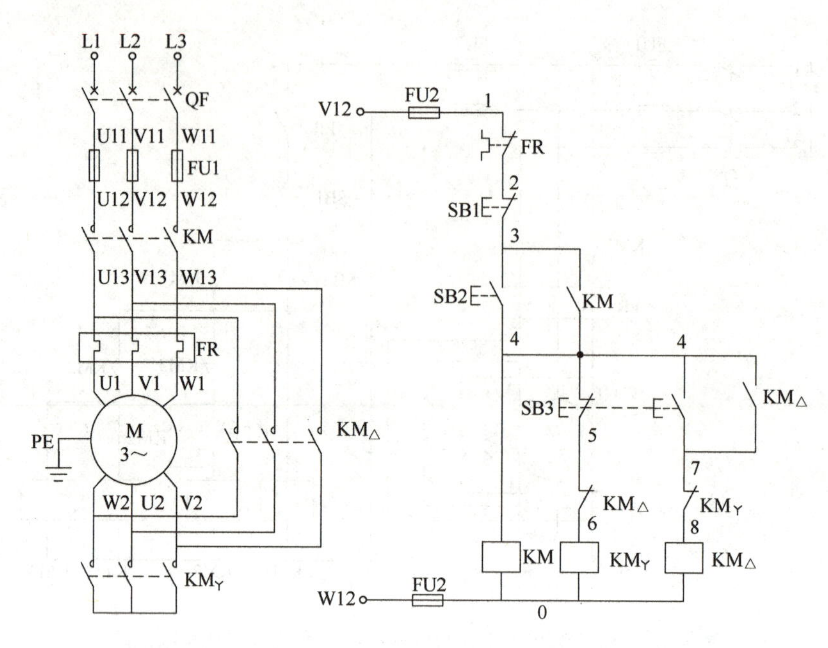

图 5-19 按钮控制的星形—三角形减压起动控制电路

SB3 常开后闭合→$KM_{\triangle}$线圈通电→$KM_{\triangle}$所有触点动作。

$KM_{\triangle}$主触点闭合→将电动机定子绕组接成三角形联结→电动机全压运行。

$KM_{\triangle}$常开辅助触点闭合→自锁。

$KM_{\triangle}$常闭辅助触点断开→互锁。

2. 特点

在所有减压起动控制方式中，星形—三角形减压起动控制方式结构最简单，价格最便宜，并且当负载较轻时，可一直星形联结运行以节约电能。

但是，星形—三角形减压起动控制方式在限制起动电流的同时，起动转矩也降为三角形直接起动时的 1/3，因此，它只适用于空载或轻载起动的场合；并且只适用于正常运行时定子绕组接成三角形联结的三相笼型电动机。

二、定子绕组串电阻减压起动

1. 工作原理

定子绕组串电阻减压起动控制电路如图 5-20 所示。

1）减压起动。按下起动按钮 SB2→KM1、KT 线圈同时通电。

接触器 KM1 线圈通电→KM1 所有触点动作。

KM1 主触点闭合→接入三相交流电源→电动机减压起动（电动机三相定子绕组由于串联了电阻 R，而使其电压降低，从而降低了起动电流）。

KM1 常开辅助触点闭合→自锁。

时间继电器 KT 线圈通电→开始延时→全压运行。

2）全压运行。延时结束（转速上升到接近额定转速时）→KT 常开触点闭合→KM2 线圈通电→KM2 主触点闭合（将主电路电阻 R 短接切除）→电动机全压运行。

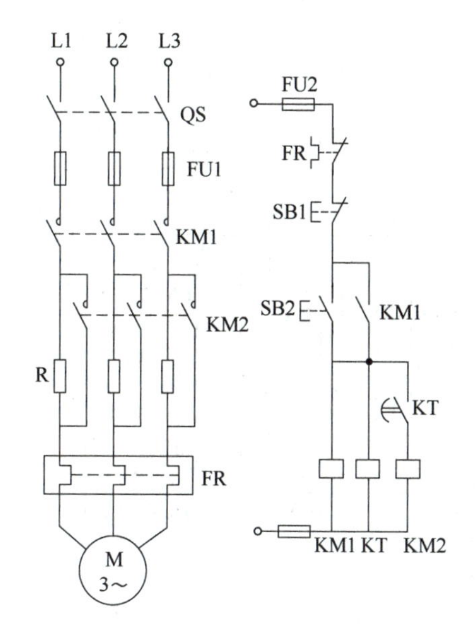

图 5-20　定子绕组串电阻减压起动控制电路

5-7　三相异步电动机定子绕组串电阻减压起动控制

该电路在起动结束后，KM1、KM2、KT 三个线圈都通电，这不仅消耗电能、减少电器的使用寿命，也是不必要的。如何使得电路起动后通电线圈个数最少，请读者自行设计其主电路和控制电路。

2. 特点

定子绕组串电阻减压起动的方法虽然设备简单，但电能损耗较大。为了节省电能可采用电抗器代替电阻，但成本较高。

三、自耦变压器减压起动

自耦变压器一般有 65%、85% 等抽头，改变抽头的位置可以获得不同的输出电压。减压起动用的自耦变压器称为起动补偿器。

1. 工作原理

XJ01 系列起动补偿器实现减压起动的控制电路如图 5-21 所示。

1）减压起动。合上电源开关 QS→指示灯 HL1 亮（显示电源电压正常）；按下起动按钮 SB2→接触器 KM1、时间继电器 KT 线圈同时通电。

KM1 线圈通电→KM1 所有触点动作。

KM1 主触点闭合→电动机定子绕组接自耦变压器二次侧电压减压起动。

KM1（8-9）断开→互锁。

KM1（11-12）断开→电源指示灯 HL1 熄灭。

KM1（3-6）闭合→自锁。

KM1（11-13）闭合→HL2 亮（显示电动机正在进行减压起动）。

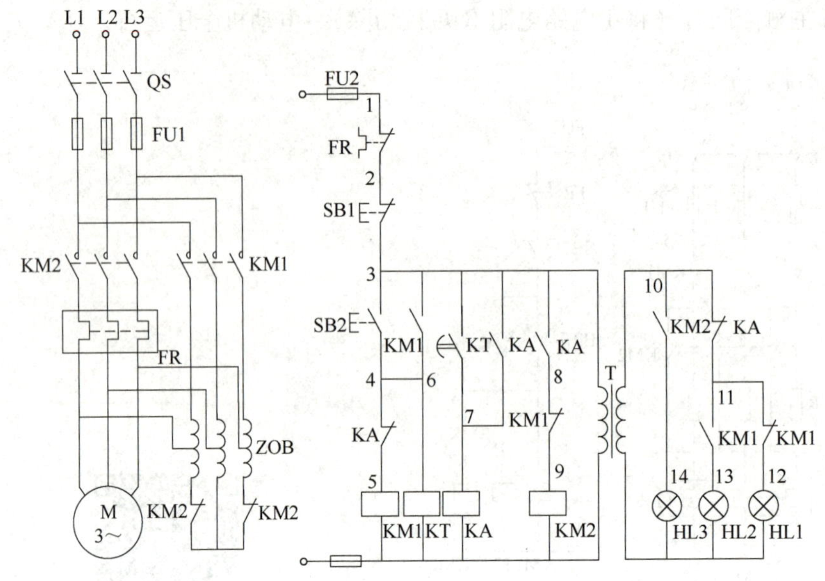

图 5-21　XJ01 系列起动补偿器实现减压起动的控制电路

KT 线圈通电→开始延时→全压运行。

2）全压运行。当电动机转速上升到接近额定转速时，KT 延时结束→KT（3-7）闭合→中间继电器 KA 线圈通电→KA 所有触点动作。

KA（3-7）闭合→自锁。

KA（10-11）断开→指示灯 HL2 断电熄灭。

KA（4-5）断开→KM1 线圈断电→KM1 所有触点复位。

KM1 主触点断开→切除自耦变压器。

KM1（3-6）断开→KT 线圈断电→KT（3-7）瞬时断开。

KM1（11-13）断开。

KM1（8-9）闭合。

KM1（11-12）闭合。

KA（3-8）闭合→KM2 线圈通电→KM2 所有触点动作。

KM2 主触点闭合→电动机定子绕组直接接电源全电压运行。

KM2 常闭辅助触点断开→解开自耦变压器的星点。

KM2（10-14）→指示灯 HL3 亮（显示减压起动结束，进入正常运行状态）。

值得注意的是，KT（3-7）只是在时间继电器 KT 延时结束时瞬时闭合一下随即断开，在 KT（3-7）断开之前，KA（3-7）已经闭合自锁。

2. 特点

由电动机原理可知：当利用自耦变压器将起动电压降为额定电压的 $1/K$ 时，起动电流、起动转矩将降为直接起动的 $1/K^2$，因此，自耦变压器减压起动常用于空载或轻载起动。

四、三相异步电动机减压起动电路实训

1. 工具准备

万用表以及螺钉旋具（一字、十字）、剥线钳、尖嘴钳、钢丝钳等常用接线工具。

2. 实施步骤

1）确定控制方案。根据本任务的任务描述和控制要求，宜选择按钮控制的星形—三角形减压起动控制方式。

2）绘制原理图、标注节点号码，并说明工作原理和具有的保护。

3）绘制元器件布置图、安装接线图，如图5-22所示。

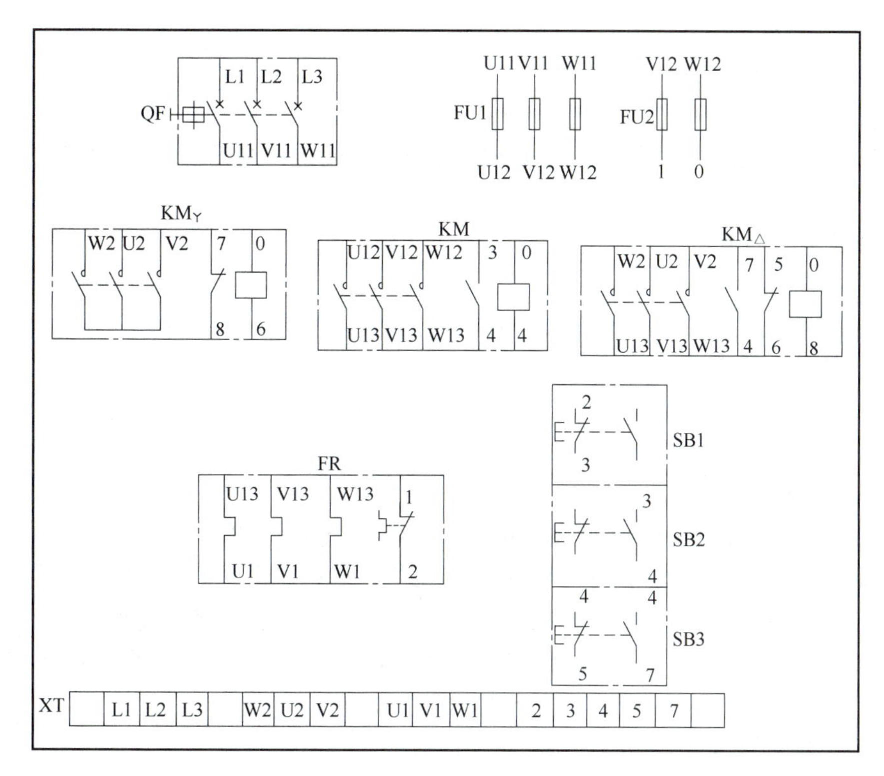

图5-22　按钮控制的星形—三角形减压起动控制元器件布置图、安装接线图

4）选择元器件、导线。根据低压断路器、熔断器、交流接触器、热继电器、复合按钮、端子排、导线的选择原则，结合本任务具体参数（线路额定电压为AC 380V、电动机额定电流为15.4A），选择本任务所需元器件、导线的型号和数量，参见表5-3。

表5-3　器材参考表

序号	名称	型号	主要技术数据	数量
1	低压断路器	DZ5-50/300	塑壳式，AC 380V，50A，3极，无脱扣器	1
2	熔断器（主电路）	RL1-60/40	螺旋式，AC 380V/400V，熔管60A，熔体40A	3
3	熔断器（控制电路）	RL1-15/2	螺旋式，AC 380V/400V，熔管15A，熔体2A	2
4	交流接触器	CJ20-25	AC 380V，主触点额定电流25A	3
5	热继电器	JR20-25	热元件号2T，整定电流范围11.6～14.3～17A	1
6	复合按钮	LA4-3H	具有3对常开、3对常闭触点，额定电流5A	1
7	端子排（主电路）	JX3-25	额定电流25A	12

（续）

序号	名称	型号	主要技术数据	数量
8	端子排（控制电路）	JX3-5	额定电流 5A	8
9	导线（主电路）	BVR-6	聚氯乙烯绝缘铜芯软线，$6mm^2$	若干
10	导线（控制电路）	BVR-1.5	聚氯乙烯绝缘铜芯软线，$1.5mm^2$	若干

5）检查元器件。

① 用万用表或目视检查元件数量、质量。

② 测量接触器线圈阻抗，为检测控制电路接线是否正确做准备。

6）固定控制设备并完成接线。根据元器件布置图固定控制设备、根据安装接线图完成接线。

接线注意事项如下。

① 接线前断开电源。

② 必须拆开电动机接线盒内的连接片，确保有 6 个独立的接线端子。

③ 保证绕组三角形连接的正确性，即 U1 与 W2、V1 与 U2、W1 与 V2 相连接。

④ 接触器 KM_Y的进线必须从三相定子绕组的末端引入，若误将其从首端引入，则 KM_Y吸合时会产生三相电源短路事故。

接线工艺要求如下。

① 布线通道尽可能少、导线长度尽可能短、导线数量尽可能少。

② 同路并行导线按主电路、控制电路分类集中，单层密排，紧贴安装面布线。

③ 同一平面的导线应高低一致或前后一致，走线合理，不能交叉或架空。

④ 对螺栓式接点，导线按顺时针方向弯圈；对压片式接点，导线可直接插入压紧；不能压绝缘层，也不能露铜过长。

⑤ 布线应横平竖直，分布均匀，变换走向时应垂直。

⑥ 严禁损坏导线绝缘和线芯。

⑦ 一个接线端子上的连接导线不宜多于两根。

⑧ 进出线应合理汇集在端子排上。

7）检查测量。

① 电源电压。用万用表测量电源电压是否正常。

② 主电路。断开电源进线开关 QF，手动按下接触器衔铁代替接触器通电吸合，检查测量主电路连接是否正确，是否有短路、开路点。

③ 控制电路。取下控制回路熔断器 FU2，万用表表笔搭接在 FU2 的 0、1 端，读数应为∞；按下起动按钮 SB2，或者手动按下 KM 的衔铁，读数均应为接触器 KM 和 KM_Y线圈电阻的并联值；同时按下 SB2 和 SB3，或者同时压下 KM 和 $KM_\triangle$的衔铁，读数均应为接触器 KM 和 $KM_\triangle$线圈电阻的并联值；在按下起动按钮 SB2，或者手动按下 KM 衔铁的同时，按下停止按钮 SB1，或者断开热继电器 FR 的常闭触点，读数均应为∞。

8）通电试车。安上控制回路熔断器 FU2，合上电源进线开关 QF，按下星形起动按钮 SB2，接触器 KM、KM_Y应动作并能自保持，电动机减压起动；按下三角形运行按钮 SB3，KM_Y应断电，同时 $KM_\triangle$得电并自锁，电动机全压运行；按下停止按钮 SB1，接触器 KM、

$KM_{\triangle}$应断电，电动机断电惯性停止。

第四节　三相异步电动机制动控制电路

三相异步电动机定子绕组脱离电源后，由于惯性作用，转子需经过一段时间才能停止转动。而某些生产工艺要求电动机能迅速而准确地停车，这就要求对电动机进行制动。制动的方式有机械制动和电气制动两种。

机械制动，是在电动机断电后利用机械装置使电动机迅速停转，其中电磁抱闸制动就是常用的方法。电磁抱闸由制动电磁铁和闸瓦制动器组成，分为断电制动型和通电制动型。进行机械制动时，将制动电磁铁线圈的电源切断或接通，通过机械抱闸制动电动机。

电气制动，是产生一个与原来转动方向相反的电磁力矩，使电动机转速迅速下降，常用的电气制动方法有反接制动和能耗制动。

一、三相异步电动机反接制动电路

反接制动的实质就是改变三相电源的相序，产生与转子惯性旋转方向相反的电磁转矩。在电动机转速接近零时，将电源切除，以免引起电动机反转。控制电路中常采用速度继电器来检测电动机的零速点并切除三相电源。

反接制动时，转子与旋转磁场的相对速度接近于同步转速的两倍，定子绕组电流很大，为了防止绕组过热、减小制动冲击，一般功率在10kW以上的电动机，定子回路中应串入反接制动电阻以限制制动电流。

1. 工作原理

（1）单向运转的反接制动控制电路　如图5-23所示。

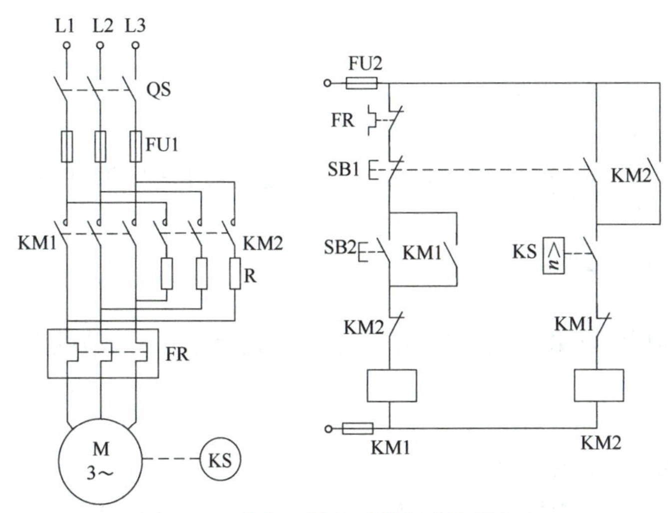

图5-23　单向运转的反接制动控制电路

5-8　三相交流异步电动机单向运转的反接制动控制工作原理

1）起动。按下起动按钮 SB2→接触器 KM1 线圈通电→KM1 所有触点动作。

KM1 主触点闭合→电动机 M 全压起动运行→当转速上升到某一值（通常大于 120r/min）以后→速度继电器 KS 的常开触点闭合（为制动接触器 KM2 的通电做准备）。

KM1 常闭辅助触点断开→互锁。

KM1 常开辅助触点闭合→自锁。

2）制动。按下停止按钮 SB1→SB1 的所有触点动作。

SB1 常闭触点先断开→KM1 线圈断电→KM1 所有触点复位。

KM1 主触点断开→M 断电。

KM1 常开辅助触点断开→解除自锁。

KM1 常闭辅助触点闭合→为 KM2 线圈通电做准备。

SB1 常开触点后闭合→KM2 线圈通电→KM2 所有触点动作。

KM2 常开辅助触点闭合→自锁。

KM2 常闭辅助触点断开→互锁。

KM2 的主触点闭合→改变了电动机定子绕组中电源的相序、电动机在定子绕组串入电阻 R 的情况下反接制动→转速下降到某一值（通常为小于 100r/min）时→KS 触点复位→KM2 线圈断电→KM2 所有触点复位。

KM2 常开辅助触点断开。

KM2 常闭辅助触点闭合。

KM2 主触点断开（制动过程结束，防止反向起动）。

（2）可逆运行的反接制动控制电路　图 5-24 所示为笼型异步电动机可逆运行的反接制动控制电路。

图中 KM1、KM2 为正、反转接触器，KM3 为短接电阻接触器，KA1 ~ KA4 为中间继电器，KS 为速度继电器，R 为起动与制动电阻。电路工作原理如下。

1）正向起动。按下正转起动按钮 SB2→KA3 线圈通电→KA3 所有触点动作。

KA3（9-10）断开→互锁。

KA3（4-5）闭合→自锁。

KA3（18-19）闭合→为 KM3 线圈通电做准备。

KA3（4-7）闭合→接触器 KM1 线圈通电→KM1 所有触点动作。

KM1 主触点闭合→电动机定子绕组串电阻 R 减压起动→当转子速度大于一定值时→KS-1 闭合→KA1 线圈通电→KA1 所有触点动作。

KA1（3-11）闭合→为 KM2 线圈通电做准备。

KA1（13-14）闭合→自锁。

KA1（3-19）闭合→KM3 线圈通电→KM3 主触点闭合（电阻 R 被短接）→电动机全压运转。

KM1（11-12）断开→互锁。

KM1（13-14）闭合→为 KA1 线圈通电做准备。

2）制动。按下停止按钮 SB1→KA3、KM1 线圈同时断电。

KA3 线圈断电→KA3 所有触点复位。

KA3（9-10）闭合→为 KA4 线圈通电做准备。

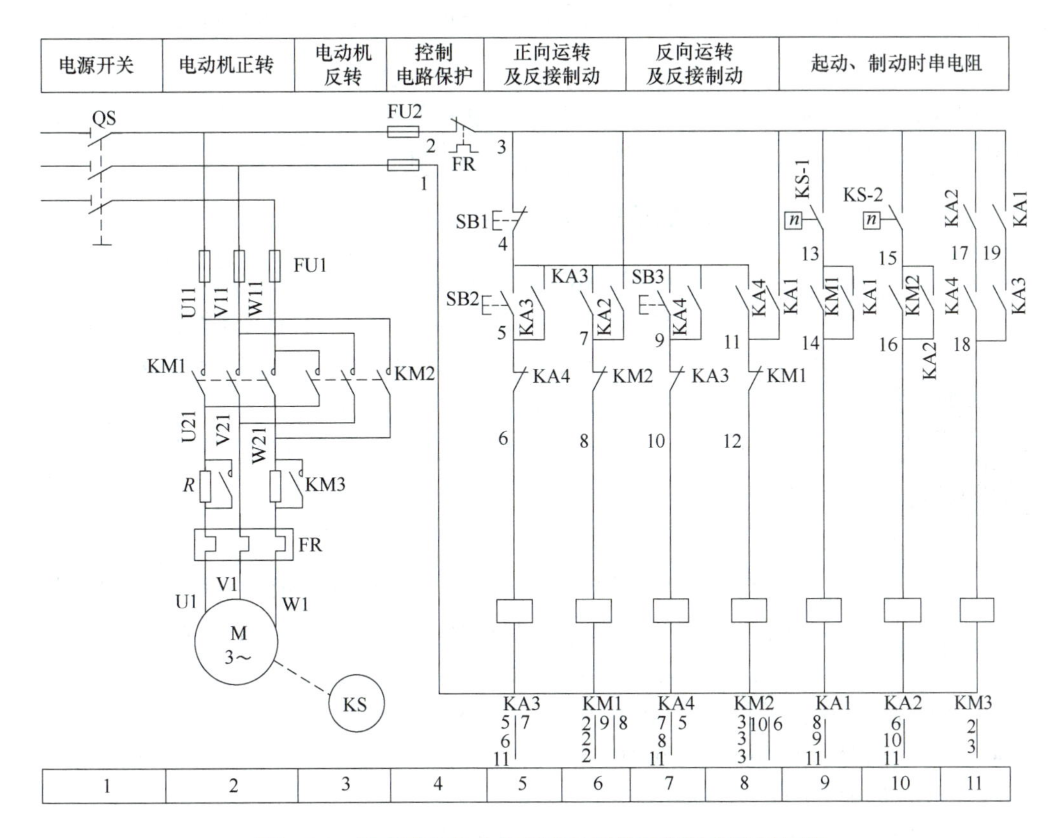

图 5-24　笼型异步电动机可逆运行的反接制动控制电路

KA3（4-5）断开→解除自锁。

KA3（18-19）断开→KM3 线圈断电→KM3 主触点断开。

KA3（4-7）断开。

KM1 线圈断电→KM3 所有触点复位。

KM1 主触点断开→电动机 M 断电。

KM1（13-14）断开。

KM1（11-12）闭合→KM2 线圈通电→KM2 所有触点动作。

KM2（15-16）闭合→为 KA2 线圈通电做准备。

KM2（7-8）断开→互锁。

KM2 主触点闭合→电动机定子绕组串电阻 R 反接制动→当转子速度低于一定值时→KS-1 断开→KA1 线圈断电→KA1 所有触点复位。

KA1（13-14）断开→解除自锁。

KA1（3-19）断开。

KA1（3-11）断开→KM2 线圈断电→KM2 所有触点复位。

KM2 主触点断开→反接制动结束。

KM2（15-16）断开。

KM2（7-8）闭合。

3）反向起动、制动。电动机反向起动和制动过程与此相似，读者可自行分析。

2. 特点

反接制动的优点是制动能力强、制动时间短；缺点是能量损耗大、制动时冲击力大、制动准确度差。因此，反接制动适用于生产机械的迅速停机与迅速反向运转。

二、三相异步电动机能耗制动电路

能耗制动的实质就是在电动机脱离三相交流电源后，在定子绕组上加一个直流电源，产生一个静止磁场，惯性转动的转子在磁场中切割静止的磁力线，产生与惯性转动方向相反的电磁转矩，对转子起制动作用。这种制动方法是将电动机转子旋转的动能转变为电能并消耗掉，故称为能耗制动。

能耗制动的控制既可以由时间继电器（按时间原则）进行控制，也可以由速度继电器（按速度原则）进行控制。

5-9　三相异步电能耗制动控制工作原理

1. 工作原理

（1）单向能耗制动控制电路　图5-25所示为按时间原则控制的单向能耗制动控制电路，图中KM1为单向旋转接触器，KM2为能耗制动接触器，VC为桥式整流电路。

1）起动。按下起动按钮SB2→KM1线圈通电→KM1所有触点动作。

KM1主触点闭合→电动机单向起动。

KM1常开辅助触点闭合→自锁。

KM1常闭辅助触点断开→互锁。

2）制动。按下停止按钮SB1→SB1的所有触点动作。

SB1常闭触点先断开→KM1线圈断电→KM1所有触点复位。

KM1主触点断开→电动机定子绕组脱离三相交流电源。

KM1常开辅助触点断开→解除自锁。

KM1常闭辅助触点闭合→为KM2线圈通电做准备。

SB1常开触点后闭合→KM2、KT线圈同时通电。

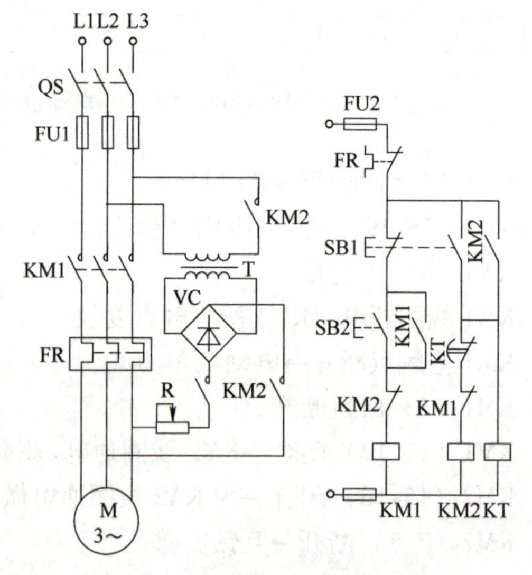

图5-25　时间原则控制的单向能耗制动控制电路

KM2线圈通电→KM2所有触点动作。

KM2主触点闭合→将两相定子绕组接入直流电源进行能耗制动。

KM2常开辅助触点闭合→自锁。

KM2常闭辅助触点断开→互锁。

KT线圈通电→开始延时→当转速接近零时KT延时结束→KT常闭触点断开→KM2线圈断电→KM2所有触点复位。

KM2主触点断开→制动过程结束。

KM2 常开辅助触点断开→KT 线圈断电→KT 常闭触点瞬时闭合。

KM2 常闭辅助触点闭合。

这种制动电路制动效果较好，但所需设备多，成本高。当电动机功率在 10kW 以下，且制动要求不高时，可采用无变压器的单管能耗制动控制电路。

图 5-26 所示为单管能耗制动电路，该电路采用无变压器的单管半波整流作为直流电源，采用时间继电器对制动时间进行控制，其工作原理请读者自行分析。

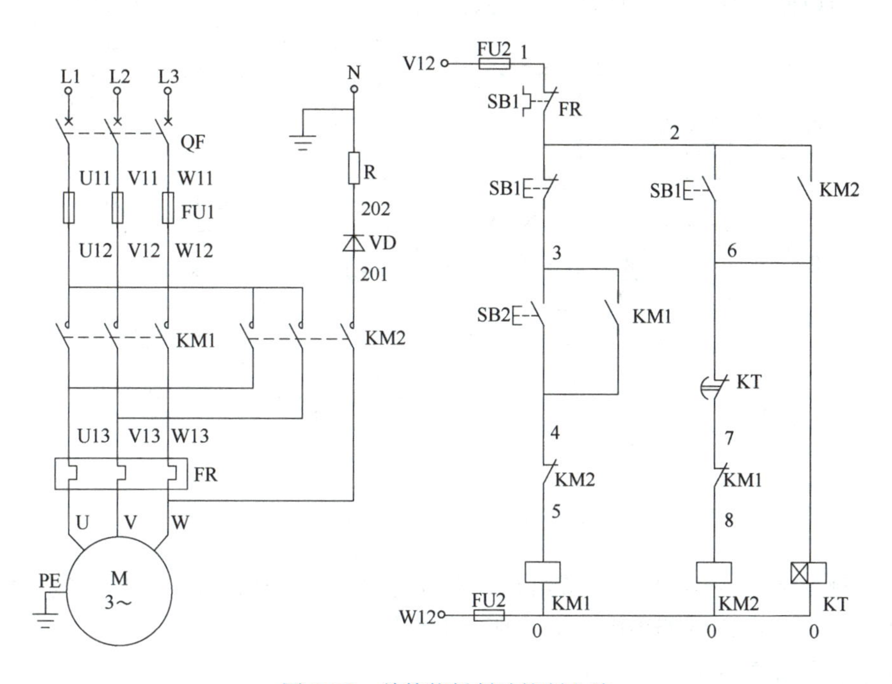

图 5-26　单管能耗制动控制电路

（2）可逆运行的能耗制动控制电路　图 5-27 所示为速度原则控制的可逆运行能耗制动控制电路。图中 KM1、KM2 为正反转接触器，KM3 为制动接触器。

1）正向起动。按下正向起动按钮 SB2→KM1 线圈通电→KM1 所有触点动作。

KM1 主触点闭合→电动机正向起动→当转子速度大于一定值时→速度继电器 KS-1 闭合（为制动接触器 KM3 线圈通电做准备）。

KM1 常开辅助触点闭合→自锁。

KM1 常闭辅助触点（2 个）断开→互锁。

2）制动。按下停止按钮 SB1→SB1 的所有触点动作。

SB1 常闭触点先断开→KM1 线圈断电→KM1 所有触点复位。

KM1 主触点断开→电动机定子绕组脱离三相交流电源。

KM1 常开辅助触点断开→解除自锁。

KM1 常闭辅助触点（2 个）闭合→分别为 KM2、KM3 线圈通电做准备。

SB1 常开触点后闭合→KM3 线圈通电→KM3 所有触点动作。

KM3 常开辅助触点闭合→自锁。

KM3 常闭辅助触点断开→互锁。

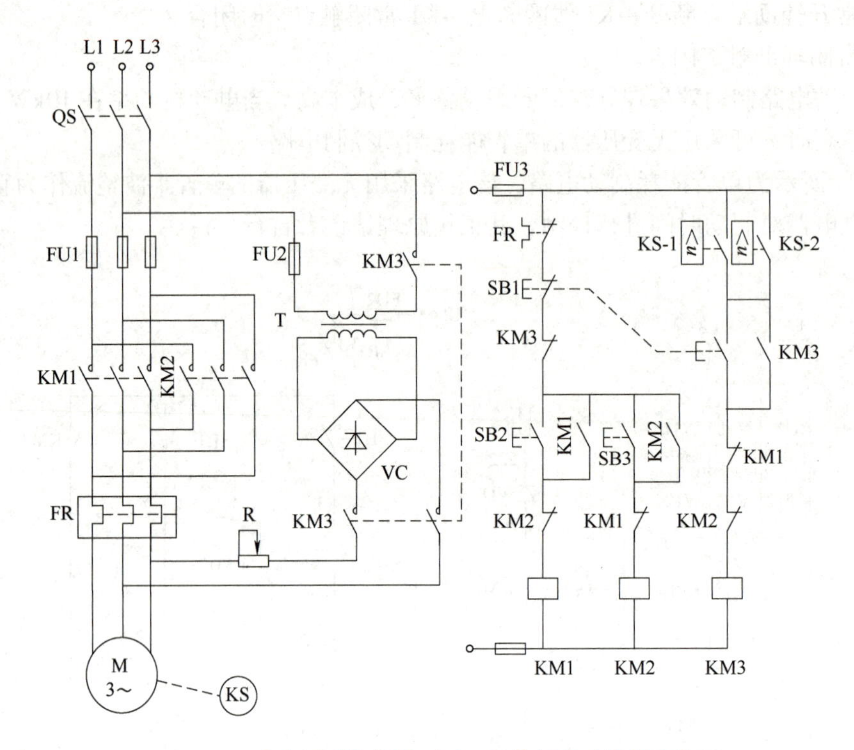

图 5-27　速度原则控制的可逆运行能耗制动控制电路

KM3 主触点闭合→电动机定子绕组接入直流电源进行能耗制动→当转子速度低于一定值时→KS-1 断开→KM3 线圈断电→KM3 所有触点复位。

KM3 主触点断开→制动过程结束。

KM3 常开辅助触点断开。

KM3 常闭辅助触点闭合。

3）反向起动、制动。电动机反向起动和制动过程与此相似，读者可自行分析。

2. 特点

能耗制动的特点是制动电流较小、能量损耗小、制动准确，但它需要直流电源，制动速度较慢，通常适用于电动机容量较大，起动、制动频繁，要求平稳制动的场合。

三、三相异步电动机制动电路实训

1. 工具准备

万用表以及螺钉旋具（一字、十字）、剥线钳、尖嘴钳、钢丝钳等常用接线工具。

2. 实施步骤

1）确定控制方案。根据本任务的任务描述和控制要求，宜选择单向单管能耗制动控制方式。

2）绘制原理图、标注节点号码，并说明工作原理和具有的保护。

3）绘制元器件布置图、安装接线图，如图 5-28 所示。

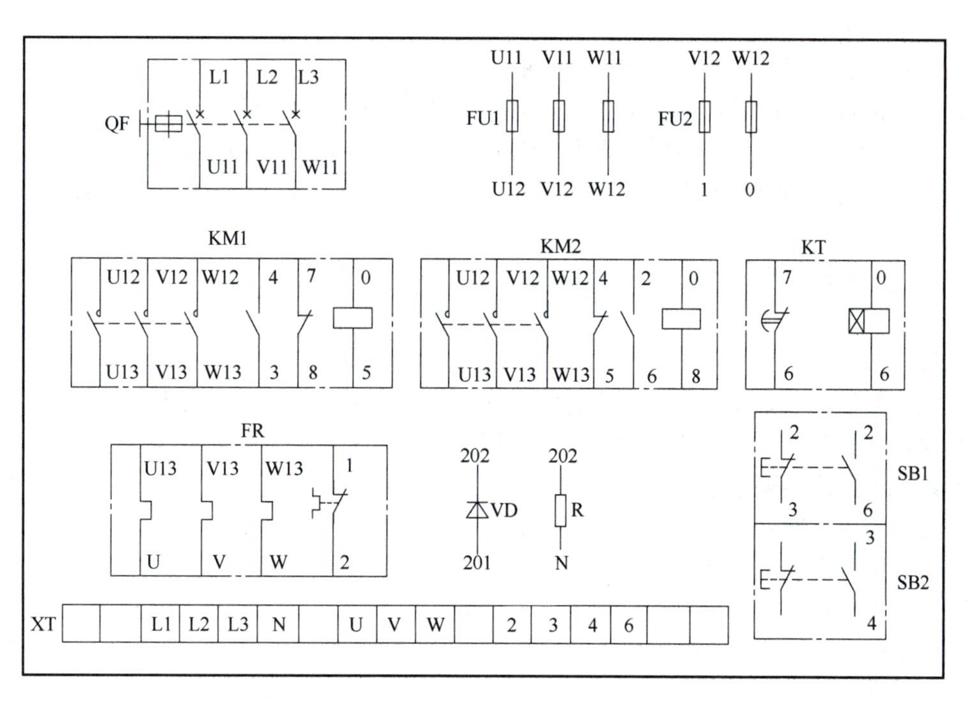

图 5-28　异步电动机单管能耗制动控制电路元器件布置图、安装接线图

4）选择元器件、导线。根据低压断路器、熔断器、交流接触器、热继电器、复合按钮、端子排、导线的选择原则，结合本任务具体参数（线路额定电压为 AC 380V、电动机额定电流为 15.4A），选择本任务所需元器件、导线的型号和数量，参见表 5-4。

表 5-4　器材参考表

序号	名称	型号	主要技术数据	数量
1	低压断路器	DZ5-50/300	塑壳式，AC 380V，50A，3 极，无脱扣器	1
2	熔断器（主电路）	RL1-60/40	螺旋式，AC 380V/400V，熔管 60A，熔体 40A	3
3	熔断器（控制电路）	RL1-15/2	螺旋式，AC 380V/400V，熔管 15A，熔体 2A	2
4	交流接触器	CJ20-25	AC 380V，主触点额定电流 25A	2
5	热继电器	JR20-25	热元件号 2T，整定电流范围 11.6～14.3～17A	1
6	复合按钮	LA4-2H	具有 2 对常开、2 对常闭触点，额定电流 5A	1
7	二极管	2CZ30	15A/600V	1
8	限流电阻		2Ω/150W	1
9	端子排（主电路）	JX3-25	额定电流 25A	12
10	端子排（控制电路）	JX3-5	额定电流 5A	8
11	导线（主电路）	BVR-6	聚氯乙烯绝缘铜芯软线，$6mm^2$	若干
12	导线（控制电路）	BVR-1.5	聚氯乙烯绝缘铜芯软线，$1.5mm^2$	若干

5）检查元器件。

① 用万用表或目视检查元件数量、质量。

② 测量接触器线圈阻抗，为检测控制电路接线是否正确做准备。

6）固定控制设备并完成接线。根据元器件布置图固定控制设备，根据安装接线图完成接线。接线时注意时间继电器的整定时间不宜过长，以免长时间通入直流电源而使定子绕组发热。

接线工艺要求如下。

① 布线通道尽可能少、导线长度尽可能短、导线数量尽可能少。

② 同路并行导线按主电路、控制电路分类集中，单层密排，紧贴安装面布线。

③ 同一平面的导线应高低一致或前后一致，走线合理，不能交叉或架空。

④ 对螺栓式接点，导线按顺时针方向弯圈；对压片式接点，导线可直接插入压紧；不能压绝缘层，也不能露铜过长。

⑤ 布线应横平竖直，分布均匀，变换走向时应垂直。

⑥ 严禁损坏导线绝缘和线芯。

⑦ 一个接线端子上的连接导线不宜多于两根。

⑧ 进出线应合理汇集在端子排上。

7）检查测量。

① 用万用表测量电源电压是否正常。

② 检测主电路。断开电源进线开关 QF，手动按下接触器衔铁代替接触器通电吸合，检查测量主电路连接是否正确，是否有短路、开路点。

③ 检测控制电路。拿下控制回路熔断器 FU2，万用表表笔搭接在 FU2 的 0、1 端，读数应为∞；按下起动按钮 SB2，或者手动压下 KM1 衔铁，读数均应为接触器 KM1 线圈的阻值；按下停止按钮 SB1，或者手动压下 KM2 的衔铁，读数均应为 KM2 和 KT 线圈的并联值。

8）通电试车。安上控制回路熔断器 FU2，合上电源进线开关 QF，按下起动按钮 SB2，接触器 KM1 应动作并能自保持，电动机起动；用力按下停止按钮 SB1，KM1 应断电，同时 KM2、KT 得电并自锁进行能耗制动，电动机停止后，KT 延时时间到，其延时打开的常闭触点动作，使 KM2、KT 相继断电，制动过程结束。

第五节　三相异步电动机调速控制电路

一、双速电动机自动控制

双速电动机自动控制电路如图 5-29 所示。

1）低速运转。按下 SB2→时间继电器 KT 线圈通电→KT（5-6）瞬时闭合→接触器 KM1 线圈通电→KM1 所有触点动作。

KM1 主触点闭合→电动机定子绕组接成三角形联结低速起动运转。

KM1（7-8）断开→互锁。

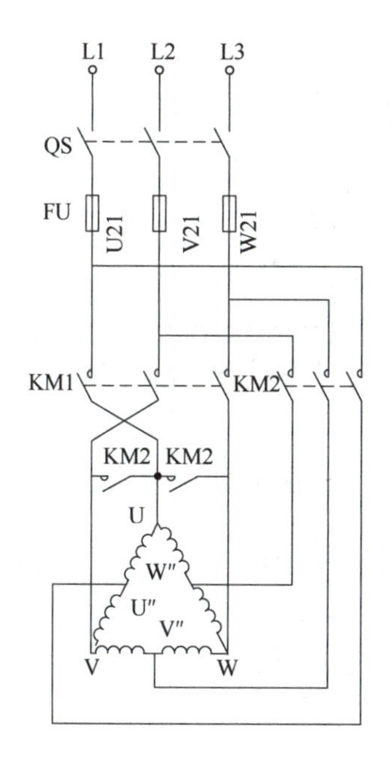

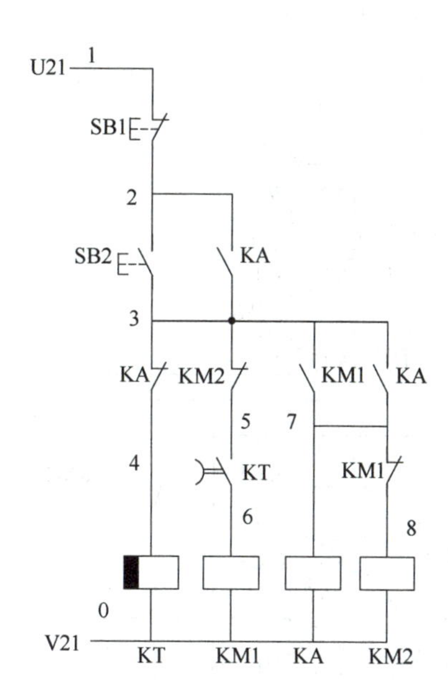

图 5-29 双速电动机自动控制电路

KM1（3-7）闭合→中间继电器 KA 线圈通电→KA 所有触点动作。

KA（2-3）闭合→自锁。

KA（3-7）闭合（自锁)→为 KM2 线圈通电做准备。

KA（3-4）断开→KT 线圈断电→开始延时→2)。

2）高速运转。延时结束→KT（5-6）断开→KM1 线圈断电→KM1 所有触点复位。

KM1 主触点断开。

KM1（3-7）断开。

KM1（7-8）闭合→接触器 KM2 线圈通电→KM2 所有触点动作。

KM2 主触点闭合→电动机定子绕组接成双星形联结高速运转。

KM2（3-5）断开→互锁。

二、双速电动机手动控制

按钮切换的双速电动机控制电路如图 5-30 所示。

1）低速运转。按下低速起动按钮 SB2→SB2 的所有触点动作。

SB2 常闭触点先断开→互锁。

SB2 常开触点后闭合→按触器 KM1 线圈通电→KM1 所有触点动作。

KM1 主触点闭合→电动机定子绕组接成三角形联结低速起动运转。

KM1（10-11）断开→互锁。

KM1（3-4）闭合→自锁。

2）高速运转。按下高速运转按钮 SB3→SB3 的所有触点动作。

SB3 常闭触点先断开→KM1 线圈断电→KM1 所有触点复位。

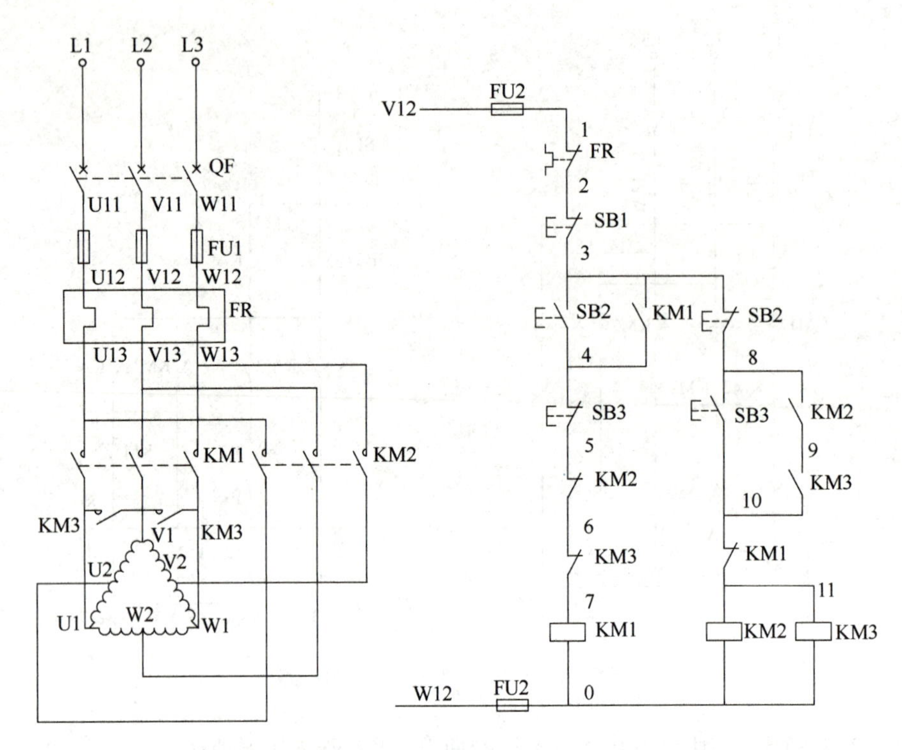

图 5-30　按钮切换的双速电动机控制电路的原理图

KM1 主触点断开。

KM1（3-4）断开→解除自锁。

KM1（10-11）闭合→为 KM2、KM3 线圈通电做准备。

SB3 常开触点后闭合→KM2、KM3 线圈同时通电→KM2、KM3 所有触点动作。

KM2、KM3 主触点闭合→电动机定子绕组接成双星形联结高速运转。

KM2（5-6）、KM3（6-7）断开→互锁。

KM2（8-9）、KM3（9-10）闭合→自锁。

三、三相异步电动机调速电路实训

1. 工具准备

万用表以及螺钉旋具（一字、十字）、剥线钳、尖嘴钳、钢丝钳等常用工具。

2. 实施步骤

1）确定控制方案。根据本任务的任务描述和控制要求，宜选择按钮切换控制方式。

2）绘制原理图、标注节点号码，并说明工作原理和具有的保护。

3）绘制元器件布置图、安装接线图，如图 5-31 所示。

4）选择元器件、导线。根据低压断路器、熔断器、交流接触器、热继电器、复合按钮、端子排、导线的选择原则，结合本任务具体参数（线路额定电压为 AC 380V、电动机额定电流为 15.4A），选择本任务所需元器件、导线的型号和数量参见表 5-5。

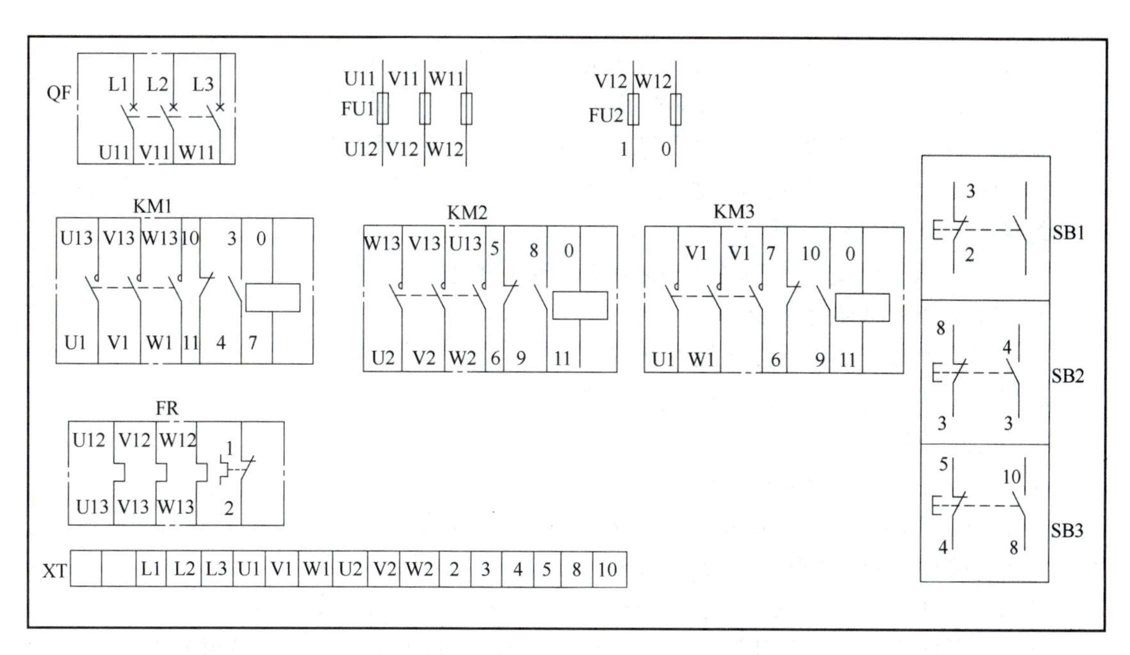

图 5-31　按钮切换的双速电动机调速电路元器件布置图、安装接线图

表 5-5　器材参考表

序号	名称	型号	主要技术数据	数量
1	低压断路器	DZ5-50/300	塑壳式，AC 380V，50A，3 极，无脱扣器	1
2	熔断器（主电路）	RL1-60/40	螺旋式，AC 380V/400V，熔管 60A，熔体 40A	3
3	熔断器（控制电路）	RL1-15/2	螺旋式，AC 380V/400V，熔管 15A，熔体 2A	2
4	交流接触器	CJ20-25	AC 380V，主触点额定电流 25A	3
5	热继电器	JR20-25	热元件号 2T，整定电流范围 11.6～14.3～17A	1
6	复合按钮	LA4-3H	具有 3 对常开、3 对常闭触点，额定电流 5A	1
7	端子排（主电路）	JX3-25	额定电流 25A	12
8	端子排（控制电路）	JX3-5	额定电流 5A	8
9	导线（主电路）	BVR-6	聚氯乙烯绝缘铜芯软线，$6mm^2$	若干
10	导线（控制电路）	BVR-1.5	聚氯乙烯绝缘铜芯软线，$1.5mm^2$	若干

5）检查元器件。

① 用万用表或目视检查元器件数量、质量。

② 测量接触器线圈阻抗，为检测控制电路接线是否正确做准备。

6）固定控制设备并完成接线。根据元器件布置图固定控制设备、根据安装接线图完成接线。接线时注意 KM1、KM2 在两种转速下电源相序的改变，以防高速和低速时的旋转方向相反。

接线工艺要求如下。

① 布线通道尽可能少、导线长度尽可能短、导线数量尽可能少。

② 同路并行导线按主电路、控制电路分类集中，单层密排，紧贴安装面布线。

③ 同一平面的导线应高低一致或前后一致，走线合理，不能交叉或架空。

④ 对螺栓式接点，导线按顺时针方向弯圈；对压片式接点，导线可直接插入压紧；不能压绝缘层，也不能露铜过长。

⑤ 布线应横平竖直，分布均匀，变换走向时应垂直。

⑥ 严禁损坏导线绝缘和线芯。

⑦ 一个接线端子上的连接导线不宜多于两根。

⑧ 进出线应合理汇集在端子排上。

7）检查测量。

① 用万用表测量电源电压是否正常。

② 检测主电路。断开电源进线开关 QF，手动按下接触器衔铁代替接触器通电吸合，检查测量主电路连接是否正确，是否有短路、开路点。

③ 检测控制电路。拿下控制电路熔断器 FU2，万用表表笔搭接在 FU2 的 0、1 端，读数应为∞；按下低速起动按钮 SB2，或者手动压下 KM1 衔铁，读数均应为接触器 KM1 线圈的阻值；此时压下 KM2 或 KM3 的衔铁，读数均应为∞；按下高速起动按钮 SB3，或者同时压下 KM2 和 KM3 的衔铁，读数均应为 KM2 和 KM3 线圈的并联值；此时压下 KM1 的衔铁，读数应为∞；在按下起动按钮 SB2（SB3），或者手动压下 KM1（KM2、KM3）衔铁的同时，按下停止按钮 SB1，或者断开热继电器 FR 的常闭触点，读数均应为∞。

8）通电试车。安上控制回路熔断器 FU2，合上电源进线开关 QF，按下低速起动按钮 SB2，接触器 KM1 应动作并能自保持，电动机低速起动；按高速起动按钮 SB3，KM1 应断电，同时 KM2、KM3 得电并自锁，电动机高速运行；按下停止按钮 SB1，接触器 KM2、KM3 应断电，电动机断电惯性停止。

一、选择题

1. 能在两地或多地控制同一台电动机的控制方式称为电动机的（　　）。

A. 顺序控制　　B. 一地控制
C. 两地控制　　D. 多地控制

2. 采用多地控制时，多地控制的起动按钮应该（　　）。

A. 串联　　B. 并联
C. 混联　　D. 既有串联又有并联

3. 用来表明电动机、电器实际位置的图是（　　）。

A. 电气原理图
B. 电器布置图
C. 功能图
D. 电气系统图

4. 下图中，（　　）是正确表示实现自锁的电路图。

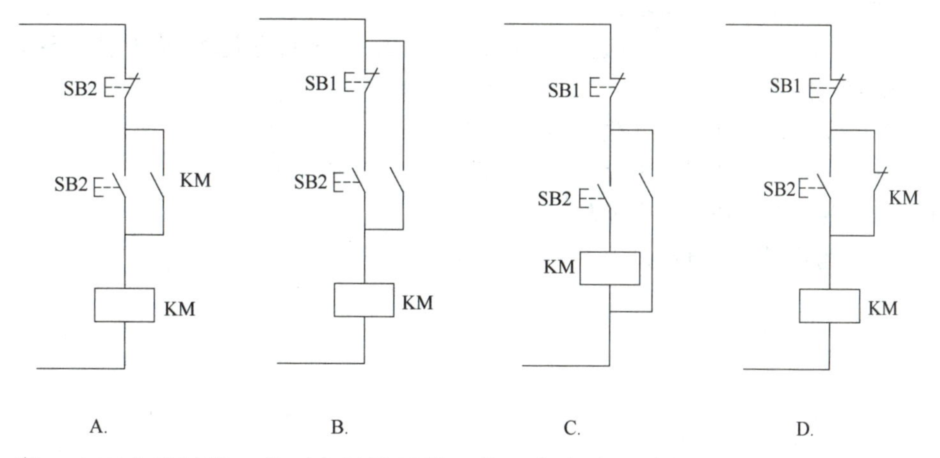

5. 甲、乙两个接触器，若要求甲接触器工作后方允许乙接触器工作，则应（　　）。
A. 在乙接触器线圈电路中串入甲接触器动合触点
B. 在乙接触器线圈电路中串入甲接触器动断触点
C. 在甲接触器线圈电路中串入乙接触器动断触点
D. 在甲接触器线圈电路中串入乙接触器动合触点
6. 正反转控制电路，在实际工作中最常用、最可靠的是（　　）。
A. 倒顺开关　　B. 接触器联锁
C. 按钮联锁　　D. 按钮、接触器双重联锁
7. 三相异步电动机要想实现正反转，需要（　　）。
A. 调整三线中的两线　　B. 三线都调整
C. 接成星形联结　　D. 接成三角形联结
8. 甲、乙两个接触器，欲实现互锁控制，则应（　　）。
A. 甲接触器的线圈电路中串入乙接触器的动断触点
B. 在乙接触器的线圈电路中串入甲接触器的动断触点
C. 在两接触器的线圈电路中互串入对方的动断触点
D. 在两接触器的线圈电路中互串入对方的动合触点
9. 控制工作台自动往返的控制电器是（　　）。
A. 断路器　　B. 时间继电器　　C. 行程开关
10. 在无任何互锁的电动机正反转控制电路中，若两只接触器同时吸合，其后果是（　　）。
A. 电动机不能转动　　B. 电源短路　　C. 电动机转向不定

二、简答题

1. 在长动控制电路中，按下起动按钮，电动机通电旋转；松开起动按钮，电动机断电。试分析出现这一故障的可能原因。

2. 在长动控制电路中，接通控制电路电源，接触器 KM 就频繁通断，试分析出现这一故障的可能原因。

3. 在长动控制电路中，按下起动按钮，电动机通电旋转；按下停止按钮，电动机无法

停止。试分析出现这一故障的可能原因。

4. 设计一个控制电路，要求：

（1）M1 起动 5s 后，M2 自行起动；M2 起动 5s 后，M3 自行起动；M3 起动 5s 后，M1、M2、M3 同时停止。

（2）具有短路、过载、欠（失）电压保护。

5. 设计一个单台三相异步电动机控制电路，要同时满足以下要求：

（1）能实现点动与长动混合控制。

（2）能两地控制这台电动机。

第六章

典型机床控制电路

素养提升

夏立是中国电子科技集团公司第五十四研所钳工，高级技师，担任航空、航天通信天线装配责任人。作为一名钳工，在博士扎堆儿的研究所里毫不显眼，但是博士工程师设计出来的图纸能不能落到实处，都要听听他的意见。几十年的时间里，夏立天天和半成品通信设备打交道，在生产、组装工艺方面，夏立攻克了一个又一个难关，创造了一个又一个奇迹。

上海65m射电望远镜要实现灵敏度高、指向精确等性能，其核心部件方位俯仰控制装置的齿轮间隙要达到0.004mm。完成这个“不可能的任务”的，就是有着近30年钳工经验的夏立。作为通信天线装配责任人，夏立还先后承担了“天眼”射电望远镜、嫦娥四号卫星、索马里护航军舰、“9·3”阅兵参阅方阵上通信设施的卫星天线预研与装配、校准任务。

“工匠精神就是坚持把一件事做到最好。”夏立是这么说的，也是如此坚持的。铸就大国工匠，绝非一日之功，需要日积月累、千锤百炼、勤学苦练、精益求精！

第一节　CA6140型车床电气电路

一、机床电气原理图的识读方法

掌握机床电气原理图的识读方法，对于分析电气电路、排除机床电路故障是十分有意义的。机床电气原理图一般由主电路、控制电路、辅助电路等几部分组成，识读方法如下。

（1）阅读相关的技术资料　在识读机床电气原理图前，应阅读相关的技术资料，对设备有一个总体了解。阅读的主要内容有：

1）设备的基本结构、运动形式、工艺要求和操作方法。

2）设备机械、液压系统的基本结构、原理以及与电气控制系统的关系。

3）相关电器的安装位置和在控制电路中的作用。

4）设备对电力拖动的要求，对电气控制和保护的要求。

（2）识读主电路　主电路是全图的基础，电气原理图主电路的识读一般按照以下四个步骤进行。

6-1　典型机床控制电路导论

1）看电路及设备的供电电源。

2）分析主电路共有几台电动机，并了解各台电动机的作用。

3）分析各台电动机的工作状况及它们的制约关系。

4）了解电动机经过哪些控制电器到达电源，与这些器件有关联的部分各处在图上哪个区域，各台电动机相关的保护电器有哪些。

（3）识读控制电路　控制电路是全图的重点，在分析时要结合主电路的控制要求，利用前面介绍过的基础知识，将控制电路划分为若干个单元，按以下三个步骤进行分析。

1）弄清控制电路的电源电压。电动机台数较少、控制线路简单的设备，其控制电路的电源电压常采用 AC 380V；电动机台数较多、控制线路复杂的设备，其控制电路的电源电压常采用 AC 220V、AC 127V、AC 110V 等，这些控制电压可由控制变压器提供。

2）按布局顺序从左到右依次看懂每条控制支路是如何控制主电路的。

3）结合主电路有关元器件对控制电路的要求，分析出控制电路的动作过程。

（4）识读辅助电路　辅助电路部分相对简单和独立，主要包括检测电路、信号指示电路、照明电路等环节。

（5）联锁与保护环节　为了满足生产机械对安全性、可靠性的要求，在控制电路中还设置了一系列的电气保护和联锁。在识读机床电气原理图过程中，要结合主电路和控制电路的控制要求进行分析。

二、CA6140 型车床的主要结构、运动形式及控制要求

CA6140 型车床是一种应用极为广泛的金属切削机床，能够车削外圆、内圆、端面和螺纹，也可以用钻头或铰刀进行钻孔或铰孔。其型号“CA6140”的含义：C 表示车床；A 表示改进型；6 表示组代号（即落地式）；1 表示系代号（即卧式车床系）；40 表示最大车削直径为 400mm。

1. 主要结构

CA6140 型车床的结构示意图如图 6-1 所示。

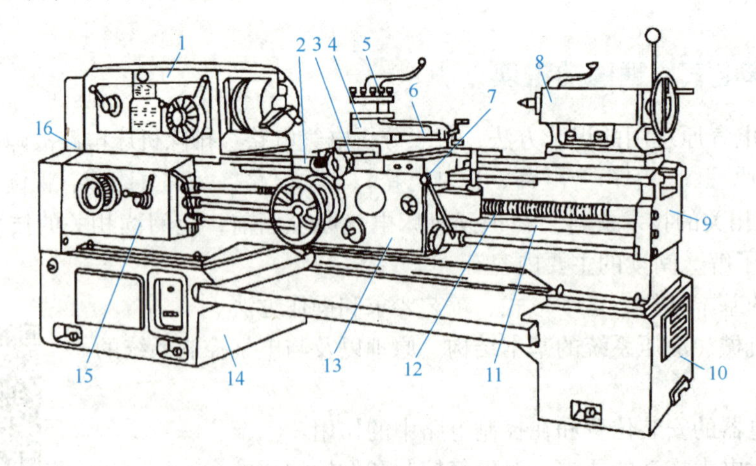

图 6-1　CA6140 型车床结构示意图

1—主轴箱　2—纵溜板　3—横溜板　4—转盘　5—方刀架　6—小溜板　7—操纵手柄　8—尾座　9—床身　10—右床座　11—光杠　12—丝杠　13—溜板箱　14—左床座　15—进给箱　16—交换齿轮架

2. 运动形式

1）主运动。工件的旋转运动，由主轴通过卡盘带动工件旋转。

2）进给运动。溜板带动刀架的纵向或横向直线运动，分手动和电动两种。

3）辅助运动。刀架的快速移动、尾架的移动、工件的夹紧与放松等。

3. 控制要求

1）主轴电动机一般选用三相交流笼型异步电动机，为了保证主运动与进给运动之间严格的比例关系，由一台电动机采用齿轮箱进行机械有级调速来拖动。

2）车床在车削螺纹时，主轴通过机械方法实现正反转。

3）主轴电动机的起动、停止采用按钮操作。

4）刀架快速移动由单独的快速移动电动机拖动，采用点动控制。

5）车削加工时，由于刀具及工件温度过高，有时需要冷却，故配有冷却泵电动机。在主轴起动后，根据需要决定冷却泵电动机是否工作。

6）具有必要的过载、短路、欠电压、失电压、安全保护。

7）具有电源指示和安全的局部照明装置。

三、CA6140 型车床电气原理图分析

6-2　车床的电气控制电路分析

CA6140 型车床的电气原理图如图 6-2 所示。

（1）主电路　电源由总开关 QF 控制，熔断器 FU 用于主电路短路保护，熔断器 FU1 用于功率较小的两台电动机的短路保护。主电路包含三台电动机，即主轴电动机、冷却泵电动机和刀架快速移动电动机。

1）主轴电动机 M1。由交流接触器 KM 控制，热继电器 FR1 作过载保护。

2）冷却泵电动机 M2。由中间继电器 KA1 控制，热继电器 FR2 作过载保护。

3）刀架快速移动电动机 M3。由中间继电器 KA2 控制，因其为短时工作状态，热继电器来不及反映其过载电流，故不设过载保护。

（2）控制电路　由控制变压器 TC 的次级输出 AC 110V 电压，作为控制电路的电源。

1）机床电源的引入。合上配电箱门（使装于配电箱门后的 SQ2 常闭触点断开）、插入钥匙将开关旋至“接通”位置（使 SB 常闭触点断开），跳闸线圈 QF 无法通电，此时方能合上电源总开关 QF。

为保证人身安全，必须将传动带罩合上（装于主轴传动带罩后的位置开关 SQ1 常开触点闭合），才能起动电动机。

2）主轴电动机 M1 的控制。

① M1 起动。按下 SB2，KM 线圈得电，3 个位于 2 区的 KM 主触点闭合，M1 起动运转；同时位于 10 区的 KM 常开触点闭合（自锁）、位于 12 区的 KM 常开触点闭合（顺序起动，为 KA1 得电做准备）。

② M1 停止。按下 SB1，KM 线圈断电，KM 所有触点复位，M1 断电惯性停止。

3）冷却泵电动机 M2 的控制。

① M2 起动。当主轴电动机 M1 起动（位于 12 区的 KM 常开触点闭合）后，转动 SB4

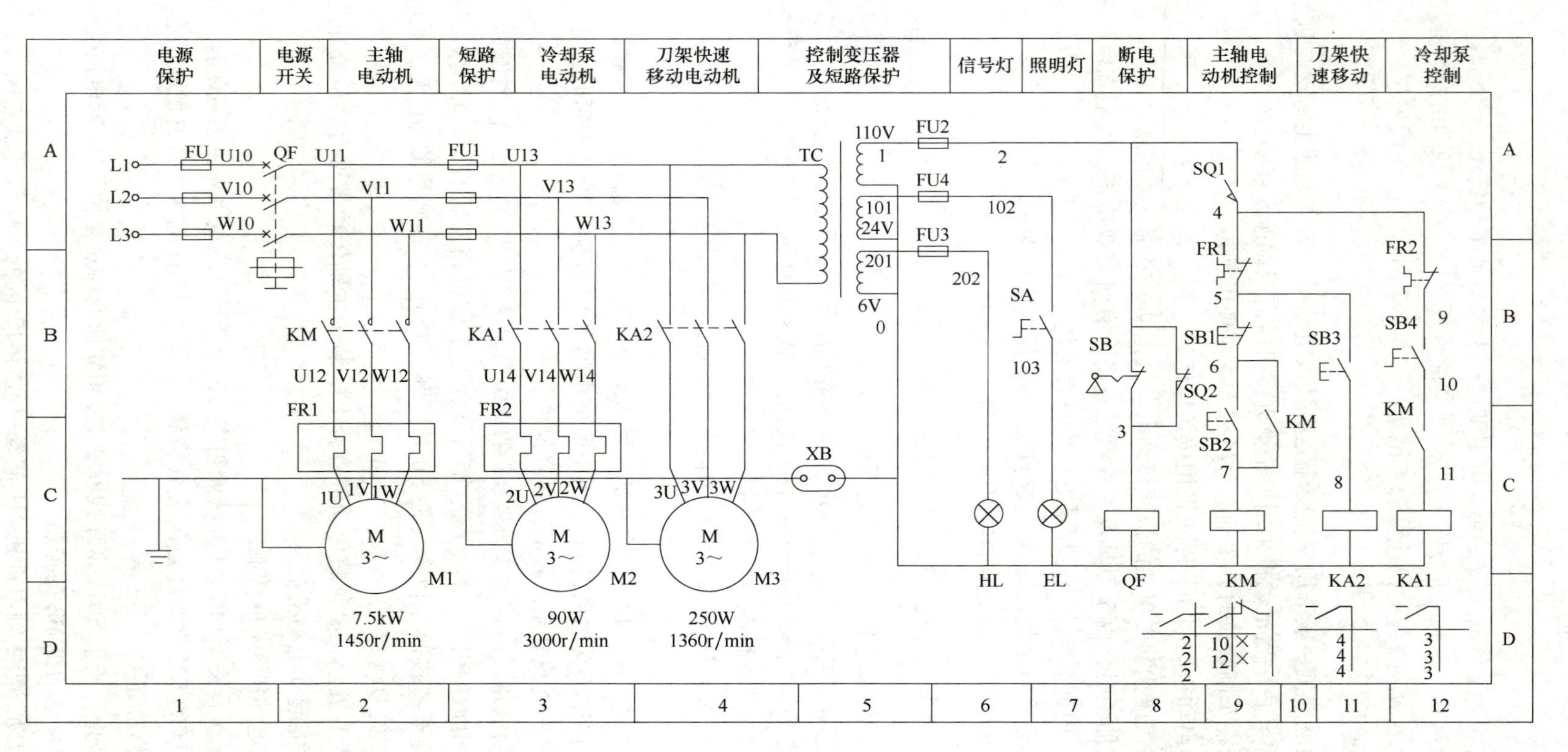

图 6-2 CA6140 型车床的电气原理图

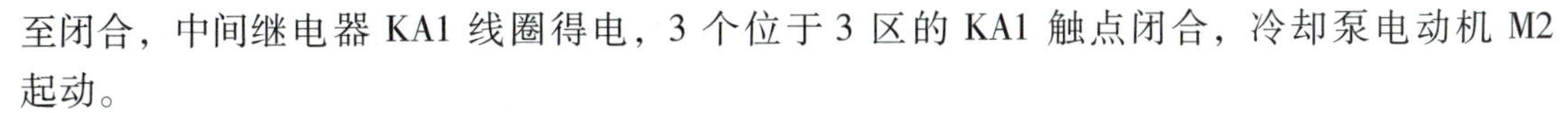

至闭合，中间继电器 KA1 线圈得电，3 个位于 3 区的 KA1 触点闭合，冷却泵电动机 M2 起动。

② M2 停止。当主轴电动机 M1 停止，或转动 SB4 至断开后，中间继电器 KA1 线圈断电，KA1 所有触点复位，冷却泵电动机 M2 断电。

显然，冷却泵电动机 M2 与主轴电动机 M1 采用顺序控制。只有当 M1 起动后，M2 才能起动；M1 停止后，M2 自动停止。

4）快速移动电动机 M3 的控制。刀架移动方向（前、后、左、右）的改变，是由进给操作手柄配合机械装置实现的。

① M3 起动。按住 SB3，中间继电器 KA2 线圈通电，3 个位于 4 区的 KA2 触点闭合，M3 起动。

② M3 停止。松开 SB3，中间继电器 KA2 线圈断电，KA2 所有触点复位，M3 停止。

显然，这是一个点动控制。

（3）辅助电路　为保证安全、节约电能，控制变压器 TC 的次级输出 AC 24V 和 AC 6V 电压，分别作为机床照明灯和信号灯的电源。

1）指示电路。合上电源总开关 QF，信号灯 HL 亮；断开电源总开关 QF，信号灯 HL 灭。

2）照明电路。将转换开关 SA 旋至接通位置，照明灯 EL 亮；将转换开关 SA 旋至断开位置，照明灯 EL 灭。

（4）保护环节

1）短路保护。由 FU、FU1、FU2、FU3、FU4 分别实现对全电路、M2/M3/TC 一次侧、控制回路、信号回路、照明回路的短路保护。

2）过载保护。由 FR1、FR2 分别实现对主轴电动机 M1、冷却泵电动机 M2 的过载保护。

3）欠、失电压保护。由接触器 KM、中间继电器 KA1、KA2 实现。

4）安全保护。由行程开关 SQ1、SQ2 实现。

四、CA6140 型车床电气电路典型故障的分析与检修

6-3　车床电气控制电路故障分析

1. 电气控制电路故障诊断的步骤和注意事项

（1）故障调查

1）问。询问机床操作人员，故障发生前后的情况如何，有利于根据电气设备的工作原理来判断发生故障的部位，分析出故障的原因。

2）看。观察熔断器内的熔体是否熔断；其他电器元件是否烧毁、发热、断线；导线连接螺钉是否松动；触点是否氧化、积尘等。要特别注意高电压、大电流的地方，活动机会多的部位，容易受潮的接插件等。

3）听。电动机、变压器、接触器等正常运行时的声音和发生故障时的声音是有区别的，听声音是否正常，可以帮助寻找故障的范围、部位。

4）闻。辨别有无异味，如绝缘烧毁会产生焦糊味等。

5）摸。电动机、电磁线圈、变压器等发生故障时，温度会显著上升，可切断电源后用手去触摸、判断元件是否正常。

注意，不论电路通电或是断电，要特别注意不能用手直接去触摸金属触点，必须借助仪表来测量。

（2）电路分析　根据故障现象和调查结果，结合该电气设备的电气原理图，初步判断出故障产生的部位，然后逐步缩小故障范围，直至找到故障点并加以消除。

无电气原理图时，首先查清不动作的电动机的工作电路。在不通电的情况下，以该电动机的接线盒为起点开始查找，顺着电源线找到相应的控制接触器。然后，以此接触器为核心，一路从主触点开始，继续查到三相电源，查清主电路；一路从接触器线圈的两个接线端子开始向外延伸，弄清控制电路的来龙去脉。必要的时候边查找边画出草图。若需拆卸，则要记录拆卸的顺序、电器的结构等，再采取排除故障的措施。

分析故障时应有针对性，如接地故障一般先考虑电气柜外的电气装置，后考虑电气柜内的电器元件；断路和短路故障，应先考虑动作频繁的元件，后考虑其余元件。

（3）断电检查　检查前先断开机床总电源，然后根据故障可能产生的部位，逐步找出故障点。检查时应先检查电源线进线处有无碰伤而引起的电源接地、短路等现象，螺旋式熔断器的熔断指示器是否跳出，热继电器是否动作。然后检查电器元件外部有无损坏，连接导线有无断路、松动，绝缘有否过热或烧焦。

（4）通电检查　做断电检查仍未找到故障时，可对电气设备做通电检查。

在通电检查时要尽量使电动机和其所传动的机械部分脱开，将控制器和转换开关置于零位，行程开关还原到正常位置。然后用万用表检查电源电压是否正常，有否缺相或三相严重不平衡。再进行通电检查，检查的顺序为：先检查控制电路，后检查主电路；先检查辅助系统，后检查主传动系统；先检查交流系统，后检查直流系统；合上开关，观察各电器元件是否按要求动作，是否有冒火、冒烟、熔断器熔断的现象，直至查到发生故障的部位。

（5）在检修机床电气故障时应注意的问题

1）检修前应将机床清理干净。

2）将机床电源断开。

3）若电动机不能转动，要从电动机有无通电、控制电动机的接触器是否吸合入手，决不能立即拆修电动机。通电检查时一定要先排除短路故障，在确认无短路故障后方可通电，否则会造成更大的事故。

4）当需要更换熔断器的熔体时，新熔体必须与原熔体型号相同，不得随意扩大容量，以免造成更大的事故或留下更大的后患。熔体熔断，说明电路存在较大的冲击电流，如短路、严重过载、电压波动很大等。

5）热继电器的动作、烧毁，也要求先查明过载原因，否则故障还是会重现。修复后一定要按技术要求重新整定保护值，并要进行可靠性试验，以免失控。

6）用万用表电阻档测量触点、导线通断时量程置于“×1Ω 档”。

7）如果要用绝缘电阻表检测电路的绝缘电阻，则应断开被测支路与其他支路的联系，避免影响测量结果。

8）在拆卸元器件时，特别是对不熟悉的机床，一定要仔细观察，理清控制电路，及时做好记录、标号，以便复原。

9）试车前先检测电路是否存在短路现象，注意人身及设备安全。

10）机床故障排除后，一切均要复原。

2. 检查故障的常用方法

检查故障的常用方法有电压法、电阻法、短接法、等效替代法等。

（1）电压测量法　电压测量法指利用万用表电压档，通过测量机床电气电路上某两点间的电压值来判断故障点的范围或故障元器件的方法。

1）电压分阶测量法。电压分阶测量法如图 6-3 所示。

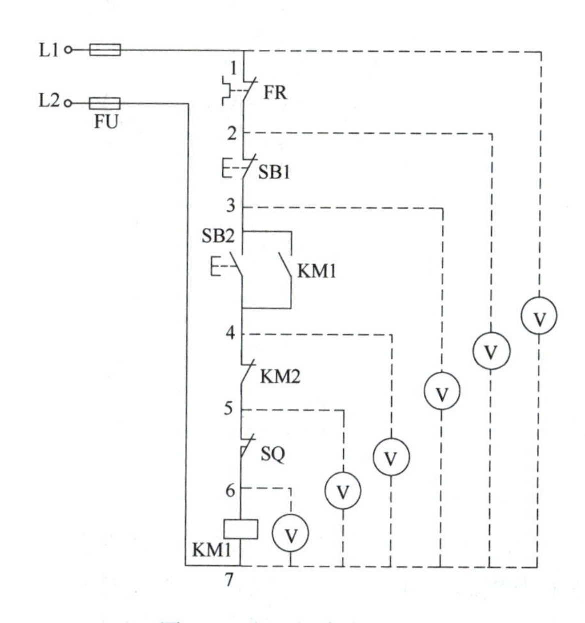

图 6-3　电压的分阶测量法

检查时把万用表调到交流电压 500V 档位上。首先用万用表测量 7、1 两点间的电压，若电压为 380V，则说明控制电路的电源正常。然后按住起动按钮 SB2 不放，同时将黑色表笔接到点 7 上，红色表笔依次接到 2、3、4、5、6 各点上，依次测量 7-2、7-3、7-4、7-5、7-6 两点间的电压，各阶的电压值均应为 380V。若测得某两点（如 7-5 点）之间无电压，说明点 5 以前的触点或接线有断路故障，一般是点 5 后第一个触点（KM2）接触不良或连接线断路。这种测量方法如台阶一样依次测量电压，所以称为电压分阶测量法。电压分阶测量法查找故障原因见表 6-1。

表 6-1　电压分阶测量法查找故障原因

故障现象	测试状态	分阶电压/V					故障原因
		7-2	7-3	7-4	7-5	7-6	
按下 SB2，KM1 不吸合	按住 SB2 不放	0	0	0	0	0	FR 常闭触点接触不良或连线开路
		380	0	0	0	0	SB1 常闭接触不良或连线开路
		380	380	0	0	0	SB2 常开接触不良或连线开路
		380	380	380	0	0	KM2 常闭接触不良或连线开路
		380	380	380	380	0	SQ 常闭触点接触不良或连线开路
		380	380	380	380	380	KM1 线圈开路或连线开路

2）电压分段测量法。电压的分段测量法如图 6-4 所示。

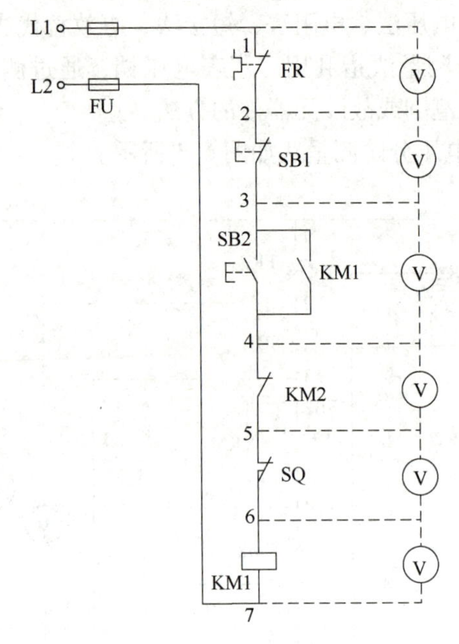

图 6-4　电压的分段测量法

检查时把万用表调到交流电压 500V 档位上。首先用万用表测量 1、7 两点间的电压，若电压为 380V，则说明控制电路的电源正常。然后按住起动按钮 SB2 不放，逐段测量相邻两点 1-2、2-3、3-4、4-5、5-6、6-7 间的电压，根据其测量结果即可找出故障原因。电压分段测量法查找故障原因见表 6-2。

表 6-2　电压分段测量法查找故障原因

故障现象	测试状态	分段电压/V						故障原因
		1-2	2-3	3-4	4-5	5-6	6-7	
按下 SB2，KM1 不吸合	按住 SB2 不放	380	0	0	0	0	0	FR 常闭触点接触不良或连线开路
		0	380	0	0	0	0	SB1 常闭触点接触不良或连线开路
		0	0	380	0	0	0	SB2 常开触点接触不良或连线开路
		0	0	0	380	0	0	KM2 常闭触点接触不良或连线开路
		0	0	0	0	380	0	SQ 常闭触点接触不良或连线开路
		0	0	0	0	0	380	KM1 线圈开路或连线开路

（2）电阻测量法　电阻测量法指利用万用表电阻档，通过测量机床电气电路上某两点间的电阻值来判断故障点的范围或故障元器件的方法。

1）电阻分阶测量法。电阻的分阶测量法如图 6-5 所示。

断开控制电源，按下 SB2 不放松，用万用表的电阻档先测量 1-7 两点间的电阻，如电阻值为“∞”，说明 1-7 之间的电路有开路。然后分阶测量 1-2、1-3、1-4、1-5、1-6、1-7 各点间电阻值。若电路正常，则各两点间的电阻值为“0”，当测量到某标号间的电阻值为“∞”，则说明表笔刚跨过的触点接触不良或连接导线开路。电阻分阶测量法查找故障原因见表 6-3。

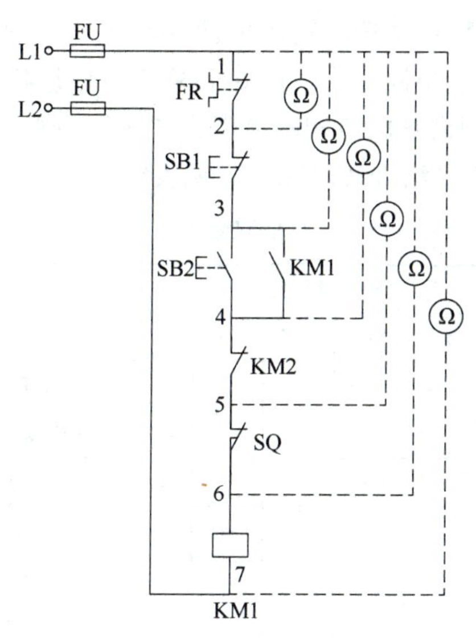

图 6-5　电阻的分阶测量法

表 6-3　电阻分阶测量法查找故障原因

故障现象	测试状态	分阶电阻/Ω						故障原因
		1-2	1-3	1-4	1-5	1-6	1-7	
按下 SB2，KM1 不吸合	按住 SB2 不放	∞	—	—	—	—	—	FR 常闭触点接触不良或连线开路
		0	∞	—	—	—	—	SB1 常闭触点接触不良或连线开路
		0	0	∞	—	—	—	SB2 常开触点接触不良或连线开路
		0	0	0	∞	—	—	KM2 常闭触点接触不良或连线开路
		0	0	0	0	∞	—	SQ 常闭触点接触不良或连线开路
		0	0	0	0	0	∞	KM1 线圈开路或连线开路

2）电阻分段测量法。电阻的分段测量法如图 6-6 所示。

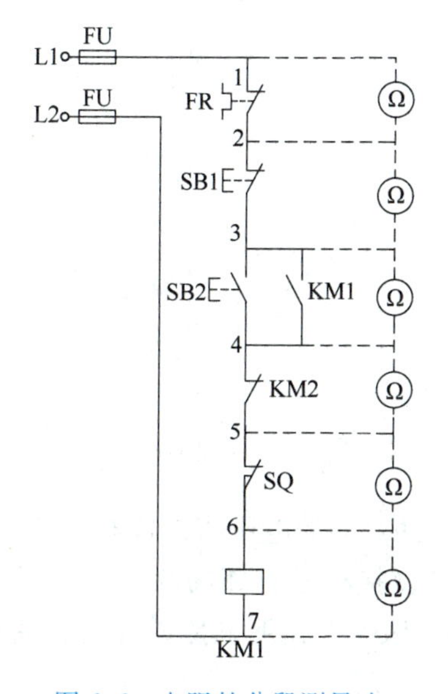

图 6-6　电阻的分段测量法

断开控制电源，按下 SB2 不放松，然后依次逐段测量相邻两标号电 1-2、2-3、3-4、4-5、5-6、6-7 点间的电阻。若电路正常，除 6-7 两点间的电阻值为 KM1 线圈电阻外，其余各标号间电阻应为“0”。如测得某两点间的电阻为“∞”，则说明这两点间的触点接触不良或连接导线开路。电阻分段测量法查找故障原因见表 6-4。

表 6-4　电阻分段测量法查找故障原因

故障现象	测试状态	分段电阻/Ω						故障原因
		1-2	2-3	3-4	4-5	5-6	6-7	
按下 SB2，KM1 不吸合	按住 SB2 不放	∞	—	—	—	—	—	FR 常闭触点接触不良或连线开路
		0	∞	—	—	—	—	SB1 常闭触点接触不良或连线开路
		0	0	∞	—	—	—	SB2 常开触点接触不良或连线开路
		0	0	0	∞	—	—	KM2 常闭触点接触不良或连线开路
		0	0	0	0	∞	—	SQ 常闭触点接触不良或连线开路
		0	0	0	0	0	∞	KM1 线圈开路或连线开路

3）电阻测量法的注意事项。

① 用电阻测量法检查故障时一定要断开电源。

② 如果被测的电路与其他电路并联，必须将其他电路断开，即断开寄生回路，否则所得的电阻值是不准确的。

③ 测量高电阻值的电器元件时，把万用表的选择开关旋转至适当的电阻档位。

（3）短接法　短接法是指用导线将机床电路中两等点位点短接，以缩小故障范围，从而确定故障范围或故障点的方法。

1）局部短接法。局部短接法如图 6-7 所示。

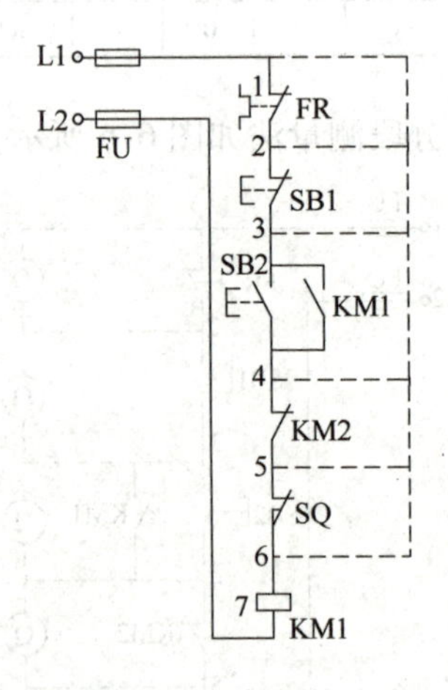

图 6-7　局部短接法

检查前先用万用表测量 1-7 两点间的电压值，若电压正常，可按下起动按钮不放松，然后用一根绝缘良好的导线，分别短接标号相邻的两点，如短接 1-2、2-3、3-4、4-5、5-6。当短接到某两点时，接触器 KM1 吸合，说明断路故障就在两点之间。局部短接法查找故障原因见表 6-5。

表 6-5　局部短接法查找故障原因

故障现象	短接点	KM1 的动作	故障原因
按下 SB2，KM1 不吸合	1-2	吸合	FR 常闭触点接触不良或连线开路
	2-3	吸合	SB1 常闭触点接触不良或连线开路
	3-4	吸合	SB2 常开触点接触不良或连线开路
	4-5	吸合	KM2 常闭触点接触不良或连线开路
	5-6	吸合	SQ 常闭触点接触不良或连线开路

2）长短接法。长短接法如图 6-8 所示。

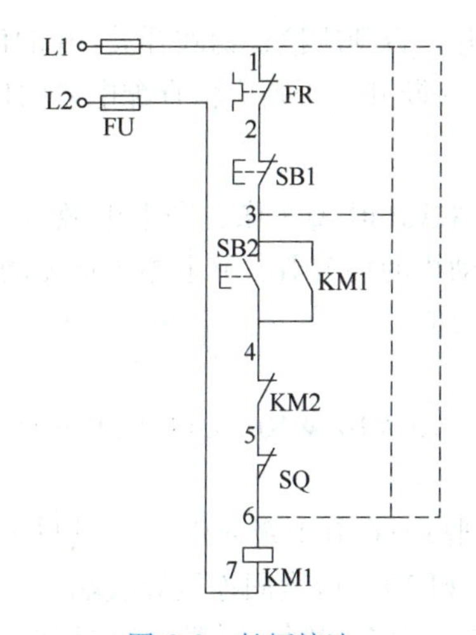

图 6-8　长短接法

当 FR 的常闭触点和 SB1 的常闭触点同时接触不良时，若用上述局部短接法短接 1-2 点，按下起动按钮 SB2，KM1 仍然不会吸合，此时可能会造成判断错误。

长短接法是指一次短接两个或多个触点，检查断路故障的方法。检查前先用万用表测量 1-7 两点间的电压值，若电压正常，用一根绝缘良好的导线将 1-6 短接，若 KM1 吸合，则说明 1-6 段电路中有断路故障，然后短接 1-3 和 3-6，若短接 1-3 时 KM1 吸合，则说明故障在 1-3 段电路，再用局部短接法短接 1-2 和 2-3，就能很快地排除电路的断路故障。

长短接法可把故障点缩小到一个较小的范围，长短接法和局部短接法结合使用，可以很快找出故障点。

3）短接法的注意事项。

① 短接法是用手拿绝缘导线带电操作的，所以一定要注意安全，避免触电事故发生。

② 短接法只适用于检查电压等级较低、电流较小的导线和触点之类的开路故障，对于电压等级较高、电流较大的导线和触点之类的开路故障不能采用短接法。

③ 对于机床的某些重要部位，必须在保障电器设备或机械部位不会出现事故的前提下才能使用短接法。

（4）等效替代法　等效替代法是指用完好的、同型号的电器元件替代怀疑可能已经损坏的电器元件，来判断故障点的范围或故障元器件的方法。

五、CA6140 型车床电气电路的故障检修方法

（一）电源故障

1. 电源总开关故障

（1）故障描述　现有一台 CA6140 型车床，欲进行车削加工，但电源总开关 QF 合不上。

（2）故障分析　CA6140 型车床的电源开关 QF 采用钥匙开关作为开锁断电保护、用行程开关 SQ2 作配电箱门开门断电保护。因此，出现这个故障时，应首先检查钥匙开关 SB 和行程开关 SQ2。

（3）故障检修

① 钥匙开关 SB 触点应断开，否则应检查钥匙开关 SB 的位置、维修或更换钥匙开关。

② 配电箱门行程开关 SQ2 应断开，否则应检查配电箱门位置、维修或更换行程开关。

2. “全无”故障

（1）故障描述　现有一台 CA6140 型车床，合上电源总开关 QF 后，信号灯、照明灯、机床电动机都不工作，控制电动机的接触器、继电器等均无动作和声响。

（2）故障分析　由于 FU2、FU3、FU4 同时熔断的可能性极小，故应首先检查三相交流电源。

（3）故障检修　依次测量 U10-V10-W10、U11-V11-W11、U13-V13-W13 任意两相之间的电压。

① 若指示值不是 380V，则故障在其上级元件（如测量 U13-V13-W13 之间的电压指示值不是 380V，则故障在熔断器 FU1），应紧固连接导线端子、检修或更换元件。

② 若指示值均为 380V，则故障在控制变压器 TC 或熔断器 FU2、FU3、FU4，应紧固连接导线端子、检修或更换元件。

（二）主轴电动机电路故障

1. 主轴电动机 M1 不能起动

（1）故障描述　现有一台 CA6140 型车床，在准备加工时发现主轴不能起动，但刀架快速移动电动机、冷却泵电动机、信号灯、照明灯工作正常。

（2）故障分析　由于刀架快速移动电动机、冷却泵电动机、信号灯、照明灯工作正常，故只需检查主轴电动机 M1 的主电路和控制电路。

（3）故障检修　断开电动机进线端子，合上断路器 QF，按下起动按钮 SB2。

① 若接触器 KM 吸合，则应依次检查 U12-V12-W12、1U-1V-1W 之间的电压；若指示值均为 380V，则故障在电动机，应检修或更换；若指示值不是 380V，则故障在其上级元件，应紧固连接导线端子、检修或更换元件。

② 若接触器 KM 不吸合，则应依次检查：停止按钮 SB1 应闭合、起动按钮 SB2 应能闭合、接触器 KM 线圈应完好、所有连接导线端子应紧固，否则应维修或更换同型号元件、紧固连接导线端子。

2. 主轴电动机 M1 起动后不能自锁

（1）故障描述　现有一台 CA6140 型车床，在准备加工时发现按下主轴起动按钮 SB2，主轴电动机起动，松开主轴起动按钮 SB2，主轴电动机停止。

（2）故障分析　这个故障的唯一可能是自锁回路断路。

（3）故障检修

① 检查接触器 KM 的自锁触点接触情况，若接触不良应维修或更换。

② 检查接触器 KM 的自锁触点上两根导线连接情况，若松脱应紧固。

3. 主轴电动机 M1 不能停车

（1）故障描述　一台 CA6140 型车床，加工时发现按下主轴停止按钮 SB1，主轴电动机不能停止。

（2）故障分析　出现这个故障的唯一可能是接触器 KM 主触点没有断开。

（3）故障检修　断路器 QF，观察接触器 KM 的动作情况。

①若接触器 KM 立即释放，则故障为 SB1 触点直通或导线短接，应维修或更换 SB1。

②若接触器 KM 缓慢释放，则故障为铁心表面粘有污垢，应维修。

③接触器 KM 不释放，则故障为主触点熔焊，应维修或更换。

4. 主轴电动机 M1 在运行中突然停车

（1）故障描述　一台 CA6140 型车床，在加工过程中主轴电动机突然自行停车。

（2）故障分析　这个故障的最大可能是电源断电或电动机过载。

（3）故障检修

① 检查电源电压是否丢失，若电源断电应尝试恢复供电。

② 检查热继电器 FR1 是否动作，若热继电器 FR1 动作，应查明原因（三相电源电压不平衡、电源电压较长时间过低、负载过重）、排除故障后才能使其复位。

（三）刀架快速移动电动机电路故障

（1）故障描述　一台 CA6140 型车床，在车削加工时，刀架不能快速移动，但主轴电动机、冷却泵电动机、信号灯、照明灯工作正常。

（2）故障分析　由于主轴电动机、冷却泵电动机、信号灯、照明灯工作正常，故只需检查刀架快速移动电动机 M3 的主电路和控制电路。

（3）故障检修　断开电动机进线端子，合上断路器 QF，按下起动按钮 SB3。

1）若中间继电器 KA2 吸合，则应检查 3U-3V-3W 之间的电压。

① 若指示值为 380V，则故障在电动机，应检修或更换。

② 若指示值不是 380V，则故障在 KA2，应紧固连接导线端子、检修或更换元件。

2）若中间继电器 KA2 不吸合，则应依次检查：按钮 SB3 应闭合，中间继电器 KA2 线圈应完好，所有连接导线端子应紧固。否则应维修或更换同型号元件、紧固连接导线端子。

（四）冷却泵电动机电路故障

（1）故障描述　现有一台 CA6140 型车床，在车削加工时，冷却泵电动机不能工作，但主轴电动机、刀架快速移动、信号灯、照明灯工作正常。

（2）故障分析　由于主轴电动机、刀架快速移动电动机、信号灯、照明灯工作正常，故只需检查冷却泵电动机 M2 的主电路和控制电路。

（3）故障检修　断开电动机进线端子，合上断路器 QF，起动主轴电动机，转动 SB4 至闭合。

1）若中间继电器 KA1 吸合，则应依次检查 U14-V14-W14、2U-2V-2W 之间的电压。

① 若指示值均为380V，则故障在电动机，应检修或更换。

② 若指示值不是380V，则故障在其上级元件，应紧固连接导线端子、检修或更换元件。

2）若中间继电器KA1不吸合，则应依次检查：热继电器RF2常闭触点应闭合，旋钮开关SB4应闭合，接触器KM的常开触点应闭合，中间继电器KA1线圈应完好，所有连接导线端子应紧固。否则应维修或更换同型号元件、紧固连接导线端子。

（五）照明电路故障

（1）故障描述　现有一台CA6140型车床，在车削加工时，照明灯突然熄灭，但主轴电动机、冷却泵电动机、刀架快速移动电动机、信号灯工作正常。

（2）故障分析　障相对简单，只需检查照明回路即可。

（3）故障检修　检查：电源电压应为24V、熔断器FU4应完好、转换开关SA应闭合、照明灯EL应完好、所有连接导线端子应紧固，否则应维修或更换同型号元件、紧固连接导线端子。

第二节　XA6132型铣床电气电路

一、XA6132型铣床的主要结构、运动形式及控制要求

XA6132型铣床是一种通用的多用途机床，可用来加工平面、斜面、沟槽；装上分度头后，可以铣削直齿轮和螺旋面；加装回转工作台，可以铣切凸轮和弧形槽。

1. 主要结构

XA6132型铣床的结构示意图如图6-9所示。

2. 运动形式

（1）主运动　主轴带动铣刀的旋转运动。

（2）进给运动　工作台带动工件的上下、左右、前后运动和回转工作台的旋转运动。

（3）辅助运动　工作台带动工件在上下、左右、前后6个方向上的快速移动。

3. 控制要求

1）由于铣床的主运动与进给运动之间没有严格的速度比例关系，因此，主轴的旋转和工作台的进给分别采用单独的笼型异步电动机（M1、M2）拖动；为了对刀具和工件进行冷却，由冷却泵电动机M3将切削液输送到机床切削部位。

2）铣削有顺铣和逆铣两种加工方式，要求主轴电动机能实现正、反转。但因其变换不频繁，并且在加工过程中无需改变旋转方向，故可根据工艺要求和铣刀的种类，在加工前预先选择主轴电动机的旋转方向。

3）由于铣刀是一种多刃刀具，其铣削过程是断续的，因此为了减小负载波动对铣刀转速的影响，主轴上装有惯性飞轮。然而因其惯性较大，为了提高工作效率，要求主轴电动机采用停车制动控制。

4）铣床的工作台有6个方向（上、下、左、右、前、后）的进给运动和快速移动，由

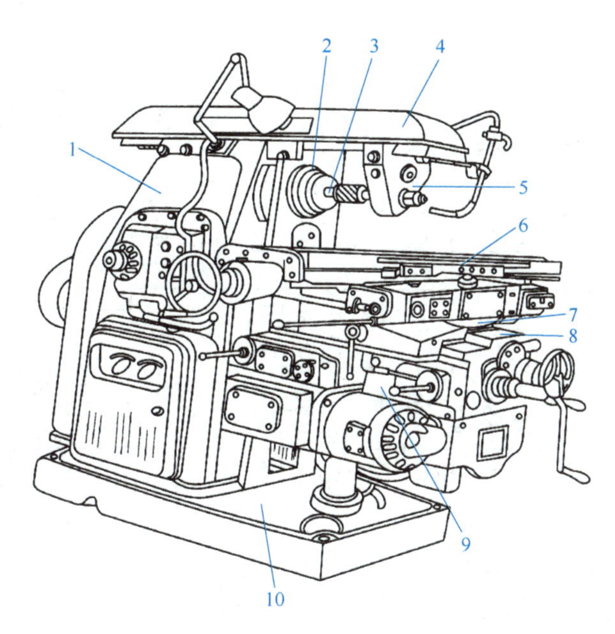

图 6-9　XA6132 型铣床结构示意图

1—床身　2—主轴　3—刀杆　4—悬梁　5—刀杆支架　6—工作台
7—转盘　8—横溜板　9—升降台　10—底座

进给电动机 M2 分别拖动 3 根进给丝杠实现，因此要求进给电动机 M2 能实现正、反转控制；进给的快速移动通过电磁离合器和机械挂档改变传动链的传动比来完成；为扩大加工能力，工作台上还可加装回转工作台，回转工作台的回转运动由进给电动机 M2 经传动机构驱动。

5）主轴电动机 M1 与进给电动机 M2 采用机械变速的方法，利用变速盘进行速度选择，通过改变变速箱的传动比实现调速。为保证变速齿轮能很好地啮合，调整变速盘时要求电动机具有瞬时冲动（短时转动）控制。

6）为避免铣刀与工件碰撞而造成事故，要求在铣刀旋转之后进给运动才能进行、铣刀停止旋转之后进给运动同时停止。

7）为了方便操作，要求在机床的正面和侧面都能控制主轴电动机 M1 和进给电动机 M2。

8）为了更换铣刀方便、安全，要求换刀时，一方面将主轴制动，另一方面将控制电路切断，避免出现人身事故。

9）为了保证安全，要求在铣削加工时，安装在工作台上的工件只能在三个坐标的 6 个方向（上、下、左、右、前、后）上向一个方向进给；使用回转工作台时，不允许工件在三个坐标的 6 个方向（上、下、左、右、前、后）上有任何进给。

10）具有必要的过载、短路、欠电压、失电压、安全保护和安全的局部照明。

二、XA6132 型铣床电气原理图分析

XA6132 型铣床的电气原理图如图 6-10 所示，各转换开关位置与触点通断情况见表 6-6。

6-4　铣床的电气控制电路分析

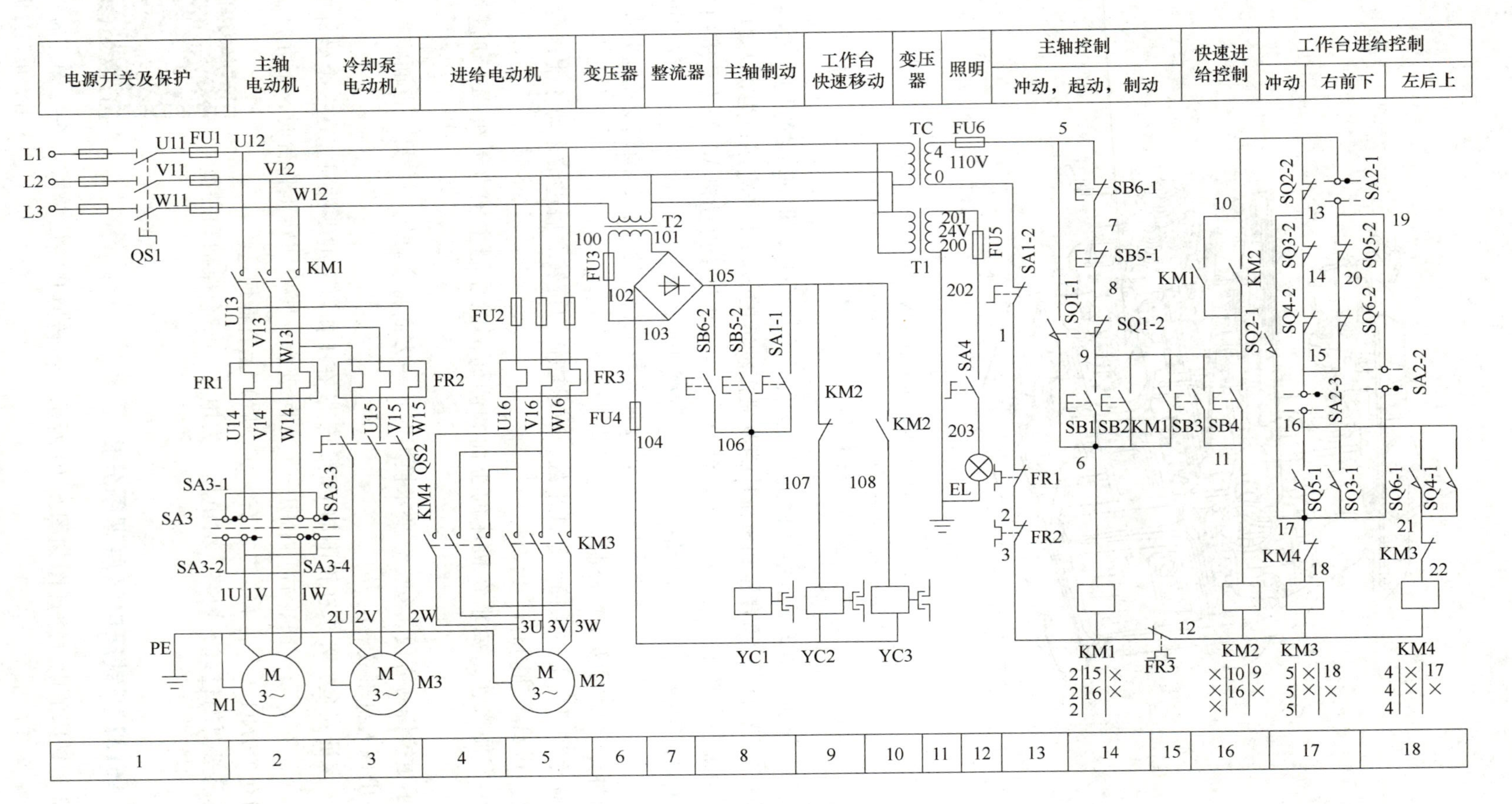

图 6-10 XA6132 型铣床的电气原理图

表 6-6　XA6132 型铣床各转换开关位置与触点通断情况

主轴换向开关				工作台纵向进给开关			
触点	正转	停止	反转	触点	左	停	右
SA3-1	−	−	+	SQ5-1	−	−	+
SA3-2	+	−	−	SQ5-2	+	+	−
SA3-3	+	−	−	SQ6-1	+	−	−
SA3-4	−	−	+	SQ6-2	−	+	+
回转工作台控制开关				工作台垂直与横向进给开关			
触点	接通	断开		触点	前、下	停	后、上
				SQ3-1	+	−	−
SA2-1	−	+		SQ3-2	−	+	+
SA2-2	+	−		SQ4-1	−	−	+
SA2-3	−	+		SQ4-2	+	+	−
主轴换刀制动开关							
触点	接通	断开					
SA1-1	+	−					
SA1-2	−	+					

注：“+”表示触点接通；“−”表示触点断开。

1. 主电路

电源由总开关 QS1 控制，熔断器 FU1 作主电路短路保护。主电路共有三台电动机：主轴电动机 M1、冷却泵电动机 M3 和进给电动机 M2。

（1）主轴电动机 M1　由交流接触器 KM1 控制，热继电器 FR1 作过载保护，SA3 作为 M1 的换向开关。

（2）冷却泵电动机 M3　由手动开关 QS2 控制，热继电器 FR2 作过载保护，当 M1 起动后 M3 才能起动。

（3）进给电动机 M2　由接触器 KM3、KM4 实现正、反转控制，熔断器 FU2 作短路保护，热继电器 FR3 作过载保护。

2. 控制电路

由控制变压器 TC 的二次侧输出 AC 110V 电压，作为控制电路的电源。

（1）主轴电动机 M1 的控制　为方便操作，主轴电动机的起动、停止以及工作台的快速进给控制均采用两地控制方式，一组安装在机床的正面，另一组安装在机床的侧面。

1）主轴电动机 M1 的起动。主轴电动机起动之前，首先应根据加工工艺要求确定铣削方式（顺铣还是逆铣），然后将换向开关 SA3 扳到所需的转向位置。

按下主轴起动按钮 SB1 或 SB2，接触器 KM1 线圈通电，3 个位于 2 区的 KM1 主触点闭合，M1 起动运转；同时位于 15 区的 KM1 常开触点闭合（自锁）、位于 16 区的 KM1 常开触点闭合（顺序起动）。

2）主轴电动机 M1 的制动。为了使主轴快速停车，主轴采用电磁离合器制动。

按下停止按钮 SB5 或 SB6，SB5-1 或 SB6-1 使接触器 KM1 线圈断电，KM1 所有触点复位；同时，SB5-2 或 SB6-2 使电磁离合器 YC1 通电吸合，将摩擦片压紧，对主轴电动机进行制动，直到主轴停止转动，才可松开 SB5 或 SB6。

3）主轴变速冲动。主轴的变速是通过改变齿轮的传动比实现的，由一个变速手柄和一个变速盘来实现，有多级不同转速，既可在停车时变速，也可在主轴旋转时进行。为利于变速后齿轮更好地啮合，设置了必要的“冲动”环节。

变速时，拉出变速手柄，凸轮瞬时压动主轴变速冲动开关 SQ1，SQ1 只是瞬时动作一下随即复位。这样，SQ1-2 断开了 KM1 线圈的通电路径，M1 断电；同时 SQ1-1 瞬时接通一下 KM1 线圈。这时转动变速盘选择需要的速度，再将手柄以较快的速度推回原位。在推回过程中，又一次瞬时压动 SQ1，SQ1-1 又一次短时接通 KM1，对 M1 进行了一次“冲动”，这次“冲动”会使主轴变速后重新起动时齿轮更好地啮合。

4）主轴换刀控制。在上刀或换刀时，主轴应处于制动状态，并且控制电路应断电，以避免发生事故。

换刀时，将换刀制动开关 SA1 拨至“接通”位置，SA1-1 接通电磁离合器 YC1 对主轴进行制动；同时 SA1-2 断开控制电路，确保换刀时机床没有任何动作。换刀结束后，应将 SA1 扳回“断开”位置。

（2）冷却泵电动机 M3 的控制　主轴电动机起动（KM1 主触点闭合）后，扳动组合开关 QS2 可控制冷却泵电动机 M3 的起动与停止。

（3）进给电动机 M2 的控制　工作台进给方向有横向（前、后）和垂直（上、下）、纵向（左、右）6 个方向。其中横向和垂直运动是在主轴起动后，通过操纵十字形手柄（共两套，分别设在机床的正面和侧面）和机械联动机构带动行程开关 SQ3、SQ4，控制进给电动机 M2 正转或反转来实现的；纵向运动是在主轴起动后，通过操纵纵向手柄（共两套，分别设在机床的正面和侧面）和机械联动机构带动行程开关 SQ5、SQ6，控制进给电动机 M2 正转或反转来实现的。此时，电磁离合器 YC2 通电吸合，连接工作台的进给传动链。

而工作台的快速进给是点动控制，即使不起动主轴也可进行。此时，电磁离合器 YC3 通电吸合，连接工作台的快速移动传动链。

在正常进给运动控制时，回转工作台控制开关 SA2 应转至“断开”位置。

1）工作台的横向（前、后）与垂直（上、下）进给运动。控制工作台横向（前、后）与垂直（上、下）进给运动的十字形手柄有上、下、中、前、后五个位置，各位置对应的行程开关 SQ3、SQ4 的触点状态见表 6-6。

向前运动：将十字形手柄扳向“前”，传动机构将电动机传动链和前后移动丝杠相连，同时压行程开关 SQ3，SQ3-1 闭合，接触器 KM3 线圈通电（通电路径为：9→KM1 常开触点→10→SA2-1→19→SQ5-2→20→SQ6-2→15→SA2-3→16→SQ3-1→17→KM4 常闭触点→18→KM3 线圈），3 个位于 5 区的 KM3 主触点闭合，M2 正转，拖动工作台向前运动；同时位于 18 区的 KM3 常闭触点断开（互锁）。

向下运动：将十字形手柄扳向“下”，传动机构将电动机传动链和上下移动丝杠相连，同时压行程开关 SQ3，SQ3-1 闭合，接触器 KM3 线圈通电，3 个位于 5 区的 KM3 主触点闭合，M2 正转，拖动工作台向下运动；同时位于 18 区的 KM3 常闭触点断开（互锁）。

向后运动：将十字形手柄扳向“后”，传动机构将电动机传动链和前后移动丝杠相连，

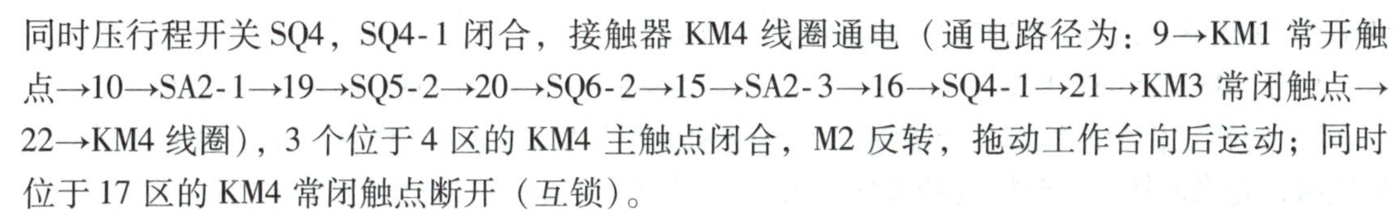

同时压行程开关 SQ4，SQ4-1 闭合，接触器 KM4 线圈通电（通电路径为：9→KM1 常开触点→10→SA2-1→19→SQ5-2→20→SQ6-2→15→SA2-3→16→SQ4-1→21→KM3 常闭触点→22→KM4 线圈），3 个位于 4 区的 KM4 主触点闭合，M2 反转，拖动工作台向后运动；同时位于 17 区的 KM4 常闭触点断开（互锁）。

向上运动：将十字形手柄扳向“上”，传动机构将电动机传动链和上下移动丝杠相连，同时压行程开关 SQ4，SQ4-1 闭合，接触器 KM4 线圈通电，3 个位于 4 区的 KM4 主触点闭合，M2 反转，拖动工作台向上运动；同时位于 17 区的 KM4 常闭触点断开（互锁）。

停止：将十字形手柄扳向中间位置，传动链脱开，行程开关 SQ3（或 SQ4）复位，接触器 KM3（或 KM4）断电，进给电动机 M2 停转，工作台停止运动。

限位保护：工作台的上、下、前、后运动都有极限保护，当工作台运动到极限位置时，撞块撞击十字手柄，使其回到中间位置，实现工作台的终点停车。

2）工作台的纵向（左、右）进给运动。控制工作台纵向（左、右）进给运动的纵向手柄有左、中、右三个位置，各位置对应的行程开关 SQ5、SQ6 的触点状态见表 6-6。

向右运动：将纵向手柄扳到“右”，传动机构将电动机传动链和左右移动丝杠相连，同时压行程开关 SQ5，SQ5-1 闭合，接触器 KM3 线圈通电（通电路径为：9→KM1 常开触点→10→SQ2-2→13→SQ3-2→14→SQ4-2→15→SA2-3→16→SQ5-1→17→KM4 常闭触点→18→KM3 线圈），3 个位于 5 区的 KM3 主触点闭合，M2 正转，拖动工作台向右运动；同时位于 18 区的 KM3 常闭触点断开（互锁）。

向左运动：将纵向手柄扳到“左”，传动机构将电动机传动链和左右移动丝杠相连，同时压行程开关 SQ6，SQ6-1 闭合，接触器 KM4 线圈通电（通电路径为：9→KM1 常开触点→10→SQ2-2→13→SQ3-2→14→SQ4-2→15→SA2-3→16→SQ6-1→21→KM3 常闭触点→22→KM4 线圈），3 个位于 4 区的 KM4 主触点闭合，M2 反转，拖动工作台向左运动；同时位于 17 区的 KM4 常闭触点断开（互锁）。

停止：将纵向手柄扳向中间位置，传动链脱开，行程开关 SQ5（或 SQ6）复位，接触器 KM3（或 KM4）断电，进给电动机 M2 停转，工作台停止运动。

限位保护：工作台的左右两端安装有限位撞块，当工作台运行到达极限位置时，撞块撞击手柄，使其回到中间位置，实现工作台的终点停车。

3）进给变速冲动。为使变速时齿轮易于齿合，进给变速也有瞬时冲动环节。

变速时，先将变速手柄外拉，选择相应转速，再把手柄用力向外拉至极限位置并立即推回原位。在手柄拉到极限位置的瞬间，行程开关 SQ2 被短时碰压（SQ2-2 先断开，SQ2-1 后接通），其触点短时动作随即复位，接触器 KM3 瞬时通电（其通电路径为：10→SA2-1→19→SQ5-2→20→SQ6-2→15→SQ4-2→14→SQ3-2→13→SQ2-1→17→KM4 常闭触点→18→KM3 线圈），进给电动机 M2 瞬时正转随即断电。

可见，只有当回转工作台停用，且纵向、垂直、横向进给都停止时，才能实现进给变速时的瞬时点动，防止了变速时工作台沿进给方向运动的可能。

4）工作台快速移动。为提高生产效率，当工作台按照选定的速度和方向进给时，按下两地控制点动快速进给按钮 SB3 或 SB4，接触器 KM2 得电吸合，位于 9 区的 KM2 常闭触点断开，使电磁离合器 YC2 断电（断开工作台的进给传动链）；位于 10 区的 KM2 常开触点闭合，使电磁离合器 YC3 通电（连接工作台快速移动传动链），工作台按原方向快速进给；位于 16 区的 KM2 常开触点闭合，在主轴电动机不起动的情况下，也可实现快速进给调整工作。

松开 SB3 或 SB4，KM2 断电释放，快速移动停止，工作台按原方向继续原速运动。

5）回转工作台的控制。当需要加工凸轮和弧形槽时，可在工作台上加装回转工作台。使用时，先将回转工作台控制开关 SA2 扳到“接通”位置，将纵向手柄和十字形手柄都置于中间位置，按下主轴起动按钮 SB1 或 SB2，接触器 KM1 得电吸合，主轴电动机 M1 起动，此时接触器 KM3 线圈通电（通电路径为：10→SQ2-2→13→SQ3-2→14→SQ4-2→15→SQ6-2→20→SQ5-2→19→SA2-2→17→KM4 常闭触点→18→KM3 线圈），进给电动机 M2 正转，带动回转工作台单方向回转，其旋转速度可通过蘑菇形变速手柄进行调节。

3. 辅助电路

为保证安全、节约电能，控制变压器 TC 的二次侧输出 AC 24V 电压，作为机床照明灯电源。用开关 SA4 控制，熔断器 FU5 作短路保护。

4. 保护环节

铣床的运动较多，控制电路较复杂，为安全可靠地工作，除了具有短路、过载、欠电压、失电压保护外，还必须具有必要的联锁。

（1）主运动和进给运动的顺序联锁　进给运动的控制电路接在接触器 KM1 自锁触点之后，以确保铣刀旋转之后进给运动才能进行、铣刀停止旋转之后进给运动同时停止，避免工件或刀具的损坏。

（2）工作台左、右、上、下、前、后六个运动方向间的联锁

1）机械联锁——工作台的纵向运动由纵向手柄控制，横向和垂直运动由十字手柄控制，手柄本身就是一种联锁装置，在任意时刻只能有一个位置。

2）电气联锁——行程开关的常闭触点 SQ3-2、SQ4-2 和 SQ5-2、SQ6-2 分别串联后再并联给 KM3、KM4 线圈供电。同时扳动两个手柄离开中间位置，将使接触器线圈 KM3 或 KM4 断电，工作台停止运动，从而实现工作台的纵向与横向、垂直运动间的联锁。

（3）回转工作台和工作台间的联锁　回转工作台工作时，转换开关 SA2 在接通位置，SA2-1、SA2-3 切断了工作台的进给控制回路，工作台不能做任何方向的进给运动；同时，回转工作台的控制电路中串联了 SQ3-2、SQ4-2 和 SQ5-2、SQ6-2 常闭触点，扳动任一方向的工作台进给手柄，都将使回转工作台停止转动，实现了回转工作台和工作台间的联锁控制。

三、XA6132 型铣床电气电路典型故障的分析与检修

6-5　铣床电气控制电路故障分析

（一）主轴电动机电路故障

1. 主轴电动机 M1 不能起动

（1）故障描述　现有一台 XA6132 型铣床，在准备工作时，发现主轴电动机 M1 不能起动，检查发现进给电动机、冷却泵电动机也不能起动，仅照明灯正常。

（2）故障分析　主轴电动机 M1 不能起动的原因较多，应首先确定故障发生在主电路还是控制电路。

（3）故障检修　断开电动机进线端子，合上电源开关 QS1，将换向开关 SA3 扳到正转

（或反转）位置，按下起动按钮 SB1（或 SB2）。

1）若接触器 KM 吸合，则应依次检查进线电源 L1-L2-L3、U11-V11-W11、U12-V12-W12、U13-V13-W13、U14-V14-W14、1U-1V-1W 之间的电压。

若指示值均为 380V，则故障在电动机，应检修或更换。

若指示值不是 380V，则故障在其上级元件，应紧固连接导线端子、检修或更换元件。

2）若接触器 KM 不吸合，则应依次检查：控制回路电源电压应为 110V，熔断器 FU6 应完好，停止按钮 SB6-1、SB5-1 应闭合，主轴变速冲动开关 SQ1-2 应闭合，起动按钮 SB1（或 SB2）应能闭合，接触器 KM1 线圈应完好，热继电器 FR1、FR2 常闭触点应闭合，换刀制动开关 SA1-2 应闭合，所有连接导线端子应紧固。否则应维修或更换同型号元件、紧固连接导线端子。

2. 主轴停车没有制动

（1）故障描述　现有一台 XA6132 型铣床，加工过程中按下 SB5 或 SB6，发现主轴没有停车制动。

（2）故障分析　该故障只与电磁离合器 YC1 及相关电器电路有关。

（3）故障检修　断开 SA3，按下 SB5 或 SB6，仔细听有无电磁离合器 YC1 动作的声音。

1）如果有，则故障为 YC1 动片和静片磨损严重，应更换。

2）如果没有，则应依次检查：T2 一次侧电压应为 AC 380V、T2 二次侧电压应为 AC 36V、FU3 及 FU4 应完好、整流桥输出电压应为 -32V、SB5-2 及 SB6-2 应能闭合、YC1 线圈应完好、所有连接导线端子应紧固，否则应维修或更换同型号元件、紧固连接导线端子。

3. 主轴变速时无“冲动”控制

（1）故障描述　现有一台 XA6132 型铣床，加工过程中改变主轴转速时，发现没有“冲动”控制。

（2）故障分析　该故障通常是由于 SQ1 经常受到冲击而损坏或位置变化引起的。

（3）故障检修

1）检查 SQ1 是否完好，若损坏应维修或更换。

2）检查 SQ1 的位置是否变化，若移位应调整。

（二）冷却泵电动机电路故障

（1）故障描述　现有一台 XA6132 型铣床，在铣削加工时，发现冷却泵电动机不能工作，但主轴电动机、进给电动机、照明灯工作正常。

（2）故障分析　由于主轴电动机、进给电动机、照明灯工作正常，故只需检查 M3 的主电路即可。

（3）故障检修　断开电动机进线端子，合上冷却泵开关 QS2，依次检查 U15-V15-W15、2U-2V-2W 之间的电压。

1）若指示值均为 380V，则故障在电动机，应检修或更换。

2）若指示值不是 380V，则故障在其上级元件，应紧固连接导线端子、检修或更换元件。

（三）进给电动机电路故障

1. 主轴起动后进给电动机自行转动

（1）故障描述　现有一台 XA6132 型铣床，发现主轴起动后进给电动机自行转动，但扳动任一进给手柄，工作台都不能进给。

（2）故障分析　当回转工作台控制开关SA2置于“接通”位置、纵向手柄和十字手柄在中间位置时，起动主轴，进给电动机便旋转，扳动任一进给手柄，都会使进给电动机停转。

（3）故障检修　将回转工作台控制开关SA2置于“断开”位置即可。

2. 主轴起动后工作台各个方向都不能进给

（1）故障描述　现有一台XA6132型铣床，发现主轴工作正常，但工作台各个方向都不能进给。

（2）故障分析　由于主轴工作正常，而工作台各个方向都不能进给，故该故障只与进给电动机及相关电器电路有关。

（3）故障检修　将SA3置于“停止”位置，断开进给电动机进线端子，起动主轴，将进给手柄置于六个运动方向中任一位置。

1）若接触器KM3（KM4）吸合，则应依次检查U16-V16-W16、3U-3V-3W之间的电压。

若指示值均为380V，则故障在电动机，应检修或更换。

若指示值不是380V，则故障在其上级元件，应紧固连接导线端子、检修或更换元件。

2）若接触器KM3（KM4）不吸合，则应依次检查：KM1（9-10）应能闭合，SA2应在“断开”位置，FR3常闭触点应闭合，所有连接导线端子应紧固等。否则应维修或更换同型号元件、紧固连接导线端子。

3. 工作台能向前、后、上、下、左进给，但不能向右进给

（1）故障描述　现有一台XA6132型铣床，铣削加工时发现工作台能向前、后、上、下、左进给，但不能向右进给。

（2）故障分析　该故障通常是由于SQ5经常受到冲击而使位置变化或损坏引起的。

（3）故障检修　检查SQ5的位置应无变化，SQ5-1应能闭合，所有连接导线端子应紧固。否则应维修或更换同型号元件、紧固连接导线端子。

4. 工作台能向前后、上下进给，但不能向左右进给

（1）故障描述　现有一台XA6132型铣床，铣削加工时发现工作台能向前后、上下进给，但不能向左右进给。

（2）故障分析　该故障多出现在左右进给的公共通道（10→SQ2-2→13→SQ3-2→14→SQ4-2→15）上。

（3）故障检修　依次检查SQ2、SQ3、SQ4的位置应无变化，SQ2-2、SQ3-2、SQ4-2应闭合，所有连接导线端子应紧固。否则应维修或更换同型号元件、紧固连接导线端子。

第三节　Z3040型摇臂钻床电气电路

一、Z3040型摇臂钻床的主要结构、运动形式及控制要求

钻床是一种用途广泛的万能机床。钻床的结构形式很多，有立式钻床、卧式钻床、深孔

钻床及台式钻床等。摇臂钻床是一种立式钻床，在钻床中具有一定代表性，主要用于对大型零件进行钻孔、扩孔、铰孔和攻螺纹等。其型号“Z3040”的含义是：Z—钻床；3—摇臂式；0—圆柱型立柱；40—最大钻孔直径40mm。

1. 主要结构

Z3040型摇臂钻床的结构示意图如图6-11所示。

2. 运动形式

（1）主运动　主轴旋转。

（2）进给运动　主轴垂直运动。

（3）辅助运动　内立柱固定在底座上，外立柱套在内立柱外面，外立柱可绕内立柱手动回转一周。摇臂的一端与外立柱滑动配合，借助于丝杠，摇臂可沿外立柱上下移动，但两者不能相对转动，因此，摇臂只与外立柱一起绕内立柱回转。主轴箱安装在摇臂水平导轨上，可手动使其在水平导轨上移动。加工时，由特殊的夹紧装置将主轴箱紧固在摇臂导轨上、外立柱紧固在内立柱上、摇臂紧固在外立柱上。

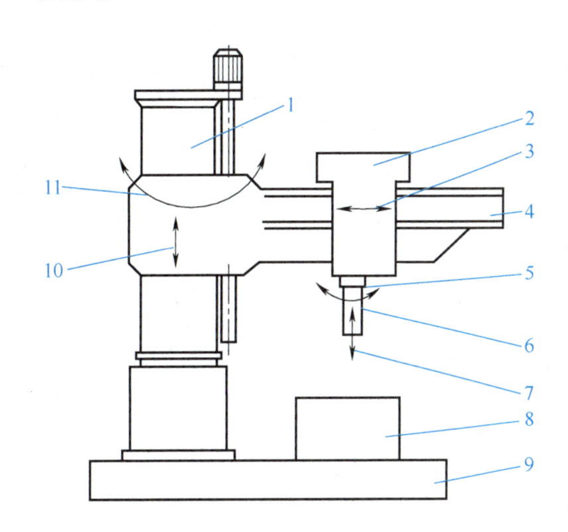

图6-11　Z3040型摇臂钻床结构示意图

1—内外立柱　2—主轴箱　3—主轴箱沿摇臂水平运动　4—摇臂　5—主轴　6—主轴旋转运动　7—主轴垂直进给　8—工作台　9—底座　10—摇臂升降运动　11—摇臂回转运动

可见，Z3040型摇臂钻床的辅助运动有摇臂沿外立柱的垂直运动、主轴箱沿摇臂的水平运动、摇臂与外立柱一起相对内立柱的回转运动。

3. 控制要求

1）主轴的旋转运动及垂直进给运动都由主轴电动机M1驱动，钻削加工时，钻头一面旋转，一面纵向进给，其旋转速度和旋转方向由机械传动部分实现，因此M1只要求单方向旋转，不需调速和制动。

2）摇臂的上升、下降由摇臂升降电动机M2拖动，应能实现正反转，并具有限位保护。

3）摇臂的夹紧放松、主轴箱的夹紧放松、立柱的夹紧放松由液压泵电动机M3配合液压装置自动进行，要求M3应能实现正反转。

4）冷却泵电动机M4用于提供切削液，只要求单方向旋转。

5）四台电动机的容量均较小，故应采用直接起动方式。

6）具有必要的过载、短路、欠电压、失电压保护。

7）具有必要的指示和安全的局部照明。

6-6　钻床的电气控制电路分析

二、Z3040型摇臂钻床电气原理图分析

Z3040型摇臂钻床的电气原理图如图6-12所示。

1. 主电路

电源由总开关QS控制，熔断器FU1作主电路短路保护。主电路

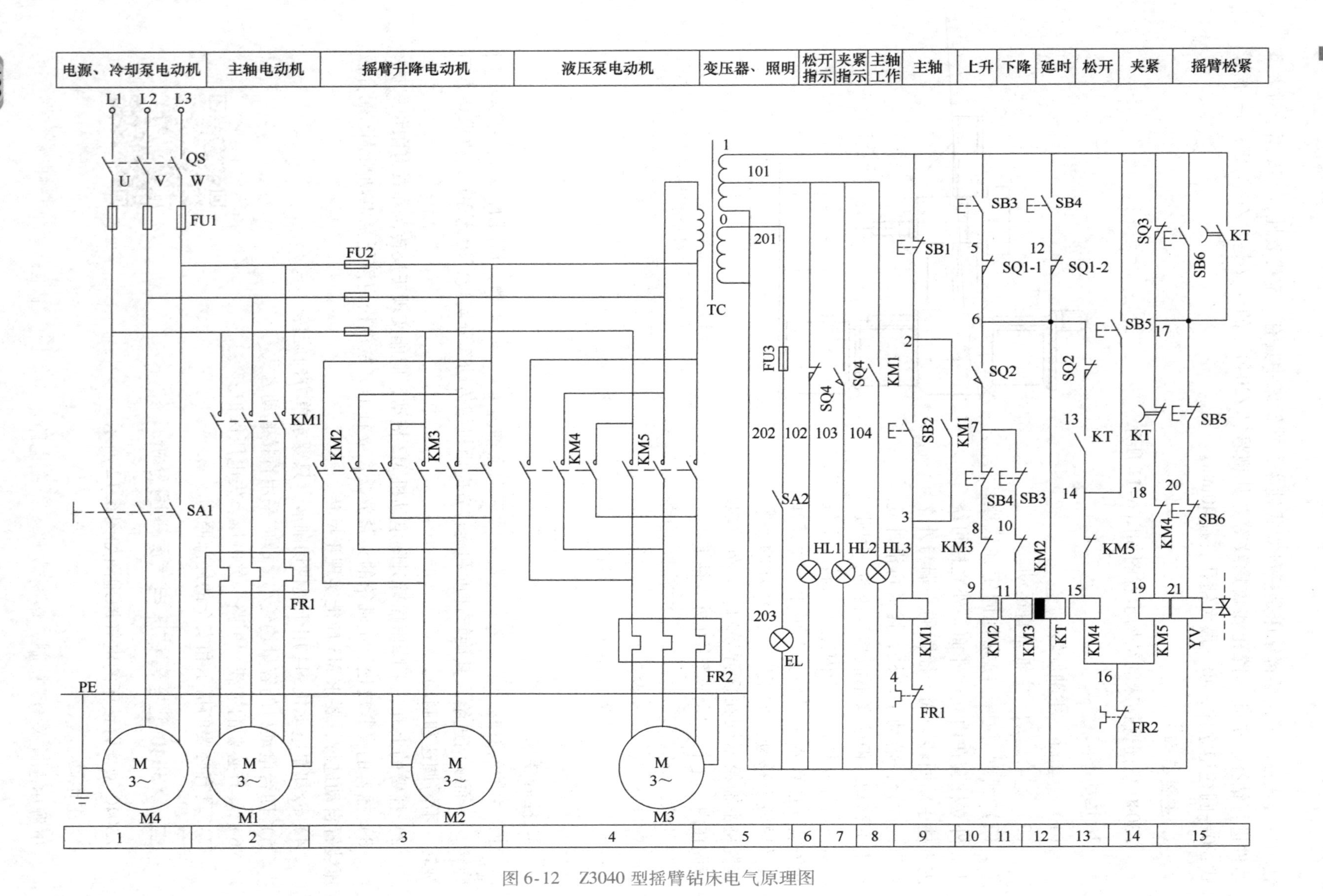

图 6-12　Z3040 型摇臂钻床电气原理图

共有四台电动机：M1 为主轴电动机，M2 为摇臂升降电动机，M3 为液压泵电动机，M4 为冷却泵电动机。

（1）主轴电动机 M1　由交流接触器 KM1 控制，热继电器 FR1 作过载保护，其正反转则由机床液压系统操纵机构配合正反转摩擦离合器实现。

（2）摇臂升降电动机 M2　由接触器 KM2、KM3 实现正反转控制，熔断器 FU2 作短路保护，因其为短时工作，故不用设长期过载保护。

（3）液压泵电动机 M3　由接触器 KM4、KM5 实现正反转控制，熔断器 FU2 作短路保护，热继电器 FR2 作长期过载保护。

（4）冷却泵电动机 M4　该电动机容量小（90W），由开关 SA1 直接控制。

2. 控制电路

由控制变压器 TC 的二次侧输出 AC 110V 电压，作为控制电路的电源。控制电路中共有 4 个限位开关，其中：

SQ1——摇臂上升、下降的限位开关，值得注意的是，其两组常闭触点并不同时动作：当摇臂上升至极限位置时，SQ1-1 断开，但 SQ1-2 仍保持闭合；当摇臂下降至极限位置时，SQ1-2 断开，但 SQ1-1 仍保持闭合。

SQ2——摇臂松开检查开关，当摇臂完全松开时 SQ2（6-13）断开、SQ2（6-7）闭合。

SQ3——摇臂夹紧检查开关，当摇臂完全夹紧时 SQ3（1-17）断开。

SQ4——立柱和主轴箱的夹紧限位开关，立柱和主轴箱夹紧时 SQ4（101-102）断开、SQ4（101-103）闭合。

（1）主轴电动机 M1 的控制

1）主轴电动机 M1 的起动。按下起动按钮 SB2，接触器 KM1 线圈通电，3 个位于 2 区的 KM1 主触点闭合，M1 起动运转；同时位于 9 区的 KM1 常开触点闭合（自锁），位于 8 区的 KM1 常开触点闭合，主轴工作指示灯 HL3 亮。

2）主轴电动机 M1 的停止。按下停止按钮 SB1，接触器 KM1 线圈断电，KM1 所有触点复位，主轴电动机 M1 停止、其工作指示灯 HL3 灭。

（2）摇臂升降控制　下面的分析是在摇臂并未升降至极限位置（即 SQ1-1、SQ1-2 都闭合）、摇臂处于完全夹紧状态［即 SQ3（1-17）断开］的前提下进行的，当进行摇臂的夹紧或松开时，要求电磁阀 YV 处于通电状态。摇臂的上升过程可分以下几个步骤：

① 松开摇臂。按下上升点动按钮 SB3，时间继电器 KT 线圈通电，其触点 KT（17-18）瞬时断开；同时 KT（1-17）、KT（13-14）瞬时闭合，使电磁阀 YV、接触器 KM4 线圈同时通电。电磁阀 YV 通电使得二位六通阀中摇臂夹紧放松油路开通；接触器 KM4 通电使液压泵电动机 M3 正转，拖动液压泵送出液压油，并经二位六通阀进入摇臂松开油腔，推动活塞和菱形块，将摇臂松开，摇臂刚刚松开 SQ3（1-17）就闭合。

② 摇臂上升。当摇臂完全松开时，活塞杆通过弹簧片压动摇臂松开位置开关 SQ2，SQ2（6-13）断开，KM4 断电，电动机 M3 停止旋转，液压泵停止供油，摇臂维持松开状态；同时 SQ2（6-7）闭合，使 KM2 通电，摇臂升降电动机 M2 正转，带动摇臂上升。

③ 夹紧摇臂。当摇臂上升到所需位置时，松开按钮 SB3，KM2 和 KT 同时断电。KM2 断电使摇臂升降电动机 M2 停止正转，摇臂停止上升。KT 断电，其触点 KT（13-14）瞬时断开；KT（1-17）经 1～3s 延时断开，但此时 YV 通过 SQ3 仍然得电；KT（17-18）经 1～3s 延

时闭合使KM5通电，液压泵电动机M3反转，拖动液压泵送出液压油，经二位六通阀进入摇臂夹紧油腔，由反方向推动活塞和菱形块，将摇臂夹紧，当夹紧到位时，活塞杆通过弹簧片压下摇臂夹紧位置开关SQ3，触点SQ3（1-17）断开，使电磁阀YV、接触器KM5断电，液压泵电动机M3停止运转，摇臂夹紧完成。

当摇臂上升到极限位置时，SQ1-1断开，相当于“松开按钮SB3”，其动作过程与上述第三步动作过程相同。

时间继电器KT是为保证夹紧动作在摇臂升降电动机停止运转后进行而设的，KT延时长短根据摇臂升降电动机切断电源到停止的惯性大小来调整。

④ 摇臂下降。与摇臂上升过程相反，请读者自行分析。

（3）主轴箱和立柱的夹紧与放松控制　主轴箱与摇臂、外立柱与内立柱的夹紧与放松均采用液压夹紧与松开，且两者同时动作。当进行主轴箱和立柱的夹紧或松开时，要求电磁阀YV处于断电状态。

1）主轴箱和立柱松开控制。电磁阀YV断电使得二位六通阀中主轴箱和立柱夹紧放松油路开通。此时按下松开按钮SB5，KM4通电，M3电动机正转，拖动液压泵送出液压油，经二位六通阀进入主轴箱和立柱的松开油腔，推动活塞和菱形块，使主轴箱和立柱的夹紧装置松开。当主轴箱和立柱松开时，SQ4不再受压，SQ4（101-102）闭合，指示灯HL1亮，表示主轴箱和立柱确已松开，此时可手动移动主轴箱或转动立柱。

2）主轴箱和立柱夹紧控制。与主轴箱和立柱松开控制过程相反，请读者自行分析。

当主轴箱和立柱被夹紧时，SQ4（101-103）闭合，指示灯HL2亮，表示主轴箱和立柱确已夹紧，此时可以进行钻削加工。

（4）冷却泵电动机的控制　扳动开关SA1可直接控制冷却泵电动机M4的起动与停止。

3. 辅助电路

（1）指示电路　主轴箱和立柱松开指示HL1由SQ4（101-102）控制；主轴箱和立柱夹紧指示HL2由SQ4（101-103）控制；主轴工作指示HL3由KM1（101-104）控制。

（2）照明电路　将开关SA2旋至接通位置，照明灯EL亮；将转换开关SA2旋至断开位置，照明灯EL灭。

4. 保护环节

（1）短路保护　由FU1、FU2、FU3分别实现对全电路、M2/M3/TC一次侧、照明回路的短路保护。

（2）过载保护　由FR1、FR2分别实现对主轴电动机M1、液压泵电动机M3的过载保护。

（3）欠、失电压保护　由接触器KM1、KM2、KM3、KM4、KM5实现。

（4）安全保护　由行程开关SQ1实现。

三、Z3040型摇臂钻床电气电路典型故障的分析与检修

Z3040型摇臂钻床电气电路比较简单，其电气控制的特殊环节是摇臂的运动。摇臂在上升或下降时，摇臂的夹紧机构先自动松开，在上升或下降到预定位置后，其夹紧机构又要将摇臂自动夹紧在立柱上。这个工作过程是由电气、机械和液压系统的紧密配合而实现的。所

以，在维修和调试时，不仅要熟悉摇臂运动的电气过程，更要注重掌握机电液配合的调整方法和步骤。

6-7　钻床电气控制电路故障分析

（一）电源故障

（1）故障描述　现有一台Z3040型摇臂钻床，合上电源开关后，操作任一按钮均无反应；照明灯、指示灯也不亮。

（2）故障分析　出现这种“全无”故障首先应检查电源。

（3）故障检修

1）用万用表测量QS进线端任意两相间线电压是否均为380V，若不是，则故障为上级电源，应逐级查找上级电源的故障点，恢复供电。

2）用万用表测量QS出线端任意两相间线电压是否均为380V，若不是，则故障为QS，应紧固接线端子或更换QS。

3）用万用表测量FU1出线端任意两相间线电压是否均为380V，若不是，则故障为FU1，应紧固接线端子或更换FU1。

（二）主轴电动机电路故障

（1）故障描述　现有一台Z3040型摇臂钻床，合上电源开关后，按下主轴起动按钮钻头无反应。初步检查发现主轴电动机不能起动，但其他电动机可以正常运转。

（2）故障分析　由于其他电动机可以正常运转，故只需检查主轴电动机M1的主电路和控制电路。

（3）故障检修　断开电动机进线端子，合上电源开关QS，按下起动按钮SB2。

1）若接触器KM1吸合，则应依次检查KM1主触点出线端、FR1热元件出线端任意两相间线电压：若指示值均为380V，则故障在电动机，应检修或更换；若指示值不是380V，则故障在其上级元件，应紧固连接导线端子、检修或更换元件。

2）若接触器KM不吸合，则应依次检查：停止按钮SB1应闭合，起动按钮SB2应能闭合，接触器KM线圈应完好，热继电器FR1常闭触点应闭合，所有连接导线端子应紧固。否则应维修或更换同型号元件、紧固连接导线端子。

（三）摇臂升降电动机电路故障

1. 摇臂松开控制回路故障

（1）故障描述　3040型摇臂钻床进行钻孔加工的过程中，为调整钻头高度，按下摇臂升降按钮SB3或SB4，发现摇臂没有反应，进一步检查发现摇臂不能放松。

（2）故障分析　摇臂的放松是由电磁阀YV在通电状态下配合液压泵电动机M3正转完成的，因此应检查电磁阀YV和液压泵电动机M3正转的主电路和控制电路。

（3）故障检修　按下摇臂升降按钮SB3或SB4。

1）检查时间继电器KT是否动作。

若时间继电器KT不动作，应依次检查：SB3（1-5）或SB4（1-12）应能闭合，SQ1-1或SQ1-2应闭合，KT线圈应完好，所有连接导线端子应紧固等。否则应维修或更换同型号元件、紧固连接导线端子。

若时间继电器KT动作，则进入下一步。

2）检查接触器KM4、电磁阀YV是否也立即动作。

若KM4不动作，应依次检查：SQ2（6-13）应闭合，KT（13-14）应能闭合，KM5

(14-15) 应闭合，KM4 线圈应完好，FR2 (16-0) 应闭合；若 YV 不动作，应依次检查：KT (1-17) 应能闭合，SB5 (17-20)、SB6 (20-21) 应闭合，YV 应完好。否则应维修或更换同型号元件、紧固连接导线端子。

若 KM4、YV 也立即动作，则应依次检查维修 KM4 主触点、FR2 热元件、M3。

2. 摇臂夹紧控制回路故障

(1) 故障描述　在 Z3040 型摇臂钻床进行钻孔加工的过程中，起动主轴电动机后，按下摇臂升降按钮欲调整钻头高度，液压机构进行放松后，摇臂按要求进行升降，但升降到位后松开按钮，液压机构不进行夹紧。

(2) 故障分析　由于摇臂能放松却不能夹紧，因此应检查液压泵电动机 M3 反转的主电路和控制电路。

(3) 故障检修　松开摇臂升降按钮 SB3 或 SB4，检查接触器 KM5 是否动作。

1) 若 KM5 不动作，应依次检查：SQ3 应闭合，KT (17-18) 应闭合，KM4 (18-19) 应闭合，KM5 线圈应完好，FR2 (16-0) 应闭合。否则应维修或更换同型号元件、紧固连接导线端子。

2) 若 KM5 动作，则应依次检查维修 KM5 主触点、FR2 热元件、M3。

3. 摇臂升降控制回路故障

(1) 故障描述　在 Z3040 型摇臂钻床进行钻孔加工的过程中，起动主轴电动机后，按下摇臂上升按钮欲调整钻头高度，液压机构进行放松后，摇臂没有反应。

(2) 故障分析　因摇臂能放松却不能上升，故应检查摇臂升降电动机 M2 正转的主电路和控制电路。

(3) 故障检修　检查接触器 KM2 是否动作。

1) 若接触器 KM2 动作，则应依次检查维修 KM2 主触点、M2。

2) 若接触器 KM2 不动作，则应依次检查：SQ2 (6-7) 应能闭合，SB4 (7-8)、KM3 (8-9) 应闭合，KM2 线圈应完好。否则应维修或更换同型号元件、紧固连接导线端子。

(四) 主轴箱和立柱放松、夹紧电路故障

(1) 故障描述　在 Z3040 型摇臂钻床进行钻孔加工的过程中，发现钻出的孔径偏大，且中心偏斜。对主轴箱和立柱进行夹紧操作，发现控制无效。

(2) 故障分析　主轴箱和立柱的夹紧是由电磁阀 YV 在断电状态下配合液压泵电动机 M3 反转完成的，因此应检查电磁阀 YV 和液压泵电动机 M3 反转的主电路和控制电路。

(3) 故障检修　按下主轴箱和立柱夹紧按钮 SB6，检查接触器 KM5 是否动作。

1) 若接触器 KM5 不动作，应依次检查：SB6 (1-17) 应能闭合，KT (17-18)、KM4 (18-19) 应闭合，KM5 线圈应完好，FR2 (16-0) 应闭合，所有连接导线端子应紧固等。否则应维修或更换同型号元件、紧固连接导线端子。

2) 若接触器 KM5 动作，则应依次检查维修 KM5 主触点、FR2 热元件、M3、YV。

(五) 冷却泵电动机电路故障

(1) 故障描述　在 Z3040 型摇臂钻床进行钻孔加工的过程中，发现冷却泵电动机不能工作。

(2) 故障分析　该故障相对简单，只需检查 M4 的主电路即可。

(3) 故障检修　断开电动机进线端子，合上冷却泵开关 SA1，检查 SA1 出线端三相之间的线电压。

1) 若指示值均为 380V，则故障在电动机，应检修或更换。

2) 若指示值不是 380V，则故障在 SA1，应紧固连接导线端子、检修或更换 SA1。

第四节　M7130 型平面磨床电气电路

一、M7130 型平面磨床的主要结构、运动形式及控制要求

M7130 型平面磨床主要由床身、工作台、电磁吸盘、砂轮架、滑座、立柱等部分组成，如图 6-13 所示。

M7130 型平面磨床在床身上装有液压传动装置，以便工作台在床身导轨上通过压力油推动活塞做往复直线运动，实现水平方向进给运动。工作台面上有 T 形槽，用于安装电磁吸盘或直接安装大型工件。床身上固定有立柱，滑座安装在立柱的垂直导轨上，实现垂直方向进给。在滑座的水平导轨上安装砂轮架，砂轮架由装入式电动机直接拖动，通过滑座内部的液压传动机构实现横向进给。

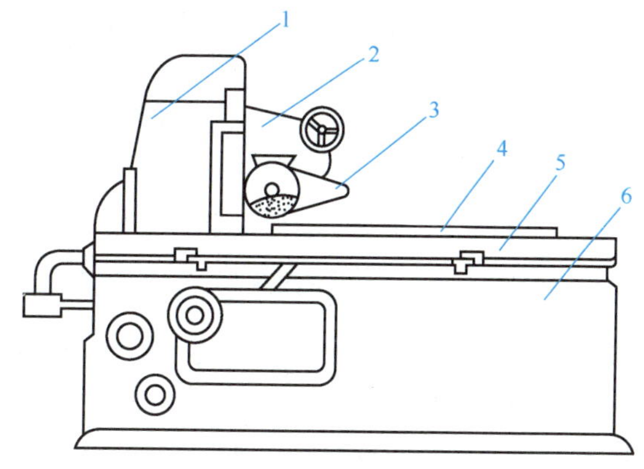

图 6-13　M7130 型平面磨床结构示意图
1—立柱　2—滑座　3—砂轮架　4—电磁吸盘
5—工作台　6—床身

平面磨床砂轮的旋转运动为主运动，工作台完成一次往复运动时，砂轮架做一次间断性的横向进给，直至完成整个平面的磨削，然后砂轮架连同滑座沿垂直导轨做间断性的垂直进给，直至达到工件加工尺寸。

平面磨床的辅助运动，如砂轮架在滑座的水平导轨上做快速横向移动，滑座在立柱的垂直导轨上做快速垂直移动，以及工作台往复运动速度的调整等。

二、M7130 型平面磨床电气原理图分析

6-8　磨床的电气控制电路分析

M7130 型平面磨床的电气原理图如图 6-14 所示。其电气设备安装在床身后部的壁盒内，控制按钮安装在床身左前部的电气操纵盒上。图中 M1 为砂轮电动机，M2 为冷却泵电动机，都由 KM1 的主触点控制，再经 X1 插销向 M2 实现单独判断控制供电。M3 为液压泵电动机，由 KM2 的主触点控制。

1. 控制电路

合上电源开关 QS，若转换开关 SA1 处于工作位置，当电源电压正常时，欠电流继电器

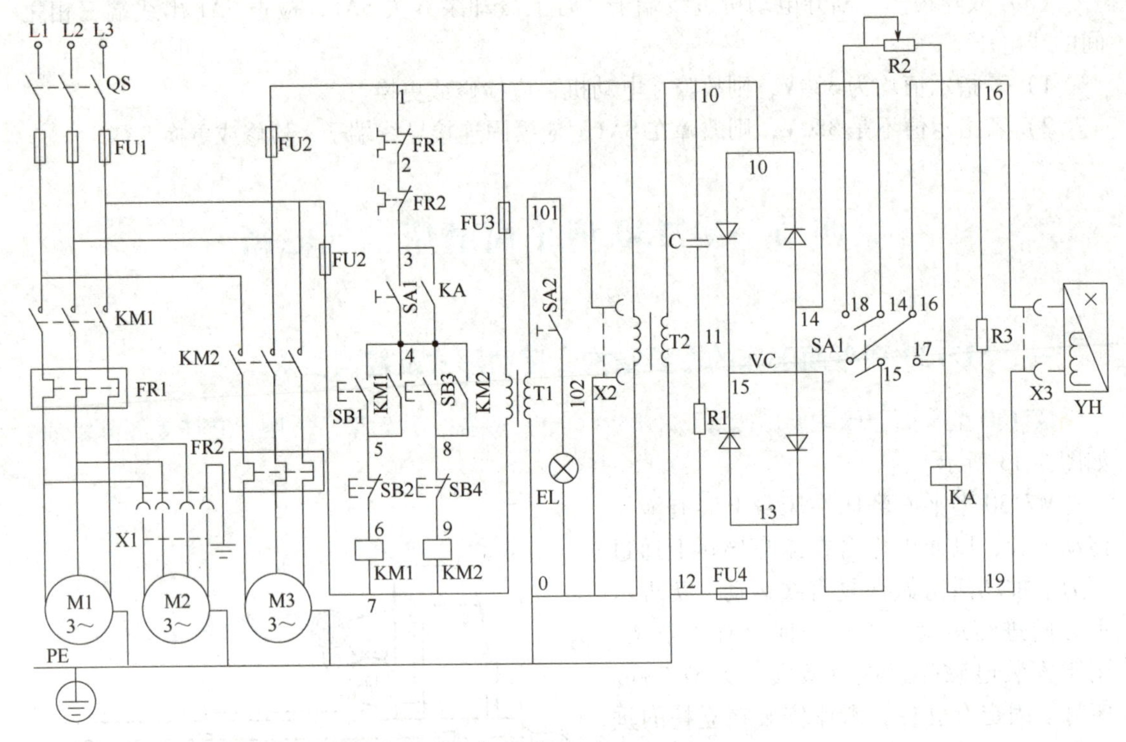

图 6-14　M7130 型平面磨床电气控制电路图

KA 触点（3-4）接通，若 SA1 处于去磁位置，SA1（3-4）接通，便可进行操作。

（1）砂轮电动机 M1 的控制　起动过程：按下 SB1，SB1（4-5）接通→KM1 线圈得电，KM1 常开触点闭合实现自锁→M1 起动。停止过程：按下 SB2，SB2（5-6）断开→KM1 失电断开→M1 停止。

（2）冷却泵电动机 M2 的控制　M2 由于通过插座 X1 与 KM1 主触点相连，因此 M2 与砂轮电动机 M1 联锁控制，都由 SB1 和 SB2 操作。若运行中 M1 或 M2 过载，触点 FR1（1-2）动作，FR1 起保护作用。

（3）液压泵电动机 M3 的控制　起动过程：按下 SB3，SB3（4-8）接通→KM2 线圈得电，KM2 常开触点闭合实现自锁→M3 起动。停止过程：按下 SB4，SB4（8-9）断开→KM2 失电断开→M3 停止。过载时：FR2（2-3）断开→KM2 断开→M3 停止，FR2 起保护作用。

2. 电磁吸盘结构原理

电磁吸盘与机械夹紧装置相比，具有夹紧迅速，不损伤工件，工作效率高，能同时吸持多个小工件，加工过程中工件发热可以自由延伸，加工精度高等优点。但也有夹紧力不如机械装夹，调节不便，需用直流电源供电，不能吸持非磁性材料工件等缺点。

电磁吸盘控制电路如图 6-14 所示，它由整流装置、控制装置及保护装置等部分组成。电磁吸盘整流装置由整流变压器 T2 与桥式全波整流器 VC 组成，输出 110V 直流电压对电磁吸盘供电。

电磁吸盘集中由 SA1 控制。SA1 的位置及触点闭合情况为：

充磁：触点（14-16）、（15-17）接通，电流通路为：15-17-KA-19-YH-16-14。

断电：所有触点都断开。

退磁：触点（14-18）、（15-16）、（3-4）接通，通路为：15-16-YH-19-KA-R2-18-14。

当SA1置于“充磁”位置时，电磁吸盘YH获得110 V直流电压，其极性19号线为正极，16号线为负极，同时欠电流继电器KA与YH串联，若吸盘电流足够大，则KA动作，KA（3-4）反映电磁吸盘吸力足以将工件吸牢，这时可分别操作按钮SB1与SB3，起动M1与M3，进行磨削加工。当加工完成时按下停止按钮SB2与SB4，电动机M1、M2与M3停止旋转。

为便于从吸盘上取下工件，需对工件进行退磁，其方法是将开关SA1扳至“退磁”位置。当SA1扳至“退磁”位置时，电磁吸盘中通入反向电流，并在电路中串入可变电阻R2，用以调节、限制反向去磁电流大小，达到既退磁又不致反向磁化的目的。退磁结束将SA1拨到“断电”位置，即可取下工件。若工件对去磁要求严格，在取下工件后，还要用交流去磁器进行处理。交流去磁器是平面磨床的一个附件，使用时，将交流去磁器插头插在床身的插座X2上，再将工件放在去磁器上适当地来回移动即可去磁。

3. 保护及其他环节

（1）电磁吸盘的欠电流保护　为了防止平面磨床在磨削过程中出现断电事故或吸盘电流减小，致使电磁吸盘失去吸力或吸力减小，造成工件飞出，引起工件损坏或人身事故，故在电磁吸盘线圈电路中串入欠电流继电器KA，只有当直流电压符合要求，吸盘具有足够吸力时，KA才能吸合，KA（3-4）触点接通，为起动电动机做准备。否则不能开动磨床进行加工。若已在磨削加工中，则KA因电流过小而释放，触点KA（3-4）断开，使得KM1断开，KM2断开，M1停止，避免事故发生。

（2）电磁吸盘线圈YH的过电压保护　电磁吸盘线圈匝数多，电感大，通电工作时存储大量磁场能量。当线圈断电时在线圈两端将产生高电压，可能使线圈绝缘及其他电气设备损坏。为此，该机床在线圈两端并联了电阻R3作为放电电阻。

（3）电磁吸盘的短路保护　在整流变压器T2的二次侧或整流装置输出端装有熔断器作短路保护。

（4）其他保护　在整流装置中还设有RC串联支路并联在T2二次侧，用以吸收交流电路产生过电压和直流侧电路通断时在T2二次侧产生浪涌电压，实现整流装置过电压保护。

FU1对电动机进行短路保护，FR1对M1进行过载保护，FR2对M3进行过载保护。

（5）照明电路　由照明变压器T1将380 V降为24V，并由开关SA2控制照明灯EL。在T1一次侧装有熔断器FU3作短路保护。

三、M7130型平面磨床电气电路典型故障的分析与检修

6-9　磨床电气控制电路故障分析

1. 三台电动机都不能起动

1）欠电流继电器KA的常开接触不良和转换开关QS2的触点（3-4）接触不良、接线松脱或有油垢。检修故障时，应将转换开关SA1扳至“吸合”位置，检查欠电流继电器KA常开触点的接通情况，不通则修理或更换元件，就可排除故障。否则，将转换开SA1扳到“退磁”位置，拔掉电磁吸盘插头，检查SA1的触点的通断情况，不通则修理或更换转换开关。

2）若 KA 和 QS2 的触点无故障，电动机仍不能起动，可检查热继电器 FR1、FR2 常闭触点是否动作或接触不良。

2. 电磁吸盘无吸力

1）首先用万用表测三相电源电压是否正常。若电源电压正常，再检查熔断器 FU1、FU2、FU4 有无熔断现象。常见的故障是熔断器 FU4 熔断，电磁吸盘电路断开，使吸盘无吸力。

2）如果检查整流器输出空载电压正常，而接上吸盘后，输出电压下降不大，欠电流继电器 KA 不动作，吸盘无吸力。依次检查电磁吸盘 YH 的线圈、接插器 X2、欠电流继电器 KA 的线圈有无断路或接触不良的现象。检修故障时，可使用万用表测量各点电压，查出故障元件，进行修理或更换，即可排除故障。

3. 电磁吸盘吸力不足

引起这种故障的原因是电磁吸盘损坏或整流器输出电压不正常。电磁吸盘的电源电压由整流器 VC 供给。空载时，整流器直流输出电压应为 130 ～ 140V，负载时不应低于 110V。若整流器空载输出电压正常，带负载时电压远低于 110V，则表明电磁吸盘线圈已短路，短路点多发生在线圈各绕组间的引线接头处。这是由于吸盘密封不好，切削液流入，引起绝缘损坏，造成线圈短路。若短路严重，过大的电流会使整流元件和整流变压器烧坏。出现这种故障，必须更换电磁吸盘线圈，并且要处理好线圈绝缘，安装时要完全密封好。

若电磁吸盘电源电压不正常，多是因为整流元件短路或开路造成的。应检查整流器 VC 的交流侧电压及直流侧电压。若交流侧电压正常，直流输出电压不正常，则表明整流器发生元件短路或开路故障。如某一桥臂的整流二极管发生开路，将使整流输出电压降低到额定电压的一半；若两个相邻的二极管都开路，则输出电压为零。排除此类故障时，可用万用表测量整流器的输出及输入电压，判断出故障部位，查出故障元件，进行更换或修理即可。

4. 电磁吸盘退磁不好，使工件取下困难

1）退磁电路开路，没有退磁。

① 检查转换开关 QS2 接触是否良好。

② 退磁电阻 R2 是否损坏。

2）退磁电压过高。应调整电阻 R2，使退磁电压调至 5～10V。

3）退磁时间太长或太短。对于不同材质的工件，所需的退磁时间不同，注意掌握好退磁时间。

5. 砂轮电动机不能起动。

砂轮电动机断相运行。

6. 液压泵电动机不能起动。

液压泵电动机断相运行。

7. 砂轮电动机的热继电器 FR1 经常脱扣

1）砂轮电动机 M1 为装入式电动机，它的前轴承易磨损。磨损后易发生堵转现象，使电流增大，导致热继电器脱扣。若是这种情况，应修理或更换轴承的轴瓦。

2）砂轮进刀量太大，电动机超负荷运行，造成电动机堵转，电流急剧上升，热继电器

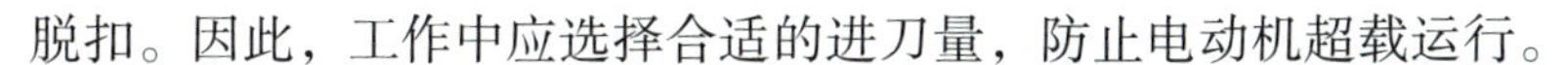

脱扣。因此，工作中应选择合适的进刀量，防止电动机超载运行。

3）更换后的热继电器规格选得太小或整定电流没有重新调整，使电动机未达到额定负载时，热继电器就已脱扣。因此，应注意热继电器必须按其被保护电动机的定电流进行选择和调整。

8. 冷却泵电动机烧坏

1）切削液进入电动机内，造成匝间或绕组间短路，使电流增大。

2）反复修理冷却泵电动机后，使电动机端盖轴隙增大，造成转子在定子内不同轴，工作时电流增大，电动机长时间过载运行。

3）冷却泵被杂物塞住引起电动机堵转，电流急剧上升。由于该磨床的砂轮电动机与冷却泵电动机共一个热继电器 FR1，而且两者容量相差太大，当发生以上故障时，电流增大不足以使热继电器 FR1 脱扣，从而造成冷却泵电动机烧坏。若给冷却泵电动机加装热继电器，就可以避免发生这种故障。

第五节　T68 型卧式镗床电气电路的故障检修

一、T68 型卧式镗床的主要结构、运动形式及控制要求

T68 型卧式镗床结构如图 6-15 所示。

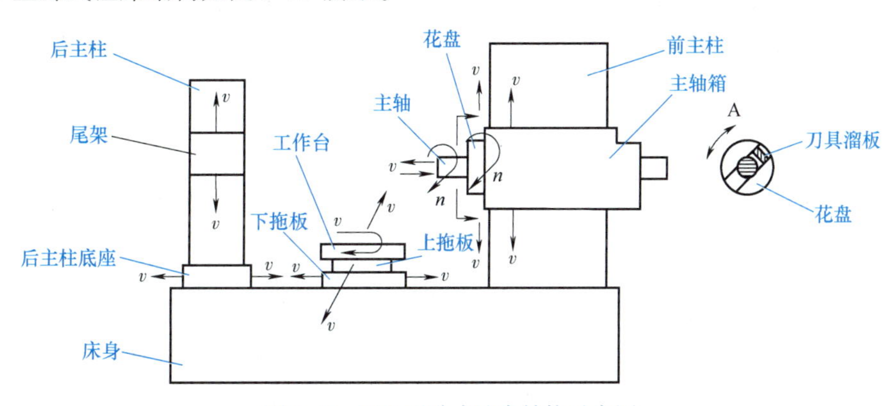

图 6-15　T68 型卧式镗床结构示意图

（1）主运动　镗杆（主轴）旋转或平旋盘（花盘）旋转。

（2）进给运动　主轴轴向（进、出）移动、主轴箱（镗头架）的垂直（上、下）移动、花盘刀具溜板的径向移动、工作台的纵向（前、后）和横向（左、右）移动。

（3）辅助运动　工作台的旋转运动、后立柱的水平移动和尾架垂直移动。

主体运动和各种常速进给由主轴电动机驱动，但各部分的快速进给运动由快速进给电动机驱动。

二、电气控制线路的特点

T68 型卧式镗床电气原理图如图 6-16 所示。

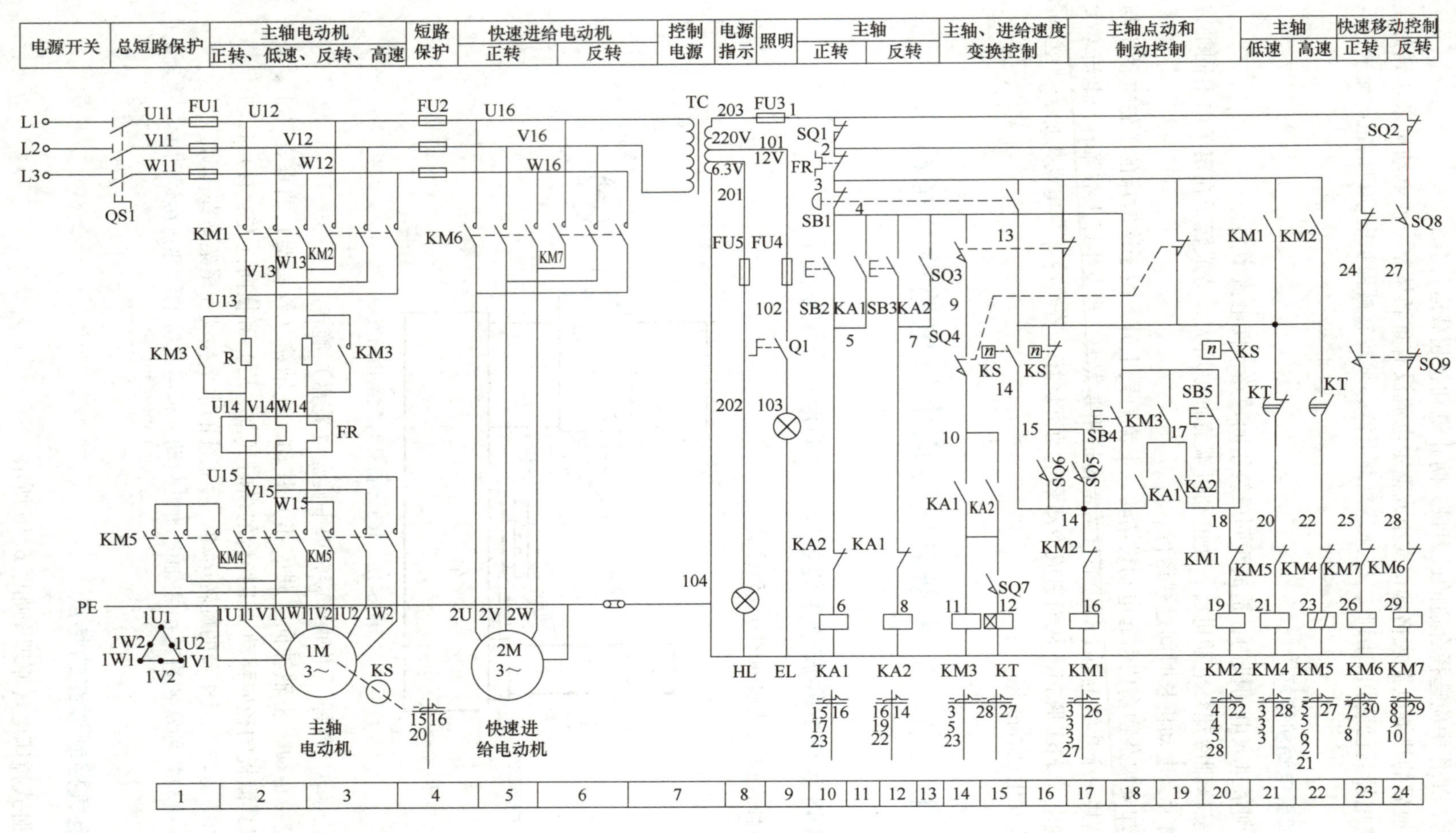

图 6-16　T68 型卧式镗床电气原理图

1）因机床主轴调速范围较大，且恒功率，主轴电动机1M采用△/YY双速电动机。低速时，1U1、1V1、1W1接三相交流电源，1U2、1V2、1W2悬空，定子绕组接成三角形联结，每相绕组中两个线圈串联，形成的磁极对数 $p=2$；高速时，1U1、1V1、1W1短接，1U2、1V2、1W2端接电源，电动机定子绕组联结成双星形（YY），每相绕组中的两个线圈并联，磁极对数 $p=1$。高、低速的变换，由主轴孔盘变速机构内的行程开关SQ7控制，其动作说明见表6-7。

表6-7 主轴电动机高、低速变换行程开关动作说明

触点	低速	高速
SQ7（11-12）	关	开

2）主轴电动机1M可正、反转连续运行，也可点动控制，点动时为低速。主轴要求快速准确制动，故采用反接制动，控制电器采用速度继电器。为限制主轴电动机的起动和制动电流，在点动和制动时，定子绕组串入电阻R。

3）主轴电动机低速时直接起动。高速运行是由低速起动延时后再自动转成高速运行的，以减小起动电流。

4）在主轴变速或进给变速时，主轴电动机需要缓慢转动，以保证变速齿轮进入良好啮合状态。主轴和进给变速均可在运行中进行，变速操作时，主轴电动机便做低速断续冲动，变速完成后又恢复运行。主轴变速时，电动机的缓慢转动是由行程开关SQ3和SQ5完成的，进给变速是由行程开关SQ4和SQ6以及速度继电器KS共同完成的，见表6-8。

表6-8 主轴变速和进给变速时行程开关动作说明

触点	变速孔盘拉出（变速时）	变速后变速孔盘推回	触点	变速孔盘拉出（变速时）	变速后变速孔盘推回
SQ3（4-9）	-	+	SQ4（9-10）	-	+
SQ3（3-13）	+	-	SQ4（3-13）	+	-
SQ5（15-14）	+	-	SQ6（15-14）	+	-

注：表中“+”表示接通；“-”表示断开。

三、T68型卧式镗床电气原理图分析

1. 主轴电动机的起动控制

（1）主轴电动机的点动控制　主轴电动机的点动有正向点动和反向点动，分别由按钮SB4和SB5控制。按SB4接触器KM1线圈通电吸合，KM1的辅助常开触点（3-13）闭合，使接触器KM4线圈通电吸合，三相电源经KM1的主触点，电阻R和KM4的主触点接通主轴电动机1M的定子绕组，接法为三角形联结，使电动机在低速下正向旋转。松开SB4主电动机断电停止。

反向点动与正向点动控制过程相似，由按钮SB5、接触器KM2、KM4来实现。

（2）主轴电动机的正、反转控制　当要求主轴电动机正向低速旋转时，行程开关SQ7的触点（11-12）处于断开位置，主轴变速和进给变速用行程开关SQ3（4-9）、SQ4（9-10）

均为闭合状态。按下 SB2，中间继电器 KA1 线圈通电吸合，它有三对常开触点，KA1 常开触点（4-5）闭合自锁；KA1 常开触点（10-11）闭合，接触器 KM3 线圈通电吸合，KM3 主触点闭合，电阻 R 短接；KA1 常开触点（17-14）闭合和 KM3 的辅助常开触点（4-17）闭合，使接触器 KM1 线圈通电吸合，并将 KM1 线圈自锁。KM1 的辅助常开触点（3-13）闭合，接通主轴电动机低速用接触器 KM4 线圈，使其通电吸合。由于接触器 KM1、KM3、KM4 的主触点均闭合，故主轴电动机在全电压、定子绕组三角形联结下直接起动，低速运行。

当要求主轴电动机为高速旋转时，行程开关 SQ7 的触点（11-12）、SQ3（4-9）、SQ4（9-10）均处于闭合状态。按 SB2 后，一方面 KA1、KM3、KM1、KM4 的线圈相继通电吸合，使主电动机在低速下直接起动；另一方面由于 SQ7（11-12）的闭合，使时间继电器 KT（通电延时式）线圈通电吸合，经延时后，KT 的通电延时断开的常闭触点（13-20）断开，KM4 线圈断电，主轴电动机的定子绕组脱离三相电源，而 KT 的通电延时闭合的常开触点（13-22）闭合，使接触器 KM5 线圈通电吸合，KM5 的主触点闭合，将主轴电动机的定子绕组接成双星形后，重新接到三相电源，故从低速起动转为高速旋转。

主轴电动机的反向低速或高速的起动旋转过程与正向起动旋转过程相似，但是反向起动旋转所用的电器为按钮 SB3，中间继电器 KA2，接触器 KM3、KM2、KM4、KM5，时间继电器 KT。

2. 主轴电动机的反接制动的控制

当主轴电动机正转时，速度继电器 KS 正转，常开触点 KS（13-18）闭合，而正转的常闭触点 KS（13-15）断开。主轴电动机反转时，KS 反转，常开触点 KS（13-14）闭合，为主轴电动机正转或反转停止时的反接制动做准备。按停止按钮 SB1 后，主轴电动机的电源反接，迅速制动，转速降至速度继电器的复位转速时，其常开触点断开，自动切断三相电源，主轴电动机停转。具体的反接制动过程如下所述。

（1）主轴电动机正转时的反接制动　设主轴电动机为低速正转时，电器 KA1、KM1、KM3、KM4 的线圈通电吸合，KS 的常开触点 KS（13-18）闭合。按下 SB1，SB1 的常闭触点（3-4）先断开，使 KA1、KM3 线圈断电，KA1 的常开触点（17-14）断开，又使 KM1 线圈断电，一方面使 KM1 的主触点断开，主轴电动机脱离三相电源，另一方面使 KM1（3-13）分断，使 KM4 断电；SB1 的常开触点（3-13）随后闭合，使 KM4 重新吸合，此时主轴电动机由于惯性，转速还很高，KS（13-18）仍闭合，故使 KM2 线圈通电吸合并自锁，KM2 的主触点闭合，使三相电源反接后经电阻 R、KM4 的主触点接到主轴电动机定子绕组，进行反接制动。当转速接近零时，KS 正转常开触点 KS（13-18）断开，KM2 线圈断电，反接制动完毕。

（2）主轴电动机反转时的反接制动　反转时的制动过程与正转制动过程相似，但是所用的电器是 KM1、KM4、KS 的反转常开触点 KS（13-14）。

主轴电动机工作在高速正转及高速反转时的反接制动过程可自行分析。在此仅指明，高速正转时反接制动所用的电器是 KM2、KM4、KS（13-18）触点；高速反转时反接制动所用的电器是 KM1、KM4、KS（13-14）触点。

3. 主轴或进给变速时主轴电动机的缓慢转动控制

主轴或进给变速既可以在停车时进行，又可以在镗床运行中变速。为使变速齿轮更好的啮合，可接通主轴电动机的缓慢转动控制电路。

当主轴变速时，将变速孔盘拉出，行程开关SQ3常开触点SQ3（4-9）断开，接触器KM3线圈断电，主电路中接入电阻R，KM3的辅助常开触点（4-17）断开，使KM1线圈断电，主轴电动机脱离三相电源。所以，该机床可以在运行中变速，主轴电动机能自动停止。旋转变速孔盘，选好所需的转速后，将孔盘推入。在此过程中，若滑移齿轮的齿和固定齿轮的齿发生顶撞时，则孔盘不能推回原位，行程开关SQ3、SQ5的常闭触点SQ3（3-13）、SQ5（15-14）闭合，接触器KM1、KM4线圈通电吸合，主轴电动机经电阻R在低速下正向起动，接通瞬时点动电路。主轴电动机转速达某一值时，速度继电器KS正转常闭触点KS（13-15）断开，接触器KM1线圈断电，而KS正转常开触点KS（13-18）闭合，使KM2线圈通电吸合，主轴电动机反接制动。当转速降到KS的复位转速后，则KS常闭触点KS（13-15）又闭合，常开触点KS（13-18）又断开，重复上述过程。这种间歇的起动、制动，使主轴电动机缓慢旋转，以利于齿轮的啮合。若孔盘退回原位，则SQ3、SQ5的常闭触点SQ3（3-13）、SQ5（15-14）断开，切断缓慢转动电路。SQ3的常开触点SQ3（4-9）闭合，使KM3线圈通电吸合，其常开触点（4-17）闭合，又使KM1线圈通电吸合，主轴电动机在新的转速下重新起动。

进给变速时的缓慢转动控制过程与主轴变速相同，不同的是使用的电器是行程开关SQ4、SQ6。

4. 主轴箱、工作台或主轴的快速移动

该机床各部件的快速移动，由快速手柄操纵快速进给电动机2M拖动完成的。当快速手柄扳向正向快速位置时，行程开关SQ9被压动，接触器KM6线圈通电吸合，快速进给电动机2M正转。同理，当快速手柄扳向反向快速位置时，行程开关SQ8被压动，KM7线圈通电吸合，2M反转。

5. 主轴进刀与工作台互锁

为防止镗床或刀具的损坏，主轴箱和工作台的机动进给，在控制电路中必须互锁，不能同时接通，它是由行程开关SQ1、SQ2实现的。若同时有两种进给，SQ1、SQ2均被压动，切断控制电路的电源，避免机床或刀具的损坏。

四、T68型卧式镗床电气电路典型故障的分析与检修

1. 主轴的转速与转速指示牌不符

这种故障一般有两种现象：一种是主轴的实际转速比标牌指示数增加或降低一倍；另一种是电动机的转速没有高速档或者没有低速档。这两种故障现象，前者大多由于安装调整不当引起，因为T68型镗床有18种转速，是采用双速电动机和机械滑移齿轮来实现的。变速后，1、2、4、6、8、…档是电动机以低速运转驱动，而3、5、7、9、…档是电动机以高速运转驱动。主轴电动机的高低速转换是靠微动开关SQ7的通断来实现，微动开关SQ7安装在主轴调速手柄的旁边，主轴调速机构转动时推动一个撞钉，撞钉推动簧片使微动开关SQ7通或断，如果安装调整不当，使SQ7动作恰恰相反，则会发生主轴的实际转速比标牌指示数增加或降低一倍。

后者的故障原因较多，常见的是时间继电器KT不动作，或微动开关SQ7安装的位置移

动，造成SQ7始终处于接通或断开的状态等。如KT不动作或SQ7始终处于断开状态，则主轴电动机1M只有低速；若SQ7始终处于接通状态，则1M只有高速。但要注意，如果KT虽然吸合，但由于机械卡住或触点损坏，使常开触点不能闭合，则1M也不能转换到高速档运转，而只能在低速档运转。

2. 主轴变速手柄拉出后，主轴电动机不能冲动

这一故障一般有两种现象：一种是变速手柄拉出后，主轴电动机1M仍以原来转向和转速旋转；另一种是变速手柄拉出后，1M能反接制动，但制动到转速为零时，不能进行低速冲动。产生这两种故障现象的原因，前者多数是由于行程开关SQ3的常开触点SQ3（4-9）由于质量等原因绝缘被击穿造成。而后者则由于行程开关SQ3和SQ5的位置移动、触点接触不良等，使触点SQ3（3-13）、SQ5（14-15）不能闭合或速度继电器的常闭触点KS（13-15）不能闭合所致。

3. 主轴电动机1M不能进行正反转点动、制动及主轴和进给变速冲动控制

产生这种故障的原因，往往在上述各种控制电路的公共回路上出现故障。如果随着不能进行低速运行，则故障可能在控制线路13-20-21-0中有断开点，否则，故障可能在主电路的制动电阻器R及引线上有断开点，若主电路仅断开一相电源时，电动机还会伴有缺相运行时发出的嗡嗡声。

4. 主轴电动机正转点动、反转点动正常，但不能正反转

故障可能在控制线路4-9-10-11-KM3线圈-0中有断开点。

5. 主轴电动机正转、反转均不能自锁

故障可能在4-KM3（4-17）常开-17中。

6. 主轴电动机不能制动

可能原因有：

1）速度继电器损坏。

2）SB1中的常开触点接触不良。

3）3、13、14、16号线中有脱落或断开。

4）KM2（14-16）、KM1（18-19）触点不通。

7. 主轴电动机点动、低速正反转及低速接制动均正常，但高、低速转向相反，且当主轴电动机高速运行时，不能停机

可能的原因是误将三相电源在主轴电动机高速和低速运行时，都接成同相序所致，把1U2、1V2、1W2中任两根对调即可。

8. 不能快速进给

故障可能在2-24-25-26-KM6线圈-0中有开路。

一、选择题

1. 车床主运动是（　　）。

A. 工件的旋转运动，由主轴通过卡盘带动工件旋转
B. 溜板带动刀架的纵向或横向直线运动，分手动和电动两种
C. 刀架的快速移动、尾架的移动、工件的夹紧与放松等
2. 车床的进给运动是（　　）。
A. 工件的旋转运动，由主轴通过卡盘带动工件旋转
B. 溜板带动刀架的纵向或横向直线运动，分手动和电动两种
C. 刀架的快速移动、尾架的移动、工件的夹紧与放松等
3. 车床的辅助运动是（　　）。
A. 工件的旋转运动，由主轴通过卡盘带动工件旋转
B. 溜板带动刀架的纵向或横向直线运动，分手动和电动两种
C. 刀架的快速移动、尾架的移动、工件的夹紧与放松等
4. 车床的刀架快速移动采用（　　）。
A. 点动控制　　B. 连续控制　　C. 都可以
5. 万能铣床上要求主轴电动机起动后，进给电动机才能起动，这种控制方式称为（　　）。
A. 顺序控制　　B. 多地控制　　C. 自锁控制
6. 万能铣床为了工作安全要求，（　　）。
A. 主轴起动后才能进给　　B. 进给后才能起动主轴
C. 两者任意起动
7. 铣床工作台（　　）方向的运动具有联锁保护。
A. 3 个　　B. 6 个　　C. 2 个
8. 以下（　　）是铣床的进给运动。
A. 工作台带动工件的上下、左右、前后运动和回转工作台的旋转运动
B. 主轴带动铣刀的旋转运动
C. 工作台带动工件在上下、左右、前后 6 个方向上的快速移动
9. 以下（　　）是铣床的辅助运动。
A. 工作台带动工件的上下、左右、前后运动和回转工作台的旋转运动
B. 主轴带动铣刀的旋转运动
C. 工作台带动工件在上下、左右、前后 6 个方向上的快速移动
10. 摇臂钻床的主运动是（　　）。
A. 主轴旋转
B. 主轴垂直运动
C. 内立柱固定在底座上，外立柱套在内立柱外面，外立柱可绕内立柱手动回转一周
11. 摇臂钻床的进给运动是（　　）。
A. 主轴旋转
B. 主轴垂直运动
C. 内立柱固定在底座上，外立柱套在内立柱外面，外立柱可绕内立柱手动回转一周
12. 摇臂钻床的辅助运动是（　　）。
A. 主轴旋转

B. 主轴垂直运动

C. 内立柱固定在底座上，外立柱套在内立柱外面，外立柱可绕内立柱手动回转一周

13. 磨床在床身上装有液压传动装置，以便工作台在床身导轨上通过压力油推动活塞做（　　）运动。

A. 往复直线　　B. 旋转　　C. 离心

14. 平面磨床中（　　）为主运动。

A. 砂轮架在滑座的水平导轨上做快速横向移动

B. 砂轮的旋转运动

C. 滑座在立柱的垂直导轨上做快速垂直移动

15. M7130 型平面磨床中，电磁吸盘 YH 工作后，（　　）和工作台才能进行磨削加工。

A. 液压泵电动机　　B. 砂轮电动机　　C. 压力继电器

二、简答题

1. 为什么 XA6132 型铣床工作台进给运动没有采取制动措施？

2. XA6132 型铣床电路中有哪些联锁与保护？为什么要设置这些联锁与保护？它们是如何实现的？

3. Z3040 型摇臂钻床 4 个限位开关分别何时动作、何时复位？

4. Z3040 型摇臂钻床若在摇臂未完全夹紧时断电，则恢复供电时会出现什么现象？

5. M7130 型平面磨床控制电路中欠电流继电器 KA 起什么作用？

参考文献

［1］王秀丽．电机控制及维修［M］．北京：化学工业出版社，2012.
［2］李瑞福．工厂电气控制技术［M］．北京：化学工业出版社，2010.
［3］赵红顺．电气控制技术实训［M］．2 版．北京：机械工业出版社，2019.
［4］朱平．电工技术实训［M］．2 版．北京：机械工业出版社，2011.